高等职业教育土建类专业新形态教材
浙江省重点教材建设项目

建筑构造与识图

第 3 版

主　编　邬京虹　夏玲涛
副主编　潘俊武　黄乐平
参　编　曹志毅　徐利丽　张　尹　王志萍
　　　　黄素清　蒋　蓓　刘　彬

机械工业出版社

本书共 5 个部分。绪论包括课程概述、课程作用和课程定位。模块 1 基础知识，介绍了投影知识、建筑制图知识和房屋建筑基本知识。模块 2 建筑构造，介绍了基础、地下室、墙体、门窗、楼地层、屋顶、楼梯、变形缝等部分的构造知识。模块 3 建筑施工图识读，详细介绍了建筑总平面图、建筑设计总说明、建筑平面图、建筑立面图、建筑剖面图、建筑详图等的形成与作用、图示内容与要求，并以教学楼工程施工图为例介绍识读步骤。模块 4 基本训练，采用实际工程设置针对性、操作性强的实训任务，对学生应具备的建筑制图能力、构造设计能力、识图能力予以强化。

本书既可作为高职高专建筑工程类专业教材使用，也适用于建筑技术人员自学和参考。

为方便教学，本书配有电子课件及习题答案，凡使用本书作为教材的教师均可登录机械工业出版社教育服务网 www.cmpedu.com 注册下载。咨询电话：010-88379375。

图书在版编目（CIP）数据

建筑构造与识图/邬京虹，夏玲涛主编. —3 版. —北京：机械工业出版社，2023.9（2025.6 重印）
高等职业教育土建类专业新形态教材
ISBN 978-7-111-73603-5

Ⅰ.①建⋯ Ⅱ.①邬⋯ ②夏⋯ Ⅲ.①建筑构造-高等职业教育-教材 ②建筑制图-识别-高等职业教育-教材 Ⅳ.①TU22②TU204

中国国家版本馆 CIP 数据核字（2023）第 138505 号

机械工业出版社（北京市百万庄大街 22 号　邮政编码 100037）
策划编辑：常金锋　　　　　　责任编辑：常金锋　陈紫青
责任校对：薄萌钰　王　延　　封面设计：鞠　杨
责任印制：单爱军
保定市中画美凯印刷有限公司印刷
2025 年 6 月第 3 版第 3 次印刷
184mm×260mm・22.75 印张・549 千字
标准书号：ISBN 978-7-111-73603-5
定价：59.00 元（含附录）

电话服务　　　　　　　　　网络服务
客服电话：010-88361066　　机 工 官 网：www.cmpbook.com
　　　　　010-88379833　　机 工 官 博：weibo.com/cmp1952
　　　　　010-68326294　　金　书　网：www.golden-book.com
封底无防伪标均为盗版　　　机工教育服务网：www.cmpedu.com

第 3 版前言

"建筑构造与识图"作为土建类和工程管理类专业的一门专业基础课，目的是使学生掌握投影原理、建筑制图和房屋建筑的基本知识，掌握一般民用建筑的构造原理和常用构造方法，掌握建筑施工图的基本知识及识图方法，并在此基础上采用具体工程进行实训，培养学生的建筑制图能力、建筑构造基本设计能力、建筑施工图识读能力，为进一步学习"建筑结构""建筑施工""建筑概预算"等课程和以后的工作打下基础。

本书在编写过程中，以实用性、适用性、系统性为主旨，紧贴工程实际，采用国家现行标准规范，选用多套实际工程施工图，把理论知识与实际应用紧密相结合。本书共5个部分。绪论包括课程概述、课程作用和课程定位。模块1基础知识，介绍了投影知识、建筑制图知识和房屋建筑基本知识。模块2建筑构造，介绍了基础、地下室、墙体、门窗、楼地层、屋顶、楼梯、变形缝等部分的构造知识。模块3建筑施工图识读，介绍了建筑总平面图、建筑设计总说明、建筑平面图、建筑立面图、建筑剖面图、建筑详图等的形成与作用、图示内容与要求，并以教学楼工程施工图为例介绍识读步骤。模块4基本训练，采用实际工程设置针对性、操作性强的实训任务，对学生应具备的建筑制图能力、构造设计能力、识图能力予以强化。

此次修订在模块2建筑构造中融入了最新的国家规范要求，结合现行的标准图集更新了构造节点做法，深层次、详细表达了构造要点、难点，便于理解。此次修订还新增了"2.9装配式混凝土建筑"，更新了模块3案例图纸、模块4中的建筑施工图识图案例，且配套完整的识图训练。

本书既可作为高职高专建筑工程类专业教材使用，也可作为建筑技术人员自学和参考用书。此外，本书也是2018年浙江省在线开放课程"施工图识读实务模拟"的配套教材。

本书由邬京虹和夏玲涛任主编；潘俊武和黄乐平任副主编；曹志毅、徐利丽、张尹、王志萍、黄素清、蒋蓓、刘彬也参与了编写。本书由浙江建设职业技术学院徐哲民和衢州学院李燕主审。在本书编写过程中，编者得到了杭州恒元建筑设计研究院李欣、朱丽娜、高峰及浙江建院建筑设计院等诸多单位和专家的大力支持和帮助。同时，浙江建设职业技术学院的诸多同事也提供了资料和帮助，在此一并表示感谢。

编 者

第 2 版前言

"建筑构造与识图"作为土建类和工程管理类专业的一门专业基础课，目的是使学生掌握投影原理、建筑制图和房屋建筑的基本知识，掌握一般民用建筑的构造原理和常用构造方法，掌握建筑施工图的基本知识及识图方法，并在此基础上采用具体工程进行实训，培养学生的建筑制图能力、建筑构造基本设计能力、建筑施工图识图能力，为进一步学习建筑结构、建筑施工、建筑概预算等课程和以后的工作打下基础。

本书在编写过程中，以实用性、适用性、系统性为主旨，紧贴工程实际，采用国家最新标准规范，选用多套实际工程施工图，把理论知识与实际应用紧密相结合。本书共 5 个部分。绪论包括课程概述、课程作用、课程定位和教材特点。模块 1 基础知识，介绍了投影知识、建筑制图知识和房屋建筑基本知识。模块 2 建筑构造，介绍了基础、地下室、墙体、门窗、楼地面、屋顶、楼梯、变形缝等部分的构造知识。模块 3 建筑施工图识图，介绍了建筑总平面图、建筑设计总说明、建筑平面图、建筑立面图、建筑剖面图、建筑详图等的形成与作用、图示内容与要求，并以教学楼工程施工图为例介绍识读步骤。模块 4 基本训练，采用实际工程设置针对性、操作性强的实训任务，对学生应具备的建筑制图能力、构造设计能力、识图能力予以强化。

此次修订新增了投影知识章节中的案例资源，以三维的形式展现，更直观易懂，见后附"二维码清单"。

本书既可作为高职高专建筑工程类专业教材使用，也可作为建筑技术人员自学和参考用书。此外，本书也是 2018 年浙江省在线开放课程"施工图识读实务模拟"的配套教材、2021 年浙江省第一批课程思政示范课程《建筑构造与识图》配套教材、2022 年浙江省课程思政示范课程《施工图识读》配套教材。

本书由浙江建设职业技术学院夏玲涛和邬京虹任主编；浙江建设职业技术学院潘俊武和衢州学院李燕任副主编。全书由浙江建设职业技术学院徐哲民和陈氏凤主审。在本书编写过程中，编者得到了杭州恒元建筑设计研究院李欣、朱丽娜、高峰及浙江建院建筑设计院等诸多单位和专家的大力支持和帮助。同时，浙江建设职业技术学院的诸多同事也提供了资料和帮助，在此一并表示感谢。

编 者

二维码清单

组合体 1		组合体 7	
组合体 2		组合体 8	
组合体 3		组合体 9	
组合体 4		组合体 10	
组合体 5		组合体 11	
组合体 6			

思政映射与融入点

本书思政元素设计以爱党、爱国、爱社会主义、爱人民、爱集体为主线，围绕政治认同、家国情怀、文化素养、法治意识、道德修养等方面将课程知识、技能与课程思政内容融合，培养学生精益求精的大国工匠精神，激发学生科技报国的家国情怀和使命担当，培养适应生产、建设、管理、服务第一线需要的，德、智、体、美、劳全面发展的社会主义建设者和接班人，能够从事建筑工程施工生产一线的技术、管理岗位工作的发展型、复合型、创新型高素质技术技能型人才。

每个思政元素的教学活动都包含内容概述、开展研讨和总结分析。课堂中教师可结合下表设计课程思政教学环节，实现形式多样化、嵌入式的思想政治教育。

序号	位置索引	内容概述	建议融入资源	课程思政元素
1	模块1 1.1	投影与工程图、三视图及对应关系	(1) 数字化设计技术 (2) 利用数字技术设计投影图和三视图的实例分析	创新意识、数字中国
2	模块1 1.2	建筑制图知识 标题栏与会签栏	(1) 图纸的合法性 (2) 知识产权保护意识	知识产权意识、法治观念
3	模块1 1.3	房屋建筑基本知识	(1) 建筑能源管理相关法律法规 (2) 节能、环保、可持续发展的建筑设计案例	绿色建筑、社会责任
4	模块2 2.3	墙体材料与构造	(1) 墙体用材严格执行规范的要求 (2) 世界技能大赛砌筑冠军案例	职业操守、工匠精神
5	模块2 2.6	屋顶形式、防水构造	(1) 屋顶防水新材料、新技术 (2) 中国古建筑丰富的屋顶形式	创新精神、民族自豪感
6	模块2 2.7	楼梯梯段、平台护栏防护高度	(1) 不同形式建筑防护安全的规范要求 (2) 防护安全案例	法治观念、科学精神
7	模块2 2.8	变形缝	(1) 变形缝的科学设计要求 (2) 变形缝设置典型案例	科学精神、质量意识
8	模块2 2.9	装配式建筑	(1) 智能建造策略与技术的协同研究 (2) 装配式建筑的优势与发展	智能建造、创新意识
9	模块3	建筑施工图识读	(1) 建筑工程施工安全事故案例 (2) 强制性条文、系列通用规范等	爱岗敬业、法治观念
10	模块3	总平面图的图示内容	(1) 绿色建筑基本概念 (2) 智慧工地项目案例	绿色建筑、智能建造与智慧管理

思政映射与融入点

（续）

序号	位置索引	内容概述	建议融入资源	课程思政元素
11	模块3	建筑设计总说明、工程做法表识读	(1)常用的保温材料类型及耐火等级 (2)保温材料引发的火灾案例	职业操守
12	模块3	建筑平面图无障碍坡道、无障碍卫生间等的识读	(1)有关无障碍设施的法律法规 (2)无障碍电梯、坡道、楼梯、卫生间的应用	社会公德
13	模块3	建筑立面图识读示例	(1)美丽乡村建设案例 (2)消防救援对立面的要求	美丽乡村、爱岗敬业
14	模块3	建筑剖面图识读示例	(1)协同工作 (2)数据偏差等引起的建造问题	科学精神、职业精神
15	模块3	建筑详图识读示例	(1)无障碍卫生间、第三卫生间案例 (2)门窗节能	职业操守、工匠精神
16	模块4 4.2	屋面排水设计	(1)不同类型建筑屋面排水方案的科学性 (2)屋面防渗漏的新技术、新工艺	科学精神、质量和创新意识

目 录

第3版前言
第2版前言
二维码清单
思政映射与融入点
绪论 ... 1
模块1 基础知识 ... 2
  1.1 投影知识 ... 2
    1.1.1 投影与工程图 ... 2
    1.1.2 三视图及对应关系 ... 5
    1.1.3 点、直线与平面的投影 ... 5
    1.1.4 基本几何体的投影 ... 14
    1.1.5 建筑组合形体的投影 ... 18
    1.1.6 三视图的识读 ... 24
    1.1.7 剖面图与断面图 ... 32
  1.2 建筑制图知识 ... 39
    1.2.1 图幅 ... 39
    1.2.2 标题栏与会签栏 ... 40
    1.2.3 图线 ... 41
    1.2.4 字体 ... 43
    1.2.5 比例与图名 ... 44
    1.2.6 符号 ... 44
    1.2.7 定位轴线 ... 46
    1.2.8 尺寸与标高 ... 47
    1.2.9 图例 ... 50
  1.3 房屋建筑基本知识 ... 59
    1.3.1 房屋建筑分类 ... 59
    1.3.2 房屋建筑组成 ... 63
    1.3.3 房屋建筑构造原理 ... 64
  能力训练题 ... 73
模块2 建筑构造 ... 81
  2.1 基础 ... 81
    2.1.1 地基与基础概述 ... 81
    2.1.2 无筋扩展基础与扩展基础 ... 84
    2.1.3 基础的构造形式 ... 86
  2.2 地下室 ... 90
    2.2.1 地下室构造组成及分类 ... 90
    2.2.2 地下室的防潮构造 ... 92
    2.2.3 地下室的防水构造 ... 92
  2.3 墙体 ... 97
    2.3.1 墙体概述 ... 97
    2.3.2 砖墙构造 ... 100
    2.3.3 砖墙的细部构造 ... 103
    2.3.4 隔墙与隔断的构造 ... 120
    2.3.5 墙面装修构造 ... 122
  2.4 门窗 ... 130
    2.4.1 门窗概述 ... 130
    2.4.2 窗的分类及组成 ... 130
    2.4.3 门的分类及组成 ... 131
    2.4.4 门窗构造及安装 ... 133
    2.4.5 门窗保温与节能 ... 134
    2.4.6 遮阳构造 ... 135
  2.5 楼地层 ... 138
    2.5.1 楼地层概述 ... 138
    2.5.2 面层构造 ... 139
    2.5.3 结构层构造 ... 142
    2.5.4 顶棚层构造 ... 147
    2.5.5 附加层构造 ... 148
    2.5.6 阳台与雨篷 ... 152
  2.6 屋顶 ... 157
    2.6.1 屋顶概述 ... 157
    2.6.2 平屋顶的屋面构造 ... 163
    2.6.3 坡屋顶的构造 ... 171
    2.6.4 金属板屋面的构造 ... 175
  2.7 楼梯 ... 179
    2.7.1 楼梯概述 ... 179
    2.7.2 楼梯的组成和尺度 ... 179
    2.7.3 钢筋混凝土楼梯 ... 186
    2.7.4 楼梯的细部构造 ... 190
    2.7.5 台阶与坡道 ... 193
    2.7.6 电梯及其他 ... 196
  2.8 变形缝 ... 201
    2.8.1 变形缝概述 ... 201
    2.8.2 变形缝的作用、类型和设置

要求 ……………………… 201	3.5 建筑剖面图 ………………… 247
2.8.3 变形缝的构造 …………… 205	3.5.1 建筑剖面图的形成及作用 … 247
2.8.4 变形缝的其他相关规定 …… 209	3.5.2 建筑剖面图的图示内容 …… 247
2.9 装配式混凝土建筑 ……………… 211	3.5.3 建筑剖面图的图示要求 …… 248
2.9.1 装配式建筑概述 …………… 211	3.5.4 建筑剖面图识读示例 …… 248
2.9.2 装配式混凝土结构概述 …… 211	3.6 建筑详图 …………………… 250
2.9.3 装配式混凝土结构的常用预制构件 ……………………… 213	3.6.1 建筑详图的形成及作用 …… 250
	3.6.2 建筑详图的图示内容 ……… 250
2.9.4 装配式混凝土预制构件的连接 … 216	3.6.3 建筑详图的图示要求 …… 251
能力训练题 ……………………… 223	3.6.4 建筑详图识读示例 ……… 252
模块3 建筑施工图识读 ………… 229	**模块4 基本训练** ……………… 254
3.1 建筑总平面图 ………………… 229	4.1 建筑施工图的绘制 …………… 254
3.1.1 建筑总平面图的形成及作用 … 229	4.1.1 建筑平面图的绘制 ……… 254
3.1.2 建筑总平面图的图示内容 … 230	4.1.2 建筑立面图的绘制 ……… 256
3.1.3 建筑总平面图的图示要求 … 230	4.1.3 建筑剖面图的绘制 ……… 257
3.1.4 建筑总平面图识读示例 …… 231	4.2 建筑构造设计 ………………… 260
3.2 建筑设计总说明 ……………… 235	4.2.1 墙体构造 …………………… 260
3.2.1 建筑设计总说明的形成及作用 … 235	4.2.2 屋顶排水节点构造 ……… 262
3.2.2 建筑设计总说明的内容 …… 235	4.2.3 楼梯构造 ………………… 264
3.2.3 建筑设计总说明识读示例 … 236	4.3 建筑施工图识读 ……………… 268
3.3 建筑平面图 …………………… 238	4.3.1 建筑总平面图识读 ……… 268
3.3.1 建筑平面图的形成及作用 … 238	4.3.2 建筑设计说明识读 ……… 269
3.3.2 建筑平面图的图示内容 …… 238	4.3.3 建筑平、立、剖面图识读 … 270
3.3.3 建筑平面图的图示要求 …… 239	4.3.4 建筑详图识读 …………… 272
3.3.4 建筑平面图识读示例 …… 240	**参考文献** ……………………… 273
3.4 建筑立面图 …………………… 243	**附录** ………………………………… 1
3.4.1 建筑立面图的形成及作用 … 243	附录A ××高中教学楼建筑施工图 ……… 1
3.4.2 建筑立面图的图示内容 …… 243	附录B 某培训中心1号培训楼建筑施工图 …………………… 19
3.4.3 建筑立面图的图示要求 …… 243	
3.4.4 建筑立面图识读示例 …… 244	

绪 论

1. 课程概述

"建筑构造与识图"是一门既有理论学习又有实践训练的课程。理论学习主要包含三部分内容：一是有关投影原理、建筑制图和房屋建筑的基本知识；二是房屋建筑的构造原理及构造方法；三是建筑施工图的形成及作用、图示内容、图示要求，并引入工程案例进行建筑施工图的识图指导。实践训练主要设置了三部分内容：一是建筑施工图制图训练，二是建筑构造设计训练，三是建筑施工图识图训练。本课程教学安排由浅入深、循序渐进、理论与实践相结合，符合一般的认知规律。

2. 课程作用

通过本课程的学习，一是培养学生掌握投影原理、建筑制图和房屋建筑的基本知识，掌握房屋建筑的构造原理及构造方法，掌握建筑施工图识图的基本知识；二是培养学生的空间想象能力，建筑构造的基本设计能力，建筑施工图的识图与绘制能力；同时，该课程也为后续课程的学习奠定了基础。

3. 课程定位

识读建筑施工图是建筑工程技术人员必备的基本能力，识图能力的高低反映对施工图理解和实施的水平，因此识图能力的培养直接关系到学生的就业竞争力和顶岗能力。本课程作为土建施工类和建设工程管理类专业的一门专业基础课，重在培养学生运用投影原理、建筑制图和建筑构造知识正确识读建筑施工图的能力，为学生职业能力的发展打下良好的专业基础。该课程的设置具有很强的实用性、必要性和重要性。

模块 1　基 础 知 识

本模块是建筑制图与识图的基础，包括投影基本知识、建筑制图基本知识、房屋建筑基本知识。通过本模块的学习，要求掌握投影基本原理和建筑制图标准，了解房屋建筑分类，掌握房屋建筑的基本组成及作用。同时培养逻辑思维与辩证思维能力，养成严格遵守各种规范标准的习惯，增强遵纪守法意识。

1.1　投 影 知 识

知识目标：1. 掌握投影法的基本概念和方法。
　　　　　2. 掌握正投影法及其特性、三视图成图原理和规律。
　　　　　3. 熟悉三视图的一般绘图规则。
能力目标：1. 能识读简单的三视图。
　　　　　2. 能绘制简单的三视图。
学习重点：1. 掌握正投影法及其特性、三视图成图原理和规律。
　　　　　2. 绘制简单的三视图。

1.1.1　投影与工程图

1. 投影的形成与分类

在日常生活中，我们常常可以看到，当光线照射人或物体时，会在墙面或地面上产生影子。影子反映了物体边缘的轮廓，但不能反映出物体的空间形状。假如光线能够穿透物体，将物体上所有棱线或轮廓线都反映在某个平面上，这样所得到的影子，就能表达出物体的轮廓形状，我们称之为物体的投影。

产生投影必须具备三个条件：投射线；投影面；形体（或几何物体）。三者缺一不可，简称投影三要素。

根据投射中心距离投影面远近的不同，投影分为中心投影和平行投影两大类。

（1）中心投影

当投射中心为有限远时，由投射中心发射投射线得到的投影，称为中心投影。

中心投影的特点：光线由投射中心发出，投影图的大小与投射中心 S 距离投影面的远近有关。当投射中心 S 与投影面的距离一定时，物体越靠近投射中心，其投影越大；反之越小。中心投影可以反映物体的形状，但不能反映其真实大小。

（2）平行投影

当投射中心为无限远时（相当于太阳发出的光线），可以认为投射线是互相平行的。由互相平行的投射线对物体所作的投影，称为平行投影。平行投影是中心投影的特殊情况。

平行投影的特点：投射线互相平行，所得投影的大小与物体距离投射中心的远近无关。

根据互相平行的投射线与投影面是否垂直，平行投影又分为斜投影和正投影。

1）投射线互相平行，且倾斜于投影面时，所得投影为斜投影。斜投影可以反映物体的形状，但不一定能反映其真实大小。

2）投射线互相平行，且垂直于投影面时，所得投影为正投影。正投影可以反映物体的形状，也能反映其真实大小。因此，正投影图是工程图中主要的图示方法。在本书后面的篇幅中，若非特别指出，所述投影均为正投影。

图 1-1 所示为投影的分类。

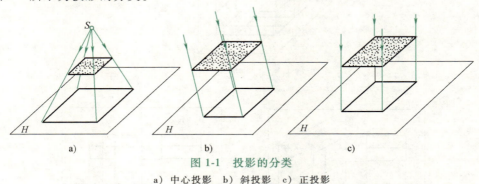

图 1-1 投影的分类
a）中心投影 b）斜投影 c）正投影

2. 图样的产生

（1）单面投影

如图 1-1 所示，我们看到的是单个投影面 H。H 面为一水平投影面。

过空间点 A 向 H 面引一垂线，该垂线与 H 面的交点 a，称为空间点 A 在 H 面上的投影，如图 1-2 所示。这个投影是唯一确定的。但是，给出投影 a，是否可以唯一确定空间点 A 的位置呢？当然是不可能的。因为位于垂直线上的任何一点，如 A_1，其水平投影都是 a。因此，由点的单面投影无法确定点在空间的位置。可见，用单个投影图来表达物体是不够的。

（2）双面投影

首先建立一个双面投影体系，如图 1-3 所示。水平投影面 H 与正立投影面 V 互相垂直，两面相交于 OX 轴。过空间点 A 分别向 H 面与 V 面作垂线，得两交点即为 A 的两个投影。其中，H 面上的交点 a 称为 A 的水平投影，V 面上的交点 a' 为 A 的正面投影。

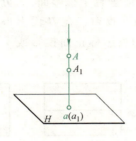

图 1-2 点的单面投影

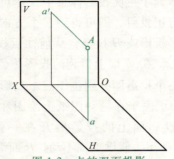

图 1-3 点的双面投影

有了点的两面投影，点在空间的位置可以被唯一确定。

（3）三面投影

对于一个较为复杂的形体，如果我们只向两个投影面作其投影，那么，投影只能反映它两个面的形状和大小，不能唯一确定物体的空间形状。为了使正投影图能唯一确定较复杂形体的形状，可设立三个互相垂直的平面作为投影面，组成一个三面投影体系，如图 1-4 所示。

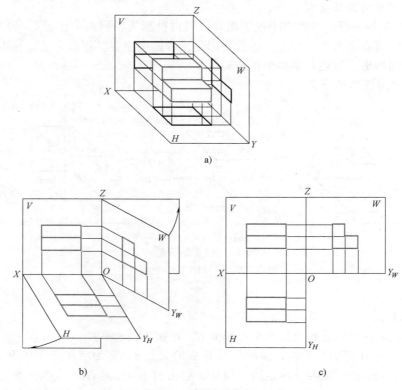

图 1-4 三面投影图

水平投影面用 H 表示，简称水平面或 H 面；正立投影面用 V 表示，简称正立面或 V 面；侧立投影面用 W 表示，简称侧面或 W 面。两投影面的交线称为投影轴。H 面与 V 面的交线为 OX 轴，H 面与 W 面的交线为 OY 轴，V 面与 W 面的交线为 OZ 轴，它们互相垂直，并相交于原点 O。

将物体置于三面投影体系中（尽可能使物体的表面平行或垂直于投影面），分别向三个投影面进行正投射，即可得到三个方向的正投影图。从上向下投射，在 H 面上得到的正投影图称水平投影或 H 投影；从前往后投射，在 V 面上得到的投影称正面投影或 V 投影；从左向右投射，在 W 面上得到的投影称侧面投影或 W 投影。

上述三个投影图分别位于三个投影面上，读图、画图均不方便。为了便于在同一图纸上绘图和读图，我们将互相垂直的三个投影面上的投影展开在一张二维的图纸上。如图 1-4b、c 所示，假设 V 面不动，H 面沿 OX 轴向下旋转 90°，W 面沿 OZ 轴向后旋转 90°，使三个投影面处于同一个平面内。此时，Y 轴分为两条，即 H 面上的为 Y_H，W 面上的为 Y_W。

实际绘图时，表示投影面范围的边线可以不画，不需注写 H、V、W 字样，也不必画出投影轴。如图 1-5 所示就是形

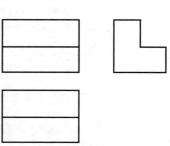

图 1-5 简化后的三面投影图

体的三面正投影图，简称三面投影。

1.1.2 三视图及对应关系

1. 三视图间的位置关系

由图 1-6 可知，正立投影图反映物体的长、高尺寸；水平投影图反映物体的长、宽尺寸；侧立投影图反映物体的宽、高尺寸。由此可以归纳为：

水平投影图与正立投影图：长对正。

正立投影图与侧立投影图：高平齐。

水平投影图与侧立投影图：宽相等。

"长对正，高平齐，宽相等"反映了三视图间的投影规律，是读图与绘图所必须遵循的重要规则。

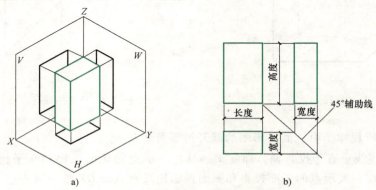

图 1-6 三视图间的位置关系
a) 长方体的投影模型 b) 三面投影及其对应关系

2. 形体与视图的方位关系

任何一个空间物体都有长、宽、高三个方向的尺寸，以及上、下、左、右、前、后六个方位。

从三投影面体系图中，我们不难看出，OX 轴代表了物体的左右方向，反映的是物体的长度；OY 轴代表了物体的前后方向，反映的是物体的宽度；OZ 轴代表了物体的上下方向，反映的是物体的高度。

由图 1-7 可知，正立投影图反映物体的左右、上下平面；水平投影图反映物体的左右、前后平面；侧立投影图反映物体的上下、前后平面。

1.1.3 点、直线与平面的投影

1. 点的三面投影、点的相对位置

（1）点的三面投影

点是构成空间形体最基本的几何元素。因此在研究复杂形体的投影前，我们先来研究点的投影。

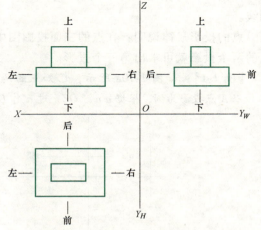

图 1-7 形体与视图的方位关系

1) 投影的形成。将空间点 A 放置于三面投影体系中（图1-8），过 A 点分别作 H 面、V 面和 W 面的垂线，在 H 面上的垂足点为 a，称为空间点 A 的水平投影；在 V 面上的垂足点为 a'，称为 A 的正面投影；在 W 面上的垂足点为 a''，称为侧面投影。

2) 投影的展开。按前述方法将三个投影面展开在同一张图纸上，如图1-9所示。

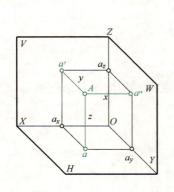

图1-8 投影的形成

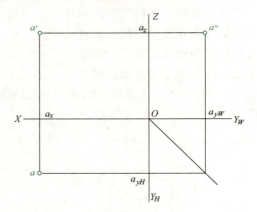

图1-9 投影的展开

3) 点的投影规律。由三面投影图的展开过程可知：

① 两点的连线垂直于投影轴，即 $a'a \perp OX$，表示点的正面投影和水平投影连线垂直于 OX 轴；$a'a'' \perp OZ$，表示点的正面投影和侧面投影连线垂直于 OZ 轴。

② 空间点到投影面的距离 = 点的投影到相应投影轴的距离，即：

$$Aa = a'a_x = a''a_{yW}$$
$$Aa' = aa_x = a''a_z$$
$$Aa'' = aa_y = a'a_z$$

作图时，为保证 a 到 OX 的距离 $aa_x = a''a_z$，常以 O 为圆心画一圆弧，或自 O 点引45°辅助线。

点的投影规律说明：在点的三面投影图中，每两个投影都有一定的联系。只要任意给出点的两个投影就可求出第三个投影。

[例1-1] 如图1-10a所示，已知点的两面投影，求第三面投影。

以 A 点投影为例，根据 $a'a'' \perp OZ$，过 a' 作 OZ 轴的垂线；又因为 $aa_x = a''a_z$，得 a''。求 b 同理。

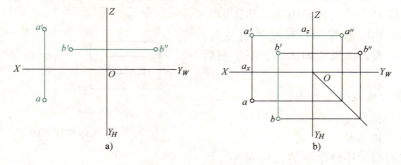

图1-10 求点的投影

a) 已知　b) 作图

（2）两点的相对位置

空间两个点具有前后、上下、左右六个方位。其相对位置关系可根据两点在投影图中各同面投影来判断。

在三面投影图中规定：以 OX 轴向左，OY 轴向前，OZ 轴向上为正方向。X 轴可判断左右位置，Y 轴可判断前后位置，Z 轴可判断上下位置。

[例 1-2]　如图 1-11 所示，判断 A、B 两点的相对位置。

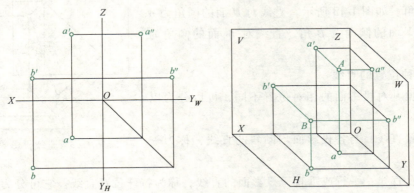

图 1-11　两点的相对位置

从 V 面或 H 面投影可知，空间点 A 在 B 的右边；从 V 面或 W 面投影可知，A 在 B 的上边；从 H 面或 W 面投影可知，A 在 B 的后边。

（3）重影点

当空间两点的某两个坐标相等，该两点处于同一条投射线上，则在该投射线所垂直的投影面上的投影重合在一起，这两点就称为该投影面的重影点。

如图 1-12a 所示，因 A、B 两点的 x、y 坐标相等，即两点到 V 面和 W 面的距离相等，所以 A、B 两点处于垂直于 H 面的投射线上，它们在 H 面上的投影重合在一起，A、B 两点称为 H 面的重影点。

重影点需要判别其可见性，将不可见点的投影用括号括起来。可见性的判别原则与人的视线方向一致：从上到下、从左到右、从前往后，先看到者为可见，后看到者为不可见，如图 1-12b 所示。

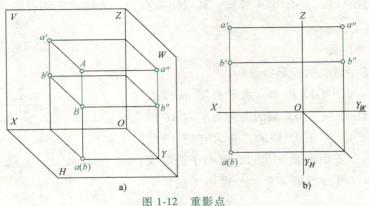

图 1-12　重影点

2. 各种位置直线及投影特征

（1）直线投影的形成

两点决定一条直线，也就是说，一条直线的投影，可由直线上两点的投影来决定。如图 1-13 所示，连接 A、B 两点的各组同面投影，即得直线 AB 的投影。

（2）直线对投影面的倾角

一条直线对投影面 H、V、W 的夹角，称为直线对投影面的倾角。如图 1-13 所示，直线对 H 面的倾角为 α 角，直线对 V 面的倾角为 β 角，直线对 W 面的倾角为 γ 角。

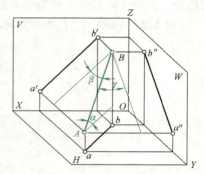

图 1-13　直线投影的形成

（3）各种位置的直线

直线根据其对投影面的相对位置不同，可以分为以下几种。

一般位置直线：与各投影面均倾斜的直线，称为一般位置直线。

特殊位置直线：平行或垂直于投影面的直线，称为特殊位置直线。它可分为投影面的平行线和投影面的垂直线两类。

1）投影面的平行线。平行于某一个投影面，但倾斜于另外两个投影面的直线，称为投影面的平行线。投影面的平行线共有三种：

① 水平线——平行于 H 面的直线。

② 正平线——平行于 V 面的直线。

③ 侧平线——平行于 W 面的直线。

2）投影面的垂直线。垂直于某一投影面的直线，称为投影面的垂直线。投影面的垂直线共有三种：

① 铅垂线——垂直于 H 面的直线。

② 正垂线——垂直于 V 面的直线。

③ 侧垂线——垂直于 W 面的直线。

（4）各种位置直线的投影特点

1）一般位置直线。由图 1-14 可知，其投影特点为：直线的三面投影均倾斜于投影轴，且投影小于线段实长。

2）特殊位置直线

① 投影面的平行线的投影特点

a. 水平线：如图 1-15 所示，水平投影 ab 反映线段 AB 实长，且 ab 线与 OX 轴的夹角为空间 AB 线与 V 面的夹角 β；ab 线与 OY 轴的夹角为空间 AB 线与 W 面的夹角 γ；正面投影 a'b' 的长度小于线段实长，a'b'//OX 轴；侧面投影 a"b" 的长度小于线段实长，a"b"//OY 轴。

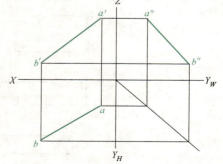

图 1-14　一般位置直线的投影

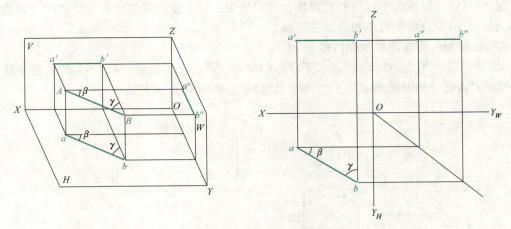

图 1-15 水平线的投影

b. 正平线：如图 1-16 所示，正面投影 $a'b'$ 反映线段 AB 实长，且 $a'b'$ 线与 OX 轴的夹角为空间 AB 线与 H 面的夹角 α，$a'b'$ 线与 OZ 轴的夹角为空间 AB 线与 W 面的夹角 γ；水平投影 ab 的长度小于线段实长，$ab//OX$ 轴；侧面投影 $a''b''$ 的长度小于线段实长，$a''b''//OZ$ 轴。

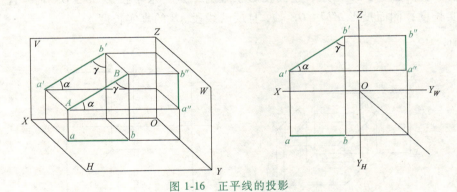

图 1-16 正平线的投影

c. 侧平线：如图 1-17 所示，侧面投影 $a''b''$ 反映线段 AB 实长，且 $a''b''$ 线与 OY 轴的夹角为空间 AB 线与 H 面的夹角 α，$a''b''$ 线与 OZ 轴的夹角为空间 AB 线与 V 面的夹角 β；水平投影 ab 的长度小于线段实长，$ab//OY$ 轴；正面投影 $a'b'$ 的长度小于线段实长，$a'b'//OZ$ 轴。

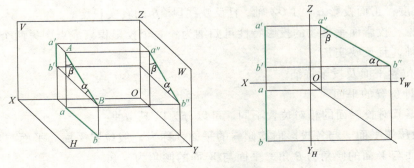

图 1-17 侧平线的投影

由此可见，投影面平行线的投影特性可归纳为：一个投影反映实长并反映两个倾角的真实大小，另两个投影平行于相应的投影轴。

② 投影面的垂直线的投影特点

a. 铅垂线：如图 1-18 所示，水平投影积聚为一点；正面投影 $a'b'\perp OX$ 轴，且反映线段 AB 的真实长度；侧面投影 $a''b''\perp OY$ 轴，且反映线段 AB 的真实长度。

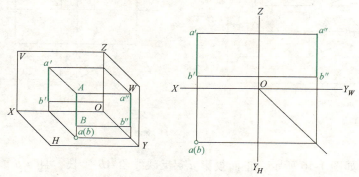

图 1-18　铅垂线的投影

b. 正垂线：如图 1-19 所示，正面投影积聚为一点；水平投影 $ab\perp OX$ 轴，且反映线段 AB 的真实长度；侧面投影 $a''b''\perp OZ$ 轴，且反映线段 AB 的真实长度。

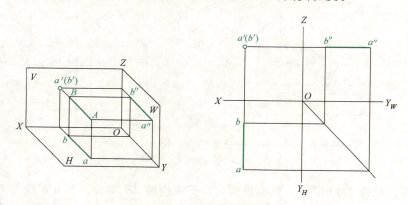

图 1-19　正垂线的投影

c. 侧垂线：如图 1-20 所示，侧面投影积聚为一点；水平投影 $ab\perp OY$ 轴，且反映线段 AB 的真实长度；正面投影 $a'b'\perp OZ$ 轴，且反映线段 AB 的真实长度。

由此可见，投影面垂直线的投影特性可归纳为：一个投影积聚成点，另两个投影垂直于相应的投影轴，且反映实长。

3. 各种位置平面及投影特征

（1）各种位置的平面

平面根据其对投影面的相对位置不同，可以分为以下几种：

1）一般位置平面。与各投影面均倾斜的平面，称为一般位置平面。平面与 H 面的倾角为 α 角，平面与 V 面的倾角为 β 角，平面与 W 面的倾角为 γ 角。

2）特殊位置平面。平行或垂直于投影面的平面，称为特殊位置平面。

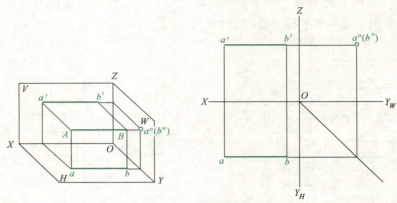

图 1-20　侧垂线的投影

① 投影面的平行面。平行于某一个投影面，同时也垂直于另外两个投影面的平面，称为投影面的平行面。投影面的平行面共有三种：

水平面——平行于 H 面的平面。

正平面——平行于 V 面的平面。

侧平面——平行于 W 面的平面。

② 投影面的垂直面。垂直于某一投影面，同时倾斜于另外两个投影面的平面，称为投影面的垂直面。投影面的垂直面共有三种：

铅垂面——垂直于 H 面的平面。

正垂面——垂直于 V 面的平面。

侧垂面——垂直于 W 面的平面。

（2）各种位置平面的投影特点

1）一般位置平面。如图 1-21 所示，一般位置平面的投影特点：三个投影均为面积缩小了的类似图形。

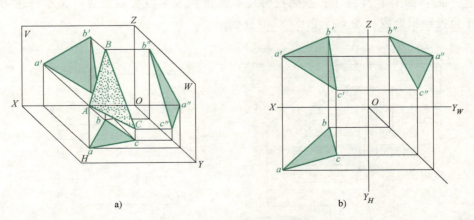

a)　　　　　　　　　　　　b)

图 1-21　一般位置平面的投影

2）特殊位置平面

① 投影面的平行面的投影特点

a. 水平面：如图 1-22 所示，水平投影反映实形；正面投影积聚成一条平行于 OX 轴的直线；侧面投影积聚成一条平行于 OY 轴的直线。

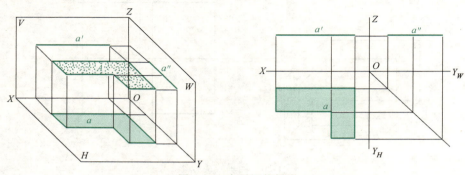

图 1-22　水平面的投影

b. 正平面：如图 1-23 所示，正面投影反映实形；水平投影积聚成一条平行于 OX 轴的直线；侧面投影积聚成一条平行于 OZ 轴的直线。

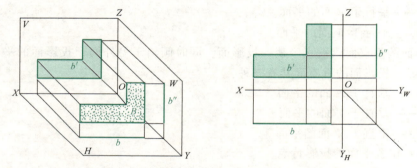

图 1-23　正平面的投影

c. 侧平面：如图 1-24 所示，侧面投影反映实形；水平投影积聚成一条平行于 OY 轴的直线；正面投影积聚成一条平行于 OZ 轴的直线。

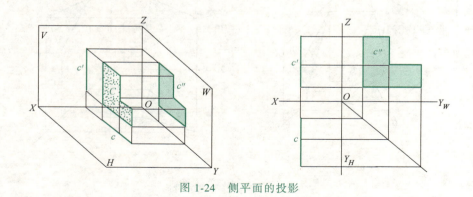

图 1-24　侧平面的投影

由此可见，投影面平行面的投影特点可归结为：在所平行的那个投影面上的投影反映实形；在其他两个投影面上的投影积聚成平行于相应投影轴的直线。

② 投影面垂直面的投影特点

a. 铅垂面：如图 1-25 所示，水平投影积聚成一直线，且其延长线与 OX 轴的夹角为空间平面与 V 面的夹角 β，与 OY 轴的夹角为空间平面与 W 面的夹角 γ；其余两投影均为面积缩小了的图形。

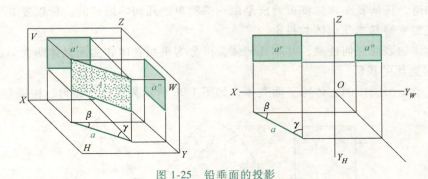

图 1-25 铅垂面的投影

b. 正垂面：如图 1-26 所示，正面投影积聚成一直线，且其延长线与 OX 轴的夹角为空间平面与 H 面的夹角 α，与 OZ 轴的夹角为空间平面与 W 面的夹角 γ；其余两投影均为面积缩小了的图形。

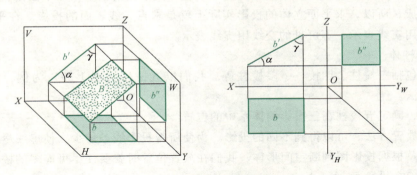

图 1-26 正垂面的投影

c. 侧垂面：如图 1-27 所示，侧面投影积聚成一直线，且其延长线与 OY 轴的夹角为空间平面与 H 面的夹角 α，与 OZ 轴的夹角为空间平面与 V 面的夹角 β；其余两投影均为面积缩小了的图形。

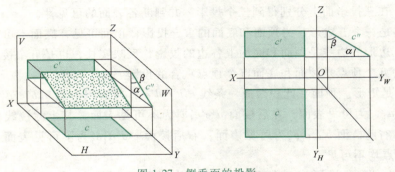

图 1-27 侧垂面的投影

由此可见，投影面垂直面的投影特点可归纳为：一个投影，即与平面垂直的那个投影面上的投影积聚成直线，且反映平面对另两个投影面倾角的大小；另两个投影为平面的面积缩小了的图形。

1.1.4 基本几何体的投影

我们知道，任何复杂物体都可看成是由一些简单的几何体组成的。所以要弄清复杂物体的投影，先要掌握基本几何体的投影。

按照形体的表面几何性质，基本几何体又可分为平面立体和曲面立体两大类。

1. 平面立体的投影

由若干个平面围成的立体称平面立体，如图1-28所示为棱柱、棱台、棱锥等。

 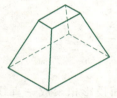

图1-28 平面立体

研究平面立体的投影，实质上就是研究围成立体的平面的投影，而平面由直线围成，直线由两点连成，所以，求平面立体的投影实际上就是求点、线、面的投影。在平面立体中，可见的交线用实线表示，不可见的交线用虚线表示。

（1）棱柱体

棱柱体包括三棱柱、四棱柱、多棱柱等。我们以五棱柱（图1-29）为例，来说明棱柱体的投影画法。

第一步，确定五棱柱在三投影面体系中的位置。

不同的放置方法，可以得到不同的投影。为使所得投影线条最少，使虚线尽可能少，以及便于绘图及根据投影图判断空间形体，我们在放置位置时就要使尽可能多的棱柱体表面平行或垂直于三个投影面。

图1-29a中，五棱柱由顶面 $ABCDE$、底面 $A_1B_1C_1D_1E_1$、左前棱面 ABB_1A_1、左后棱面 AEE_1A_1、右前棱面 BCC_1B_1、右后棱面 CDD_1C_1、后棱面 EDD_1E_1 共7个表面组成。放置时，使上下底面平行于 H 面，后棱面平行于 V 面，左前、左后棱面及右前、右后棱面均垂直于 H 面。

第二步，在三投影面上分别得到三个投影。并判断各表面的可见性。

H 面投影是一个五边形，为顶面和底面的重合投影，顶面可见，底面不可见，反映了它们的实形。五边形的边线是顶面和底面上各边的投影，反映实长，也是五个棱面积聚性的投影。五边形的五个顶点是顶面和底面五个顶点重合的投影。

V 面投影是矩形。顶面在此积聚成一条线 $a'b'c'd'e'$；底面积聚成 $a_1'b_1'c_1'd_1'e_1'$；左前棱面为矩形 $a'b'b_1'a_1'$，为可见表面；左后棱面 $a'e'e_1'a_1'$ 为不可见表面，其上除棱线 $a'a_1'$ 外，所有点均不可见；右前棱面 $b'c'c_1'b_1'$ 为可见表面；右后棱面 $c'd'd_1'c_1'$ 为不可见表面，其上除棱线 $c'c_1'$ 外，所有点均不可见。

同理可知，W 面投影也是矩形。顶面在此积聚成一条线 $a''b''c''d''e''$；底面积聚成

$a_1''b_1''c_1''d_1''e_1''$；左前棱面 $a''b''b_1''a_1''$ 为矩形，为可见表面；左后棱面 $a''e''e_1''a_1''$ 为可见表面；右前棱面 $b''c''c_1''b_1''$ 与左前棱面 $a''b''b_1''a_1''$ 重影，为不可见表面，其上除棱线 $b''b_1''$ 外，所有点均不可见；右后棱面 $c''d''d_1''c_1''$ 与左后棱面 $a''e''e_1''a_1''$ 重影，其上所有点均不可见。

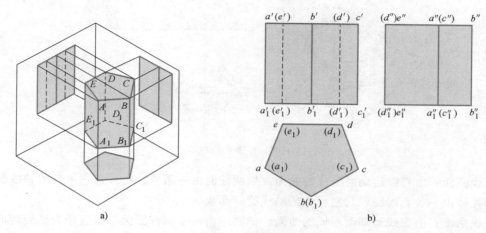

图 1-29 棱柱体的投影

（2）棱锥体

棱锥体的底面是多边形，棱线交于一点。我们以正四棱锥（图 1-30）为例，来说明棱锥体的投影。

第一步，确定正四棱锥在三投影面体系中的位置。

正四棱锥共有底面 $ABCD$，左前棱面 SAB，左后棱面 SAD，右前棱面 SBC，右后棱面 SCD 五个面。使底面平行于 H 面，则其余四个表面倾斜于三投影面。

第二步，在三投影面上分别得到三个投影，并判断各表面的可见性。

在 H 面投影中，底面四边形 $abcd$ 反映实形，除四条棱线上的点外，底面所有点均不可见。顶点 S 的 H 面投影 s 在底面的投影中心，s 与各顶点 a、b、c、d 的连线为四个侧面的棱线，它们均等长。sab 为左前棱面投影，sbc 为右前棱面投影，scd 为右后棱面投影，sda 为左后棱面的投影，四个棱面的水平投影均为可见。

在 V 面投影中，底面积聚成一直线 $a'b'c'd'$；左前棱面投影 $s'a'b'$ 与右前棱面投影 $s'b'c'$ 为可见表面；左后棱面投影 $s'a'd'$ 与左前棱面投影 $s'a'b'$ 重影，除棱线 $s'a'$ 外，其表面上所有点均不可见；右后棱面投影 $s'c'd'$ 与右前棱面投影 $s'b'c'$ 重影，除棱线 $s'c'$ 外，其表面上所有点均不可见。

在 W 面投影中，底面积聚成一直线 $a''b''c''d''$；左前棱面投影 $s''a''b''$ 与左后棱面投影 $s''a''d''$ 为可见表面；右前棱面投影 $s''b''c''$ 与左前棱面投影重影，除棱线 $s''b''$ 外，其表面上所有点均不可见；右后棱面投影 $s''c''d''$ 与左后棱面投影重影，除棱线 $s''d''$ 外，其表面上所有点均不可见。

2. 曲面立体的投影

（1）基本概念

曲线：由点按一定规律运动而形成的光滑轨迹。

曲面：由直线或曲线在空间按一定规律运动而形成的轨迹。

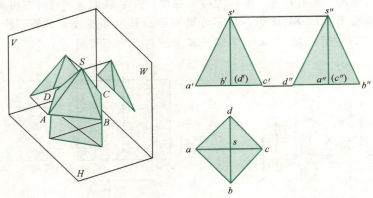

图 1-30 棱锥体的投影

直线曲面：由直线运动而形成的曲面。如圆柱面由一条直线绕着与它平行的轴线旋转而成。圆锥面由一条直线绕着与它相交的轴线旋转而成。

曲线曲面：由曲线运动而形成的曲面。如圆球由一个圆或圆弧，以直径为轴旋转而成。

曲面中常用的术语有：母线、素线、轮廓线。

母线：形成曲面的那根运动着的直线或曲线。

素线：母线移动到曲面上的任意位置时，称为曲线的素线。曲面也可以认为是由无数条素线所组成。

轮廓线：确定曲面范围的边界线。对平面立体而言，其外形边界由棱线确定。而曲面立体由于曲面上没有棱线，因此，在投影中只能用轮廓线表示曲面的范围。在曲面立体中，轮廓线也是其表面可见与不可见的分界线。

曲面立体：由曲面或曲面和平面围成的形体。如图 1-31 所示圆柱、圆锥、圆球等。

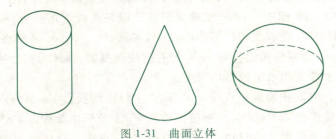

图 1-31 曲面立体

（2）曲面立体的投影

1）圆柱体的投影

第一步，确定圆柱体在三投影面体系中的位置。

圆柱由顶圆、底圆和圆柱面围成。圆柱面可由平行于轴线的母线 AA_1，绕回转轴 OO_1 旋转而成，如图 1-32 所示。

将上下底圆放置成平行于 H 面，则中轴线 OO_1 垂直于 H 面，如图 1-33a 所示。

第二步，在三投影面上分别得到三个投影，并判断各表面的可见性，如图 1-33b 所示。

圆柱的 H 面投影是一个圆，为顶面和底面的重合投影，顶面可见，底面不可见，反映了它们的实形。该圆同时也反映了圆柱面的积聚投影。

模块 1　基础知识

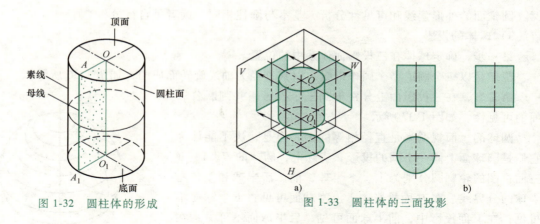

图 1-32　圆柱体的形成

图 1-33　圆柱体的三面投影

圆柱的 V 面投影是一个矩形线框，其上下边线为顶圆和底圆的积聚直线，直线长度为圆的直径；左、右两条边线分别是圆柱面上最左、最右两条轮廓素线的投影，它们是圆柱面前、后部分的分界线，在 V 面投影中，圆柱前面可见，后面不可见。

圆柱的 W 面投影也是一个矩形线框，其上下边线为顶圆和底圆的积聚直线，直线长度为圆的直径；前、后两条边线分别是圆柱面上最前、最后两条轮廓素线的投影，它们是圆柱面左、右半部分的分界线，在 W 面投影中，圆柱左面可见，右面不可见。

2) 圆锥体的投影

第一步，确定圆锥体在三投影面体系中的位置。

圆锥由底圆和圆锥面围成。圆锥面可以看成是由母线 SA 绕中轴线 SO 旋转而成，如图 1-34 所示。

将底圆放置成平行于 H 面，则中轴线 SO 垂直于 H 面，如图 1-35a 所示。

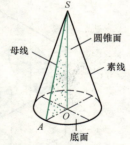

图 1-34　圆锥体的形成

第二步，在三投影面上分别得到三个投影，并判断各表面的可见性。

圆锥的水平投影为圆，它的 V 面和 W 面投影均为等腰三角形。

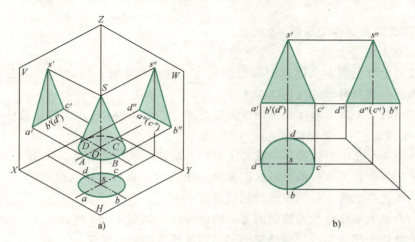

图 1-35　圆锥体的三面投影

17

圆锥面的外形素线和可见性分析，基本与圆柱相同，读者可自行分析。

3) 球体的投影

第一步，确定球体在三投影面体系中的位置。

圆球是以一个圆或半个圆作母线，以其直径为轴线旋转而成的，如图1-36所示。

第二步，在三投影面上分别得到三个投影，并判断各表面的可见性，如图1-37所示。

圆球的三面视图都是直径相等的圆。但是，决不能认为它们是圆球面上同一个圆的投影。实际上，圆球的 H、V、W 三面视图的轮廓圆分别为上、下半球，前、后半球和左、右半球的分界线。在 H 面投影中，上半球面可见，下半球面不可见；在 V 面投影中，前半球面可见，后半球面不可见；在 W 面投影中，左半球面可见，右半球面不可见。

假如我们把圆球在 H 面的投影称为水平轮廓圆 b，在 V 面的投影称为正平轮廓圆 a'，在 W 面的投影称为侧平轮廓圆 c''，则该三个圆的其余两投影如图1-37b所示。

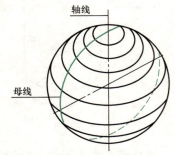

图1-36　球体的形成

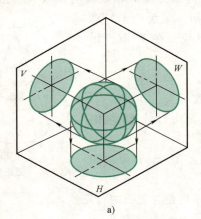

a)

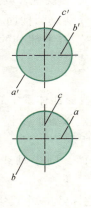

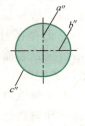

b)

图1-37　球体的三面投影

1.1.5　建筑组合形体的投影

1. 组合形体的组合方式

由两个或两个以上基本几何体所组成的形体，称为组合体。组合体的组合方式有叠加型、截割型和综合型三种形式（图1-38）。

叠加型：由若干个基本形体叠加而成的组合体。如图1-38a所示，该组合体可看成是一个五棱柱+一个四棱柱+一个三棱柱。

截割型：由一个基本形体被一个或若干个断面切割而成的组合体。如图1-38b所示，该组合体可看成是一个长方体被截割两次而形成。第一次，在长方体内部切去一个小长方体，形成一个槽形体，第二次用一正垂面切割槽形体。

综合型：由基本形体叠加和被截割而成的组合体。如图1-38c所示，该组合体可看成是底部的长方体叠加中部的圆台，再叠加上部被四棱柱截割后的圆柱。

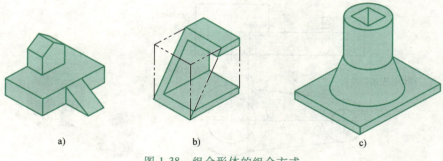

图 1-38 组合形体的组合方式
a）叠加型　b）截割型　c）综合型

2. 组合形体的表面连接关系

组合形体各组合部分之间的表面连接关系可分为四种：不平齐、平齐、相交和相切。

1）不平齐——当组合体上两基本形体的表面不平齐时，在视图中应该有线隔开，如图 1-39a 所示。

2）平齐——当组合体上两基本形体的某两个表面平齐时，中间不应该有线隔开，如图 1-39b 所示。

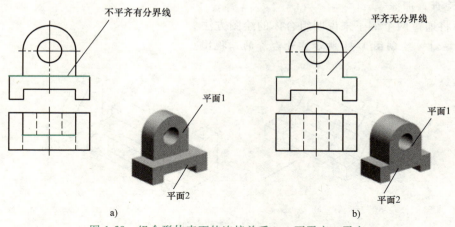

图 1-39 组合形体表面的连接关系——不平齐、平齐

3）相交——当组合体上两基本体表面彼此相交时，在相交处应画出交线，如图 1-40 所示。

4）相切——当组合体上两基本体表面相切时，在相切处不应该画线，如图 1-40 所示。

3. 组合体的画图方法

绘制组合体最常用的方法是形体分析法和线面分析法。

形体分析法：将组合体分解成几个基本形体，分析各基本形体的形状、组合方式及表面连接关系，以便于画图和读图的方法。

线面分析法：根据围成形体的表面及表面之间交线的投影，分析表面之间的连接关系及表面交线的形成和画法，以便于画图和读图的方法。

组合体的画图步骤如下：

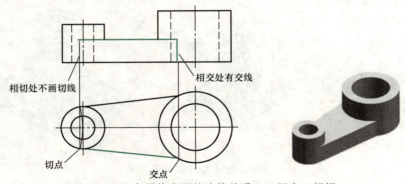

图 1-40 组合形体表面的连接关系——相交、相切

1）分析组合体。分析组合体是由哪些基本形体叠加、截割或是综合而成的。
2）放置组合体位置，确定主视图。选择最能显示组合体形状特征的一面作为主视图。
3）布局。根据组合体的大小，选择比例，定图幅，布置视图位置，使图面布图匀称美观。
4）绘制三视图的基准线，逐张绘制投影图。
5）分析及正确表示各部分形体之间的表面过渡关系。
6）检查，加深。

下面将通过两个例子来说明组合体的绘图方法。

[例 1-3] 绘制图 1-41 所示室外台阶的三视图。

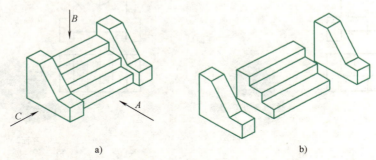

图 1-41 室外台阶

解：1）分析组合体。该组合体可看成由边墙、台阶和边墙三大部分叠加组成。两边的边墙为六棱柱，中间的台阶为八棱柱。

2）放置组合体位置，确定主视图。放置形体应以绘图简捷为前提，选择形体上更多的面或线为投影面的特殊位置面（线）。同时，还要考虑其正常工作位置。综上考虑确定投影位置如图 1-41a 所示。

在形体位置确定后，还要确定正投影图。因为正投影图是最能表达物体主要形状的，所以我们称之为主视图。主视图的选择原则为：

① 尽量反映出形体各组成部分的形状特征及相对位置。
② 使视图上的虚线尽可能少。

上图若选 C 向投影为主视图，可以较好反映边墙与台阶的形状特征，但虚线较多；选 A

向投影为主视图,可以很清楚地反映边墙与台阶的位置关系,且无虚线,故选 A 向为主视图投影方向。

3) 布局。根据组合体的长、宽、高,计算出三个视图所占的位置和面积,并在视图间留出标注尺寸,填写图名的位置和适当间距。

4) 绘制三视图的基准线,逐张绘制投影图。

在水平投影中先画中轴线和最后基准线,在正面投影中画中轴线和最下基准线,在侧面投影中绘制中轴线和最下、最后基准线,如图 1-42a 所示。

先画两边墙的主视图、水平投影、侧面投影,如图 1-42b 所示。

再叠加台阶的三视图,如图 1-42c 所示。

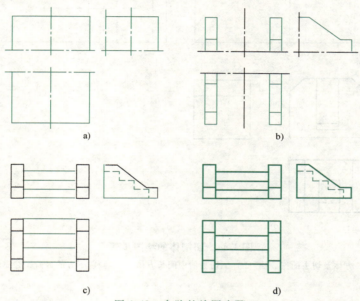

图 1-42 台阶的绘图步骤

5) 分析及正确表示各部分形体之间的表面过渡关系。

6) 检查,加深。最终完成图形如图 1-42d 所示。

[例 1-4] 绘制图 1-43 所示切割体的三视图。

1) 分析组合体。该组合体是由长方体截去左右两角,再截去中间的长方体,最后再截去前方的小长方体得到的。

2) 放置组合体位置,确定主视图。轴测图所示为其正常工作位置。主视图方向如箭头所示。该方向反映了物体的主要特征。

3) 布局。

4) 绘制三视图的基准线,逐张绘制投影图。

在布局好的三视图中绘制基准线,作投影图步骤如下:

① 先画大长方体的三面投影图,再切去左右两个三棱柱,如图 1-44a 所示。

② 绘制切割掉的中间长方体的三面投影图,如图 1-44b 所示。

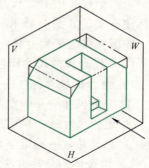

图 1-43 切割体轴测图

③ 绘制切割掉的中间缺口前下方的小长方体的三面投影图，如图1-44c所示。

5）分析及正确表示各部分形体之间的表面过渡关系。

6）检查，加深。

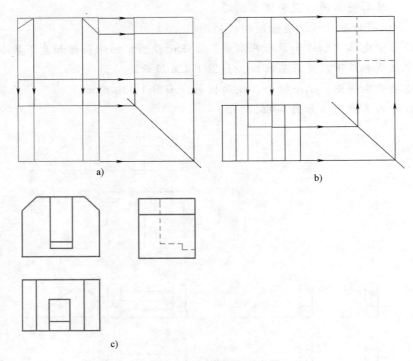

图 1-44 切割体的绘图步骤
a）画长方体及切去的三棱柱 b）画切去的中间长方体 c）画前下方的台阶，并完成全图

4. 尺寸标注

视图表达了形体的形状，而形体的大小则需要通过尺寸标注来表示。

由前所述，组合体是由基本几何体组成的，那么，只要标出这些基本几何体的大小及相对位置关系，就可以确定组合体的大小。

（1）基本几何体的尺寸标注

基本几何体一般都要标注出长、宽、高三个方向的尺寸。尺寸的标注要尽量地集中标注在一、两个投影图上，长宽一般标注在平面图上，高度一般标注在正立面图上，每个尺寸只需标注一次，如图1-45和图1-46所示。

曲面立体与平面立体一样，只需标注曲面体的直径和高度即可。

（2）组合体的尺寸标注

1）组合体尺寸标注的分类。组合体的尺寸较多，按它们的作用可分为三类：

① 定形尺寸——确定组合体中各基本形体大小的尺寸。

② 定位尺寸——确定组合体中各基本形体之间相互位置的尺寸。

③ 总尺寸——确定组合体总长、总宽和总高的尺寸。

2）组合体的标注方法。在标注前，首先对组合体进行形体分析，先标注各基本形体的定形尺寸，再标注基本形体之间的定位尺寸，然后标注总尺寸，最后进行检查校审。

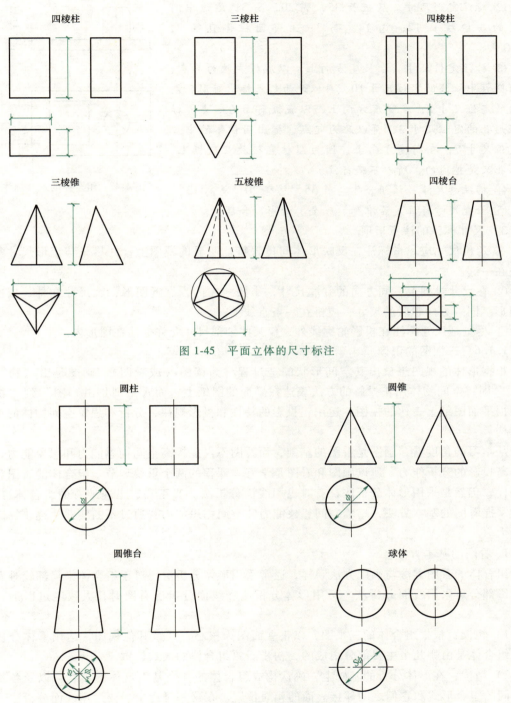

图 1-45 平面立体的尺寸标注

图 1-46 曲面立体的尺寸标注

[例 1-5] 下面以图 1-47 为例,来说明组合体的具体标注方法。

① 形体分析。该组合体由底板(四棱柱),右边中间挖去一个四棱柱,再叠加上部的圆柱体组成。

② 标注定形尺寸。底板长35，宽20，高3；右边中间挖去的四棱柱长12，宽14，高3；上部圆柱体直径8，高10。

③ 标注定位尺寸。在长度方向上，以底板左端为起点，标出圆柱中心线的定位尺寸10，再以此为起点标出矩形孔左端面的定位尺寸8；在宽度方向上，以底板前面为起点，标出矩形孔的定位尺寸3，再以此为起点，标出圆柱体的中心线定位尺寸7；在高度方向上，因为圆柱直接放在底板上，矩形孔又是挖通的，所以不必标注。

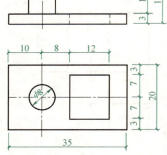

图1-47 组合体的尺寸标注

④ 标注总尺寸。该组合体总长35，总宽20，总高13。

⑤ 检查尺寸标注是否准确、完全、清晰、合理。

3）尺寸标注的注意事项

① 定位尺寸应尽量标注在反映形体间位置特征明显的视图上，并尽量与定形尺寸集中标注在一起。

② 在尺寸排列上，同方向的并联尺寸，小尺寸在内，靠近图形，大尺寸在外，依次远离图形。同一方向串联的尺寸，应排在一条直线上。

③ 尽量把尺寸标注在投影轮廓线外，仅某些细部尺寸允许标注在图形内。

1.1.6 三视图的识读

根据形体的视图想象出其空间形状的全过程称为读图（或看图）。画图是由"物"到"图"，即将空间物体用正投影的方法表达在平面的图纸上，而看图则是由"图"到"物"，即根据平面图纸上表达的视图，运用正投影的特性和投影规律，分析和想象空间物体的形状和结构。

从学习的角度看，画图是看图的基础，而看图不仅能提高空间构思能力和想象能力，又能提高投影的分析能力，所以画图和看图是学好本课程的两个重要环节。组合体的看图和画图一样，仍然是采用形体分析法，有时也用线面分析法。要正确、迅速地看懂组合体视图，必须掌握看图的基本方法，培养空间想象能力和空间构思能力，通过不断实践，逐步提高读图能力。

1. 看图的基本方法

组合体的看图方法与画图方法一样，通常采用形体分析法。对于组合体中局部较难看懂的投影部分可采用线面分析法。运用形体分析法和线面分析法看图时，大致经过以下三个阶段。

1）粗读：根据组合体的三视图，以正立面图为核心，联系其他视图，运用形体分析法辨认组合体是由哪几个主要部分组成的，初步想象组合体的大致轮廓。

2）精读：在形体分析的基础上，确认构成组合体的各个基本形体的形状，以及各基本形体间的组合形式和它们之间邻接表面的相对位置。在这一过程中，要运用线面分析法弄清楚视图上每一根线条、每一个由线条所围成的封闭线框的意义。

3）总结归纳：在上述分析判断的基础上，综合想象出组合体的形状，并将其投影恢复到原图上对比检查，以验证给定的视图与所想象的组合体的视图是否相符。当两者不一致时，必须按照给定的视图来修正想象的组合体，直至各视图与所想象出的组合体的再投影视图相符为止。

2. 看图时要注意的几个问题

（1）应把几个视图联系起来分析

在工程图样中，是用几个视图共同表达物体形状的，组合体用三视图表达。每个视图只能反映组合体某个方向的形状，而不能概括其全貌。因此，仅仅根据一个视图或不恰当的两个视图是不能唯一确定物体的形状的。例如，图1-48中，同一个正立面图，配上不同的平面图，就可以表示出许多种形状的组合体。图1-49中，同一个正立面图和左侧立面图，配上不同的平面图，也可以表示出许多种形状的组合体。因此，只看一个或两个视图是不能唯一确定组合体的空间形状的，看图必须几个视图联系起来看。

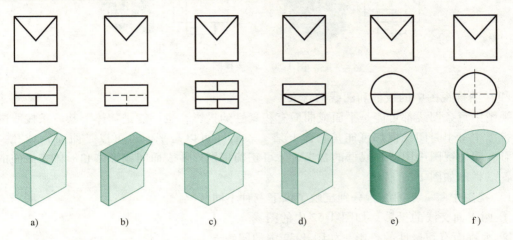

图1-48 同一正立面图表达的不同形体

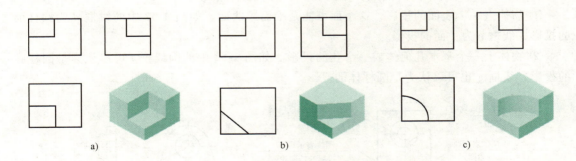

图1-49 同一个正立面图和左侧立面图表达的不同形体

（2）抓住反映形体的特征视图

特征视图就是把物体的形状特征和位置特征反映得最充分的视图。用多面投影表达组合体时，在几个视图中，总有一个视图能比较充分地反映组合体的形状特征，如图1-48中的平面图。在形体分析的过程中，若能找到形体的特征视图，再联系其他视图，就能比较快而准确地辨认形体。但是由基本形体构成的组合体，其各个基本形体的形状特征并非都集中在一个视图上，而是可能每个视图上都有一些反映，如图1-50中的正立面图体现了形状特征，侧立面图体现了位置特征。看图时要抓住能够反映形体形状特征的线框，联系其他视图，来划分基本形体。

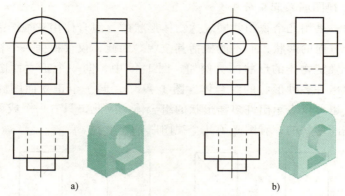

图 1-50　特征视图

（3）明确视图中的线框和图线的含义

视图中每条图线都可能是平面或曲面有积聚性的投影，也可能是物体上某一条棱线的投影；视图中每个封闭线框都可能是物体上某一表面（可以是平面也可以是曲面）或孔、洞的投影。明确视图中图线和线框的含义，才可正确识别形体表面间或形体和形体表面间的相对位置。举例如图 1-51 所示。

1）视图中每一条图线，分别反映了以下三种不同情况。

① 两表面交线的投影，如图 1-52 中的图线 a。

② 垂直面有积聚性的投影，如图 1-52 中的图线 b。

③ 曲面轮廓线的投影，如图 1-52 中的图线 c。

2）视图中的每一个封闭线框，分别反映了以下三种情况。

① 物体上一个表面的投影，这个面可能是平面或曲面。如图 1-52 中的线框 d 为圆柱面的投影，线框 e 为平面的投影。

② 物体上一个基本几何体或一个孔的投影。如图 1-52 中的圆线框 f 可以认为是圆柱孔的投影；线框 g 也可以认为是圆柱体的投影。

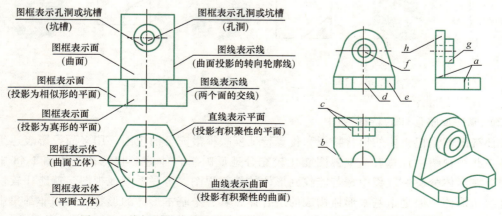

图 1-51　线框和图线的含义　　　　图 1-52　图线和线框的分析

③ 物体上曲面及其切面的投影。如图 1-52 中的线框 h 就是曲面的投影。

由上总结：投影图上的一点，可能是空间一点的投影，也可能是物体上一条线有积聚性的投影；投影图上的一条直线，可能是空间一条直线的投影，也可能是一个平面有积聚性的投影；投影图上一个线框，可能是空间一个面的投影，也可能是空间一个基本形体的投影。读图时需要几个视图互相配合，才能正确识别。

视图上一个线框通常代表一个面。若两个线框相连或线框内仍有线框，相连的两个封闭线框表示平行或相交的两个面，读图时必须通过投影区分出不同线框所代表的面的前后、上下、左右和相交、相切等连接关系，帮助想象物体。举例如图 1-52 所示。

另外，还应注意视图中虚实线的变化，判别形体间的相对位置。举例如图 1-53 所示。

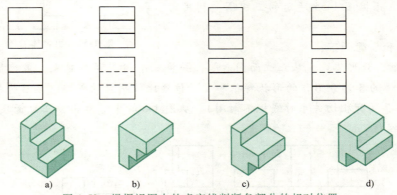

图 1-53　根据视图中的虚实线判断各部分的相对位置

（4）善于构思形体

我们所说的形体除柱、锥、球等基本体外，还包括一些基本体经简单切割或叠加构成的简单组合体，看图时要善于根据视图构思出这些形体的空间形状，并在看图过程中不断修正空间想象的结果。

例如，在某一视图上看到一矩形线框，可以想象出很多形体，如四棱柱、圆柱等；看到一个圆形线框，它可以是圆柱、圆锥、圆球等形体的某一投影。此时再从相关的其他视图上找其相应的投影，便会作出正确判断。

看图的过程就是根据视图不断修正想象中组合体的思维过程。如想象图 1-54a 所示的组合体形状时，根据正立面图、平面图有可能构思出图 1-54b 所示的形体，但对照侧立面图就会发现图 1-54b 所示形体的侧立面图与图 1-54a 所示组合体的侧立面图不相符，此时须根据两个侧立面图之间的差异来不断修正所构思的形体，直至得到图 1-54b 所示的形体。

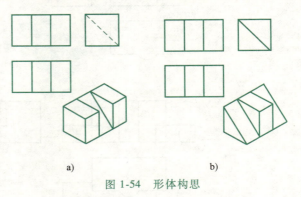

图 1-54　形体构思

通过以上分析，我们更加明确：看图时，必须要几个视图联系起来看，还要对视图中的线框和图线的含义进行细致的投影分析，在构思形体的过程中不断修正想象中的形体，才能逐步得到正确的结论。

3. 看图的一般步骤

（1）形体分析法

从反映形体特征的正立面图入手，将组合体正立面图按组成形体的线框分成若干部分，由投影关系找出各部分的其余投影，进而分析各部分的形状及相互的位置关系，最后综合想象出组合体的整体形状。用一句话概括为"画线框、分形体；对投影、想形体；定位置、想整体"。下面以实例说明读图的方法和步骤。

[例 1-6] 根据图 1-55 所示的三视图，利用形体分析法看图。

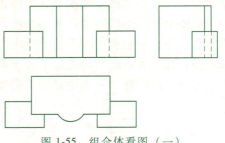

图 1-55　组合体看图（一）

解题方法和步骤如下：

1）画线框、分形体。先从正立面图看起，并将三个视图联系起来，根据投影关系找出表达构成组合体的各部分形体的形状特征和相对位置比较明显的视图。然后将找出的视图分成若干封闭线框（有相切关系时线框不封闭）。从图 1-56a 中可看出，正立面图分成 1′、2′、3′三个封闭的线框。

图 1-56　形体分析法看图（一）

a）正立面图分成 1′、2′、3′三个线框　b）对投影确定形体 1　c）对投影确定形体 2
d）对投影确定形体 3　e）综合起来想出整体形状

2) 对投影、想形体。根据正立面图中所划分的线框,分别找出各自对应的另外两个投影,从而根据三面投影构思出每个线框所对应的空间形状及位置,如图 1-56b、c 和 d 所示。

3) 定位置、想整体。各部分的形状和形体表面间的相对位置关系确定后,综合起来想象出组合体的整体形状,如图 1-56e 所示。

[例 1-7] 根据图 1-57 所示的三视图,利用形体分析法看图。

解题方法和步骤如下:

图 1-57 组合体看图(二)

1) 画线框、分形体。先从正立面图看起,并将三个视图联系起来,根据投影关系找出表达构成组合体的各部分形体的形状特征和相对位置比较明显的视图。然后将找出的视图分成若干封闭线框(有相切关系时线框不封闭)。

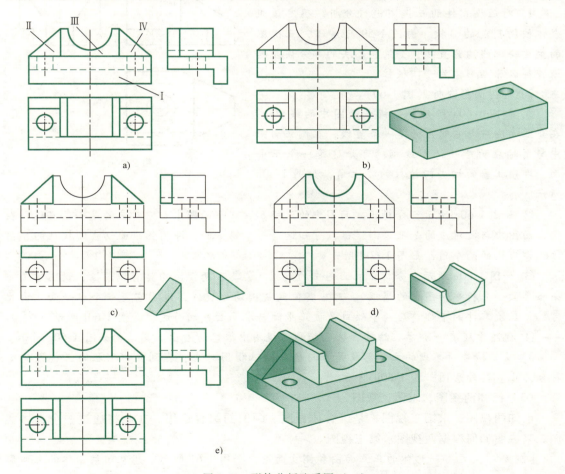

图 1-58 形体分析法看图(二)

a) 正立面图分成 Ⅰ、Ⅱ、Ⅲ、Ⅳ四个线框　b) 对投影确定形体 Ⅰ　c) 对投影确定形体 Ⅱ、Ⅳ
d) 对投影确定形体 Ⅲ　e) 综合起来想出整体形状

从图 1-58a 中可看出，正立面图分成Ⅰ、Ⅱ、Ⅲ、Ⅳ四个封闭的线框。

2）对投影、想形体。根据正立面图中所划分的线框，分别找出各自对应的另外两个投影，从而根据三面投影构思出每个线框所对应的空间形状及位置，如图 1-58b、c 和 d 所示。

3）定位置、想整体。各部分的形状和形体表面间的相对位置关系确定后，综合起来想象出组合体的整体形状，如图 1-58e 所示。

（2）线面分析法

运用线、面的投影规律，分析视图中图线和线框所代表的意义和相互位置，从而看懂视图的方法，称为线面分析法。这种方法主要用来分析视图中的局部复杂投影。

作线面分析一般都是从某个视图上的某一封闭线框开始，根据投影规律找出封闭线框所代表的面的投影，然后分析其在空间的位置及其与形体上其他表面相交后所产生交线的空间位置及投影。

[例 1-8] 根据图 1-59 所示的压块零件的三视图，利用线面分析法看图。

解题方法和步骤如下：

1）对压块零件的三视图进行分析，确定该组合体被切割前的形状。由图 1-59 可看出，三视图的主要轮廓线均为直线，如果将切去的部分恢复起来，那么原始形体为一四棱柱。

2）进行面形分析（图 1-60）。

① 如图 1-60a 所示，分析平面图中的线框 p，在正立面图中与它对应的是一条直线，在侧立面图中与之对应的是一梯形线框，可知这是一个正垂面，即用正垂面切去四棱柱的左上角，如图 1-60b 所示。

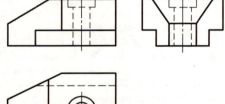

图 1-59　组合体看图（三）

② 如图 1-60c 所示，分析正立面图中的线框 q'，在平面图中与它对应的是一条直线，在侧立面图中与之对应的是七边形线框，可知这是一个铅垂面，即用铅垂面切去四棱柱的左前方、左后方的两个角，如图 1-60d 所示。

③ 如图 1-60e 所示，分析正立面图中的线框 r'，其余两视图均具有积聚性，说明它是一个正平面。分析平面图中的线框 s，对应其他两视图均为直线，说明它是一个水平面。由此可知，压块零件的下部前后两个缺口是被正平面与水平面截切而成，如图 1-60f 所示。

④ 视图中还有一阶梯孔结构，从已知的三视图中很容易看出。其结构如图 1-60g 所示。

3）反复检查所想出的立体形状是否与已知的三视图对应，直到立体形状与三视图完全符合为止。其外形图如图 1-60h 所示。

（3）已知两视图，求第三视图

已知两视图，求第三视图，是组合体看图、画图的综合运用。在此将通过一个具体实例，来说明如何根据两视图求第三视图。

[例 1-9] 已知一形体的正立面图和侧立面图，如图 1-61 所示。想象出该形体的立体形状，补画出完整的平面图。

解：1）由已知视图看懂物体的形状。首先根据形体分析法对形体进行分析，该形体由形体Ⅰ、形体Ⅱ组成，如图 1-62a 所示。其中形体Ⅰ、Ⅱ之间为叠加关系。

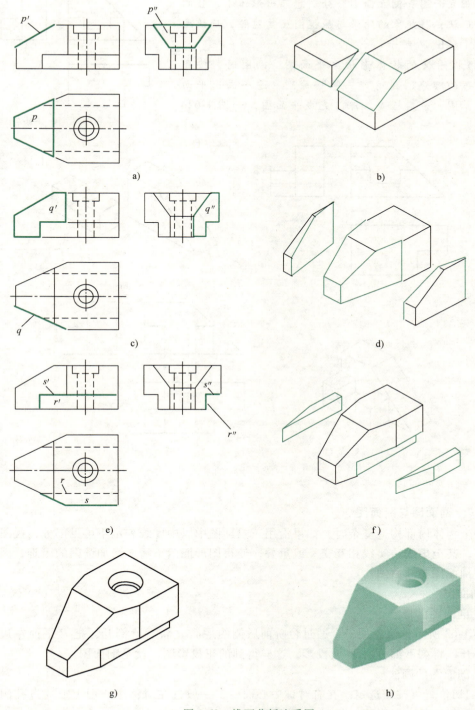

图 1-60 线面分析法看图

a) 分析 p 面三视图 b) 正垂面切去四棱柱的左上角 c) 分析 q 面三视图
d) 用铅垂面切去四棱柱左前方、左后方 e) 分析 r、s 面三视图
f) 被正平面与水平面截切而成 g) 挖去一个阶梯孔 h) 外形结构

根据正立面图和侧立面图，分别想象出形体Ⅰ、Ⅱ的空间结构形状，将想象的结果与原视图反复对照，确认无误，如图1-62b、c所示。

2）根据看懂的物体形状画平面图。画图时，按照Ⅰ、Ⅱ形体的顺序，利用"三等"原则，逐一画出平面图的底稿草图，最后检查加深，完成平面图，如图1-62d所示。

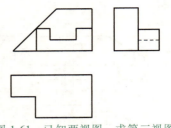

图1-61 已知两视图，求第三视图

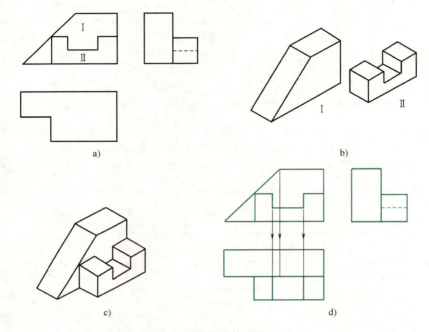

图1-62 求作形体的平面图

1.1.7 剖面图与断面图

当一个物体内部构造复杂时，如果沿用正投影图中以中虚线表示不可见部分，视图上不仅虚线多，甚至虚线、实线相互交叉或重叠，使得图形混淆不清，增加读图的困难，因此有必要引进剖面图与断面图。

1. 剖面图

（1）剖面图的概念

如图1-63所示，假想用一个通过台阶前后侧的平面P将台阶剖开，把P平面左边的部分台阶移开，将剩下部分向W面投影，这样得到的正投影图，就是剖面图。

（2）剖面图的画法

1）剖切位置可按需选定。在有对称中心面时，一般选在对称中心面上或通过孔洞中心线，并且平行于某一投影面，如图1-64所示。

2）剖切面不同所得到的剖面图的形状也不同，因此画剖面图时，必须用剖切符号标明剖切位置和剖视方向，并予以编号。

3）剖切符号包括剖切位置线和剖视方向线。剖切位置线实为剖切平面的积聚投影，由

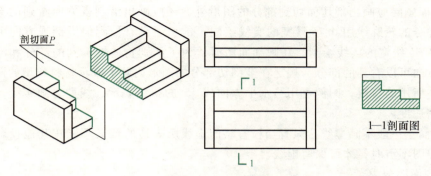

图 1-63 剖面图的形成

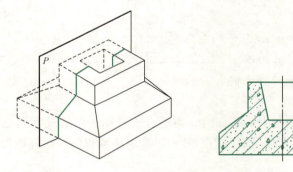

图 1-64 剖切位置

不穿越形体的两段粗实线构成，均应以粗实线绘制，线宽宜为 b，长度约 6~10mm，必要时可以转折。剖视方向线表达剩余形体的剖视方向，从剖切位置线末端开始绘制，垂直于剖切位置线，也画粗实线，长度约 4~6mm，如图 1-65 所示。剖切符号的编号宜采用阿拉伯数字，按顺序由左到右、由下到上连续编排，并应注写在剖视方向线端部。

4）在剖面图的下方要注写剖面图的名称，如图 1-63 中剖面图的名称为"1—1 剖面图"，并在图名下用粗实线绘制一条横线，其长度应以图名所占长度为准。

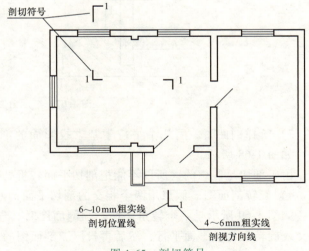

图 1-65 剖切符号

（3）画剖面图时应注意的问题

1）剖切面是假想的，同一个物体按实际需求，可以进行几次剖切，且互相不影响，在每一次剖切前，都应按整个物体进行考虑。

2）剖面图除应画出剖切面切到部分的图形外，还应画出沿剖视方向看到的部分，被剖切面切到部分的轮廓线用 $0.7b$ 线宽的实线绘制，剖切面没有切到但沿剖视方向可以看到的部分，用 $0.5b$ 线宽的实线绘制。在画剖面图时，为了区别物体被剖到的部分和没有被剖到但沿剖视方向可以看到的部分，规定在被剖切部分的图形内画上表示材料类型的图例。如果不清楚形体所用的材料，图例可用与水平方向成 45° 的斜线表示，线型为细实线，且应间隔均匀，疏密适度。

3）剖面图一般不画虚线，只有当被省略的虚线所表达的意义不能在其他投影图中表示或者造成识图不清时，才可保留虚线。

（4）剖面图分类

1）全剖面图。用剖切平面完全地剖开物体所得的剖面图，称为全剖面图，如图 1-66 所示。

当形体的投影为非对称图形，且需要表示其内部形状时，应采用全剖面图。当形体投影虽然对称，但外形简单时，也可以采用全剖面图。

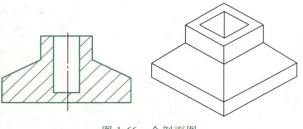

图 1-66　全剖面图

2）半剖面图。当物体具有对称平面时，向垂直于对称平面的投影面上投影所得到的图形，以对称中心线为界，一半画成剖面图，另一半画成普通视图，这样画出的图形称为半剖面图，如图 1-67 所示。

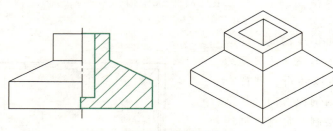

图 1-67　半剖面图

3）阶梯剖面图。用几个平行于基本投影面的剖切平面剖开物体的方法称为阶梯剖面图，如图 1-68 所示。

由于剖切是假想的，所以不能把剖切平面转折处投影到剖面图上。

4）旋转剖面图。假想用两个相交的剖切平面剖开物体的方法称为旋转剖面图。

如图 1-69 所示是一个转角楼梯，画剖面图时，先将不平行投影面部分绕其两剖切平面的交线旋转至与投影面平行，然后再投影。剖面图的总长度应为两段梯段实际长度加上 a 和 b 的总和。用此方法剖切时，应在图名后加注"展开"二字。

5）局部剖面图。用剖切面局部地剖开物体所得到的剖面图称为局部剖面图。

局部剖面图要用波浪线与视图分界，波浪线可以看作构件断裂面的投影，因此波浪线不能超出视图的轮廓线，不能穿过中空处，不允许与其他图线重合。在建筑工程和装饰工程中，常使用局部剖面图来表达其内部构造，如图 1-70a、b 所示分别是墙面和楼面的装饰工程构造做法。

模块 1 基础知识

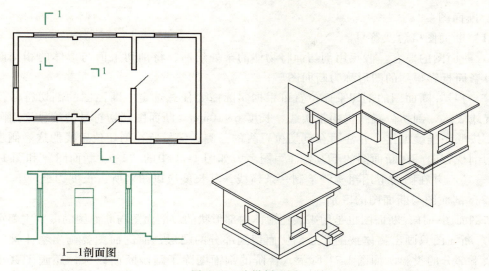

图 1-68 阶梯剖面图

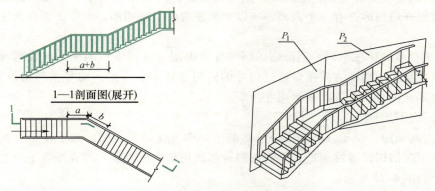

图 1-69 旋转剖面图

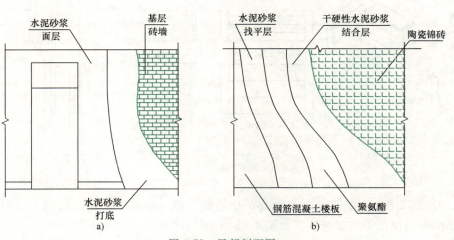

图 1-70 局部剖面图

a) 墙面 b) 楼面

2. 断面图

（1）断面图概念及符号

1）断面图的概念。假想用剖切面将物体的某处切断，将剖切平面与形体的相交面向相应的投影面投影得到的图形称为断面图。

2）符号。断面图的剖切平面位置可根据实际需要任意选定。断面图的剖切符号仅用剖切位置线表示，剖切位置线仍用粗实线，长度6～10mm。断面图剖切符号的编号采用阿拉伯数字，按顺序连续编排，并注写在剖切位置线的一侧，编号所在剖切位置线的这一侧表示该断面的剖视方向。在断面图的下方要注写图名，如图1-71中的"1—1断面图"和图1-72中的"1—1"，并在图名下用粗实线绘制一条横线，其长度应以图名所占长度为准。

（2）剖面图与断面图的区别

与剖面图一样，断面图也是用来表达形体内部形状的。剖面图与断面图的区别主要在于：

1）断面图只画出物体被剖开后剖切面切到部分的图形，而剖面图要画出物体被剖开后整个余下部分的投影。如图1-71所示，台阶的剖面图除了踏步断面以外，还画了踏步外侧栏板的投影轮廓线。

2）剖面图是被剖开的物体的投影，是体的投影，而断面图只是一个截面的投影，是面的投影。被剖开的物体必有一个截面，所以剖面图包含了断面图，而断面图只属于剖面图中的一部分。

3）剖切符号的标注不同，剖面图的剖切符号由剖切位置线和剖视方向线组成，而断面图只有剖切位置线，剖视方向线是通过编号的注写位置来表示的，编号在剖切位置线下方，表示向下投影，注写在左方，表示向左投影。

（3）断面图的分类

1）移出断面图。位于投影图之外的断面图，称为移出断面图。为了便于看图，移出断面图应尽量画在剖切位置线附近。断面图的轮廓线用粗实线表示，并在断面上绘制出物体的材料图例，如图1-72所示。

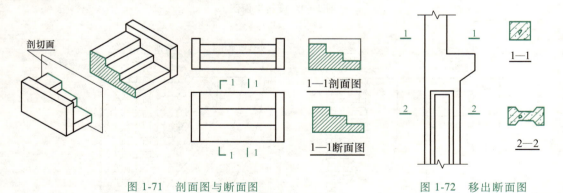

图1-71 剖面图与断面图　　　　　图1-72 移出断面图

2）中断断面图。将断面图画在物体的中断处，称为中断断面图，适用于外形简单细长的杆件。中断断面图不需要标注，如图1-73所示。

3）重合断面图。重叠在投影图之内的断面图称为重合断面图。重合断面的轮廓线用粗实线表示，以便与投影的轮廓线区别开。物体的投影线在重合断面图内仍然是连续的，不能断开，如图 1-74 所示。

图 1-73　中断断面图

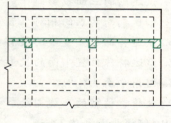

图 1-74　重合断面图

小　　结

子　项	知识要点	能力要点
投影与工程图	1. 投影的产生与分类 2. 三视图的形成	
三视图及对应关系	1. 三面投影体系的概念和展开方法 2. 形体与视图的方位关系	
点、直线与平面的投影	1. 点的投影规律及作图方法，判断点的相对位置和重影点的可见性 2. 直线对投影面的各种相对位置的投影特性 3. 平面对投影面的各种相对位置的投影特性	能应用投影原理读图和画图
基本几何体的投影	平面立体、曲面立体的概念及其三面投影	能应用投影原理绘制物体的三视图
建筑组合形体的投影	1. 组合形体的组合方式 2. 组合形体的表面连接关系 3. 组合体的画图方法 4. 形体的尺寸标注	1. 能准确绘制组合体三面投影图 2. 能准确标注尺寸
三视图的识读	1. 形体分析法读图 2. 线面分析法读图	会综合应用形体分析法和线面分析法进行读图
剖面图与断面图	1. 剖面图的形成和画法 2. 断面图的形成和画法 3. 剖面图、断面图的分类	能区分剖面图和断面图

思考与拓展题

1. 何谓投影？投影的三要素是什么？
2. 什么是中心投影？什么是平行投影？什么是正投影？

3. 三面正投影图是如何形成的？它们互相间的投影关系是什么？
4. 试述点的三面投影规律。
5. 如何判断两点的相对位置？如何判断两个重影点的可见性？
6. 试述特殊位置直线的投影特征。
7. 试述特殊位置平面的投影特征。
8. 何谓平面立体？
9. 棱锥、棱柱的三视图绘制步骤有哪些？它们的投影又分别具有哪些特性？
10. 何谓曲面立体？
11. 圆锥、圆柱、球的三视图绘制步骤有哪些？它们的投影又分别具有哪些特性？
12. 简述组合体及其组合方式。
13. 试述用形体分析法画图时的具体步骤。
14. 在标注组合体尺寸时，如何确保其尺寸的完整性？
15. 试述用形体分析法、线面分析法读图的具体步骤。
16. 剖面图与断面图的符号如何表示？有何区别？
17. 剖面图与断面图是如何形成的？剖面图、断面图各有哪些种类？

1.2 建筑制图知识

知识目标：掌握房屋建筑制图标准的主要内容，包含图幅、标题栏、图线、字体、比例、符号、定位轴线、尺寸、标高、图例等。
能力目标：能按照制图标准，绘制简单的建筑施工图。
学习重点：常用图线、符号、定位轴线、尺寸、标高、图例的表达。

图样是工程界的技术语言，为便于技术交流，提高施工速度，要求建筑工程图样做到规格统一，图面简洁清晰。

1.2.1 图幅

图幅即图纸图框尺寸的大小。图纸图框按其大小分为 5 种，见表 1-1。从表中可知，A1 图幅是 A0 图幅的对裁，A2 图幅是 A1 图幅的对裁，余可类推。同一项工程的图纸，图幅不宜多于两种。图幅通常有横式和立式两种形式，以短边作为竖边的图纸称为横式幅面（图 1-75a），以短边作为水平边的图纸称为立式幅面（图 1-75b）。一般 A0~A3 图纸宜用横式。如果图纸幅面不够，可将图纸长边按国标的规定加长，但短边一般不加长。

表 1-1 幅面及图框尺寸　　　　　　　　　　　（单位：mm）

幅面尺寸	幅面代号				
	A0	A1	A2	A3	A4
$b×l$	841×1189	594×841	420×594	297×420	210×297
c	10			5	
a	25				

注：表中 a、b、c、l 与图 1-75 中 a、b、c、l 表示尺寸一致。

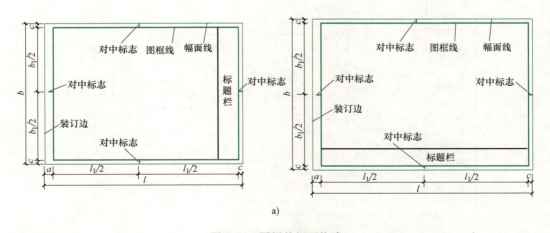

图 1-75 图纸的幅面格式
　　a）横式幅面

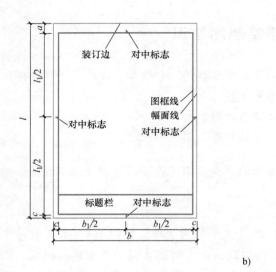
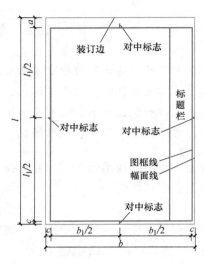

b)

图 1-75　图纸的幅面格式（续）
b）立式幅面

1.2.2　标题栏与会签栏

为了方便查阅图纸，图纸右侧或下方应有标题栏，标题栏的位置应按图 1-75 所示的方式配置。标题栏应根据工程的需要选择确定其尺寸、格式及分区，如图 1-76a、b 所示。需要会签的图纸还要绘制会签栏，包括实名列和签名列，如图 1-76c 所示。

图 1-76　标题栏与会签栏
a）标题栏（一）　b）标题栏（二）　c）会签栏

1.2.3 图线

1. 图线线型及用途

在建筑工程制图中对图线的线型、线宽及用途都作了规定（表1-2）。

表1-2 图线

名称		线型	线宽	用途
实线	粗	———————	b	1. 主要可见轮廓线 2. 平、剖面图中被剖切的主要建筑构造（包括构配件）的轮廓线 3. 建筑立面图中外轮廓线 4. 建筑构造详图中被剖切的主要部分轮廓线 5. 平、立、剖面的剖切符号 6. 总平面图中新建建筑物的可见轮廓线
	中粗	———————	$0.7b$	1. 平、剖面图中被剖切的次要建筑构造（包括构配件）的轮廓线 2. 建筑平、立、剖面图中建筑构件的轮廓线 3. 建筑构造详图及构配件详图中的一般轮廓线 4. 变更云线
	中	———————	$0.5b$	1. 小于0.7b的图形线 2. 尺寸线、尺寸界线、索引符号、标高符号 3. 详图材料做法引出线、粉刷线、保温层线、地面、墙面的高差分界线 4. 总平面图中新建构筑物、道路、桥涵、围墙等设施的可见轮廓线
	细	———————	$0.25b$	1. 图例填充线、家具线、纹样线 2. 总平面图中新建建筑物±0.00高度以上的可见建筑物、构筑物轮廓线 3. 总平面图中原有建筑物、构筑物、道路、桥涵、围墙等可见轮廓线 4. 总平面图中新建人行道、排水沟、坐标线、尺寸线、等高线
虚线	粗	— — — — —	b	新建建筑物、构筑物地下轮廓线
	中粗	— — — — —	$0.7b$	1. 一般不可见轮廓线 2. 建筑构造详图及建筑构配件不可见的轮廓线 3. 平面图中的起重机轮廓线 4. 总平面图中的拟建、扩建建筑物轮廓线
	中	— — — — —	$0.5b$	1. 一般不可见轮廓线、图例线 2. 投影线、小于0.5b的不可见轮廓线 3. 总平面图中计划预留扩建的建筑物、构筑物、铁路、道路、管线、建筑红线及预留用地各线
	细	— — — — —	$0.25b$	1. 图例填充线、家具线 2. 总平面图中的原有建筑物、构筑物、管线的地下轮廓线

（续）

名称		线型	线宽	用途
单点长画线	粗		b	起重机轨道线
	中		$0.5b$	总平面图中土方填挖区的零点线
	细		$0.25b$	中心线、定位轴线、对称线、分水线
双点长画线	粗		b	总平面图中用地红线
	中粗		$0.7b$	总平面图中地下开采区塌落界线
	中		$0.5b$	建筑红线
	细		$0.25b$	假想轮廓线、成型前原始轮廓线
折断线			$0.25b$	部分省略表示时的断开界线
波浪线			$0.25b$	1. 部分省略表示时的断开界线 2. 曲线形构件断开线 3. 构造层次的断开界线

2. 图线线宽

建筑工程图样中的线型可分为粗、中粗、中、细四种图线宽度，线宽比为 $b:0.7b:0.5b:0.25b$。绘图时，线宽 b 应根据图样复杂程度及比例来确定。需要微缩的图纸，不宜采用 0.18mm 及更细的线宽。图线的线宽可从表 1-3 中选用。

表 1-3 线宽组

线宽比	线宽组/mm			
b	1.4	1.0	0.7	0.5
$0.7b$	1.0	0.7	0.5	0.35
$0.5b$	0.7	0.5	0.35	0.25
$0.25b$	0.35	0.25	0.18	0.13

3. 绘图时对图线的要求

1）图纸的图框和标题栏线可采用表 1-4 的线宽。

表 1-4 图框和标题栏线的宽度　　　　　　　　　　　（单位：mm）

幅面代号	图框线	标题栏外框线	标题栏分格线
A0、A1	b	$0.5b$	$0.25b$
A2、A3、A4	b	$0.7b$	$0.35b$

2）虚线、点画线的线段长度和间隔，宜各自相等。

3）点画线的两端是线段而不应是点。虚线与虚线、点画线与点画线、虚线或点画线与其他图线交接时，应是线段交接；虚线与实线交接，当虚线在实线的延长线上时，不得与实线连接，应留有一定间距，见表 1-5。

模块 1　基础知识

表 1-5　图线正确与错误画法示例

名　称	正　确	错　误	名　称	正　确	错　误
虚线与虚线相交			点画线相交		
虚线与实线相交			虚线与点画线相交		

4）相互平行的图线，其间隙不宜小于其中的粗线宽度，且不宜小于 0.7mm。

5）在较小图形中绘制点画线有困难时，可用实线代替。

6）图线不得与文字、数字或符号重叠、混淆；不可避免时，应首先保证文字、数字等的清晰。

1.2.4　字体

图纸上书写的文字、数字或符号等，应笔画清晰、字体端正、排列整齐；标点符号应清楚正确。根据《房屋建筑制图统一标准》(GB/T 50001—2017)，汉字矢量字体的字高（单位为 mm）有 3.5、5、7、10、14、20 六种，如需写更大的字，其高度按 $\sqrt{2}$ 的倍数递增。

1. 汉字

图中标注及说明的汉字，宜采用国家正式公布的简化字，并采用长仿宋体或黑体，同一图纸字体不应超过两种。长仿宋体字种类不应超过两种高度与宽度的关系，应符合表 1-6 的规定。黑体字的高度与宽度应相同。

表 1-6　长仿宋体字高宽关系　　　　　　　　　　　　　（单位：mm）

字高	20	14	10	7	5	3.5
字宽	14	10	7	5	3.5	2.5

长仿宋体字基本笔画见表 1-7。长仿宋体字书写要领是：笔画横平竖直，起落有锋；结构匀称，排列整齐，字例如图 1-77 所示。

表 1-7　长仿宋体字基本笔画

名称	横	竖	撇	捺	挑	点	钩
形状	一	丨	丿	丶	〳	八	亅
笔法	一	丨	丿	丶	〳	八	亅

2. 字母、数字

图样及说明中的拉丁字母、阿拉伯数字与罗马数字，宜采用单线简体或 ROMAN 字体，可写成直体和斜体两种，斜体字与右侧水平线的夹角为 75°。字母与数字的字高不小于 2.5mm，字例如图 1-78 所示。

字体工整笔画清楚间隔均匀排列整齐
横平竖直注意起落结构均匀添满方格

图 1-77　长仿宋体字例

123456789abcdefgABCDEFG

图 1-78　阿拉伯数字与拉丁字母字例

1.2.5　比例与图名

比例是指图形与实物相应要素的线性尺寸之比。

绘制建筑物时，通常采用适当的比例绘制，比例符号为"：",比例大小指的是比值的大小，如 1：20 大于 1：50。表 1-8 列出了常用比例及可用比例，比例应根据图样的用途与所绘对象的复杂程度来选定，图 1-79 是对同一形体用三种不同比例画出来的图形。

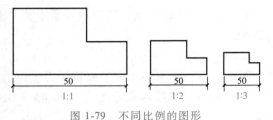

图 1-79　不同比例的图形

表 1-8　绘图所用比例

常用比例	1：1、1：2、1：5、1：10、1：20、1：30、1：50、1：100、1：150、1：200、1：500、1：1000、1：2000
可用比例	1：3、1：4、1：6、1：15、1：25、1：40、1：60、1：80、1：250、1：300、1：400、1：600、1：5000、1：10000、1：20000、1：50000、1：100000、1：200000

按规定，在图样下方应用长仿宋体字写上图样名称和绘图比例。比例宜注写在图名的右侧，字体的基准线应取平，比例的字高宜比图名字高小一号或二号，图名下应画一条粗横线，同一张图纸上的这种粗横线粗细应一致，其长度应与图名文字所占的长度相同，如图 1-80 所示。

平面图 1:100

图 1-80　图名与比例

1.2.6　符号

1. 剖切符号

详见本书 1.1.7 剖面图与断面图。

2. 索引符号与详图符号

（1）索引符号

索引符号用于查找相关图纸。当图样中的某一局部或构件未能表达设计意图而需要另见详图，以得到更详细的尺寸及构造做法时，就要通过索引符号的索引表明详图所在位置，如图 1-81、图 1-82 所示。

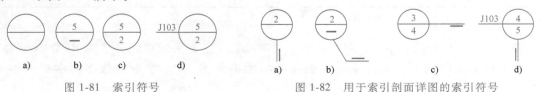

图 1-81　索引符号　　　　　图 1-82　用于索引剖面详图的索引符号

索引符号由直径为 8~10mm 的圆和水平直径组成,圆和水平直径均应以细实线绘制,上半圆内的数字表示详图的编号,下半圆内的数字表示详图所在的位置,或者详图所在的图纸编号。图 1-81b、图 1-82b 表示详图就在本张图纸内;图 1-81c、图 1-82c 分别表示详图在第 2 张图纸中的编号为 5,及详图在第 4 张图纸中的编号为 3;图 1-81d、图 1-82d 表示详图采用 J103 的标准图集,此图分别是该图集第 2 页中的图 5 及第 5 页中的图 4。

(2) 详图符号

在画出的详图上,必须标注详图符号。详图符号的圆应以直径为 14mm 的粗实线绘制,圆内注写详图编号。若所画详图与被索引的图样不在同一张图纸内,可用细实线在详图符号内画一水平直径,上半圆注写详图编号,下半圆注写被索引的详图所在图纸的编号。图 1-83a 表示详图与被索引的图在同一张图纸上,图 1-83b 表示详图与被索引的图不在同一张图纸上,详图编号为 5,被索引的详图所在图纸的编号为 3。

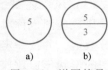

图 1-83 详图符号

3. 引出线

1) 引出线应以细实线绘制,宜采用水平方向的直线、与水平方向成 30°、45°、60°、90°的直线,或经上述角度再折为水平线。文字说明注写在水平线的上方或水平线的端部,如图 1-84 所示。

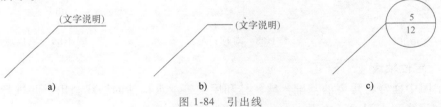

图 1-84 引出线

2) 共同引出线用于同时引出几个相同的部分,引出线宜互相平行,也可以画成集中于一点的放射线,如图 1-85 所示。

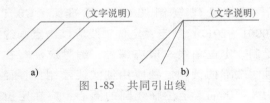

图 1-85 共同引出线

3) 多层构造或多层管道共用引出线,应通过被引出的各层,并用圆点示意对应各层次。文字说明宜注写在水平线的上方或端部,说明的顺序应由上至下,并与被说明的层次相互一致;如层次为横向排序,则由上至下的说明顺序应与由左至右的层次对应一致,如图 1-86 所示。

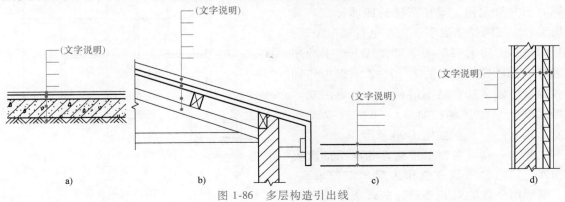

图 1-86 多层构造引出线

4. 其他符号

（1）指北针

指北针是用细实线绘制的直径为 24mm 的圆，指针头部应注写"北"或"N"，指针尾部宽度宜为 3mm。当图样较大时，指北针可放大，放大后的指北针，尾部宽度为圆直径的 1/8，如图 1-87 所示。

（2）对称符号

对称符号由对称中心线和两端的两对平行线组成，如图 1-88 所示。

（3）风玫瑰图

风玫瑰图也称风向频率玫瑰图，它是根据某一地区多年平均统计的各个方向风和风速的百分数值，并按一定比例绘制，一般用八个或十六个罗盘方位表示，如图 1-89 所示。由于该图的形状形似玫瑰花朵，故名"风玫瑰"。玫瑰图上所表示风的吹向（即风的来向），是指从外面吹向地区中心的方向。

图 1-87 指北针

图 1-88 对称符号

图 1-89 风玫瑰图

1.2.7 定位轴线

在施工图中通常将房屋的基础、墙、柱和屋架等承重构件的轴线画出，并进行编号，用于施工定位放线和查阅图纸之用，这些轴线称为定位轴线。

《房屋建筑制图统一标准》（GB/T 50001—2017）规定，定位轴线应以细点画线绘制。定位轴线一般应编号，编号应注写在轴线端部的圆内。圆应用细实线绘制，直径为 8~10mm。定位轴线圆的圆心，应在定位轴线的延长线上或延长线的折线上。

平面图上定位轴线的编号，宜注写在图样的下方与左侧，或在图样的四面标注。横向编号应用阿拉伯数字，从左至右顺序编写；竖向编号应用大写英文字母，从下至上顺序编写。大写英文字母的 I、O、Z 不得用作轴线编号。如字母数量不够使用，可增用双字母或单字母加注脚，如 AA、BA……YA 或 A_1、B_1、……Y_1，如图 1-90 所示。

对于一些与主要承重构件相联系的次要构件，其定位轴线一般作为附加定位轴线，其编号用分数的形式表示，分母表示前一轴

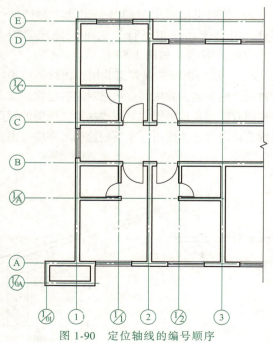
图 1-90 定位轴线的编号顺序

线的编号，分子表示附加轴线的编号，用阿拉伯数字顺序编写；1 号轴线或 A 号轴线之前的附加定位轴线的分母应以 01 或 0A 表示，如图 1-90 所示。在画详图时，通用详图的定位轴线只画圆圈，不注写编号；一个详图适用于几根轴线时，应同时注明各有关轴线的编号，如图 1-91 所示。

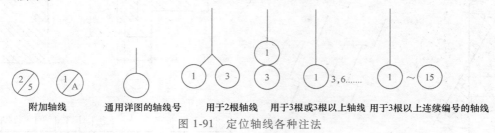

图 1-91 定位轴线各种注法

1.2.8 尺寸与标高

1. 尺寸标注

图样中除要绘出建筑物的形状外，还要准确无误地标注出其尺寸大小。

1）标注尺寸的四要素：尺寸界线、尺寸线、尺寸起止符号和尺寸数字，如图 1-92 所示。

① 尺寸界线：用细实线绘制，一般与被标注长度垂直，其一端离开图样轮廓线不小于 2mm，另一端宜超出尺寸线 2~3mm。必要时，图样轮廓线、轴线和中心线可用作尺寸界线。

② 尺寸线：用细实线绘制，与被标注长度平行，与尺寸界线垂直，不得超越尺寸界线。不能用其他图线代替尺寸线。尺寸线离图样轮廓线的距离不应小于 10mm，互相平行的尺寸线间的距离一般为 7~10mm。

③ 尺寸起止符号：一般用中粗斜短线绘制，倾斜方向与尺寸界线成顺时针 45°角，长度宜为 2~3mm。半径、直径、角度与弧长的尺寸起止符号宜用箭头表示，箭头画法如图 1-93 所示。

④ 尺寸数字：建筑工程图样中的尺寸数字表示建筑物或构件的实际大小，与绘图比例无关。尺寸数字必须用阿拉伯数字注写，单位除标高及总平面图以米（m）计外，其他均以毫米（mm）为单位，图中尺寸数字后面不注写单位。

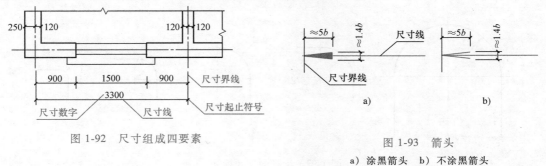

图 1-92 尺寸组成四要素

图 1-93 箭头
a) 涂黑箭头 b) 不涂黑箭头

尺寸线为水平线时，尺寸数字应注写在尺寸线上方中部，字头朝上；尺寸线为垂直线时，尺寸数字应注写在尺寸线左方中部，字头朝左；尺寸线为其他方向时，尺寸数字注写方向如图 1-94 所示。

尺寸数字若没有足够的注写位置，外边的可注写在尺寸界线外侧，中间相邻的可错开或引出注写；尺寸数字被图线穿过时，应将尺寸数字处的图线断开，如图 1-95 所示。

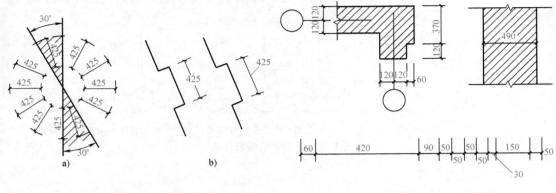

图 1-94　尺寸数字的注写方向　　　　　　图 1-95　尺寸数字的注写位置

2）半径、直径的尺寸标注：圆及圆弧的尺寸标注，通常标注其直径或半径。标注直径时，应在直径数字前加注字母"ϕ"，如图 1-96 所示。标注半径时，应在半径数字前加注字母"R"，如图 1-97 所示。标注球体的尺寸时应在直径或半径数字前加注字母"S"，如图 1-98 所示。

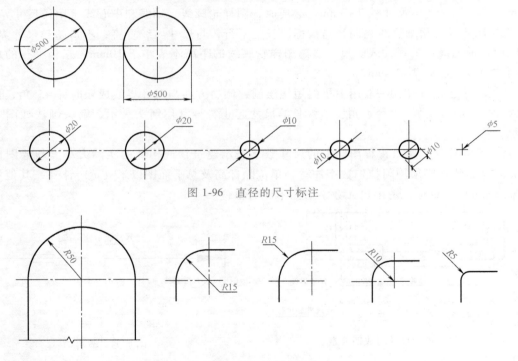

图 1-96　直径的尺寸标注

图 1-97　半径的尺寸标注

3）坡度、角度的标注

① 坡度标注：标注坡度时，应加注坡度符号"←"或"←"，箭头指向下坡方向，也可用直角三角形形式标注，如图 1-99 所示。

48

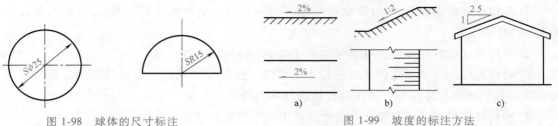

图 1-98　球体的尺寸标注　　　　　　图 1-99　坡度的标注方法

② 角度标注：角度尺寸线用圆弧线表示；角的两个边为尺寸界线；角度的起止符号用箭头表示，如位置不够，可用圆点代替箭头；角度数字应水平方向注写，如图 1-100 所示。

4）弧长、弦长的尺寸标注

① 弧长尺寸：标注弧长时，尺寸线用与该圆弧同心的圆弧线来表示；尺寸界线垂直于该圆弧的弦；起止符号用箭头表示；弧长数字上方或前方加注圆弧符号，如图 1-101 所示。

② 弦长尺寸：标注弦长时，尺寸线用平行于该弦的直线表示；尺寸界线垂直于该弦；起止符号用中粗斜短线表示，如图 1-102 所示。

5）尺寸标注的简化，见表 1-9。尺寸标注的简化包含内容如下。

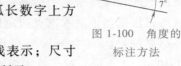

图 1-100　角度的标注方法

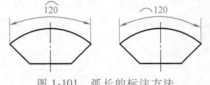　　　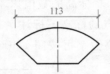

图 1-101　弧长的标注方法　　　图 1-102　弦长的标注方法

表 1-9　尺寸标注的简化

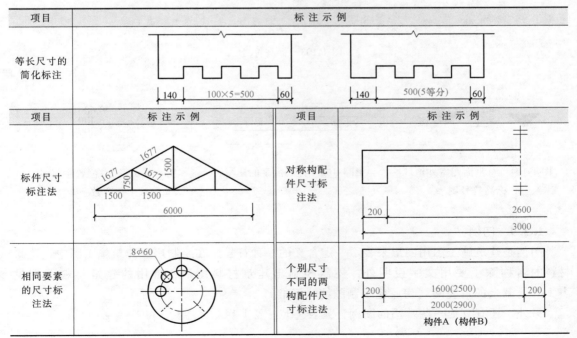

① 连续排列的等长尺寸的简化：可用"等长尺寸×个数=总长"或"总长（等分个数）"的形式标注。

② 杆件尺寸的标注简化：可直接将尺寸数字沿杆件的一侧注写。

③ 对称构件尺寸的简化：采用对称省略画法，仅在尺寸线的一端画尺寸起止符号，尺寸数字应按整体全尺寸注写，其注写位置宜与对称符号对齐。

④ 相同要素尺寸的标注简化：仅标注其中一个要素的尺寸。

⑤ 个别尺寸不同的两构配件尺寸标注简化：将其中一个构配件的不同尺寸数字注写在括号内，该构配件的名称也应注写在相应的括号内。

2. 标高

标高是标注建筑物某一位置高度的一种尺寸形式，标高分为绝对标高和相对标高。绝对标高是以我国青岛黄海海平面的平均高度为零点所测定的标高；相对标高通常是以建筑物底层室内地面为零点所测的标高。在建筑设计总说明中要说明绝对标高与相对标高的关系，这样就可以根据当地的水准点测定拟建工程的底层地面标高。

标高符号为直角等腰三角形，用细实线表示，如图 1-103 所示，标高的具体画法如图 1-103c、d 所示。对于总平面图室外地坪，标高符号宜用涂黑的三角形表示，如图 1-104 所示。标高符号的尖端应指向被注高度的位置，尖端一般应向下，也可向上，标高数字的注写如图 1-105 所示。标高的数值以米为单位，一般注至小数点后三位数。零点的标高注写成 ±0.000，高于零点的标高不标注"+"，低于零点的标高应标注"-"。如同一位置表示几个不同标高时，标高数字可按图 1-106 所示的形式注写。

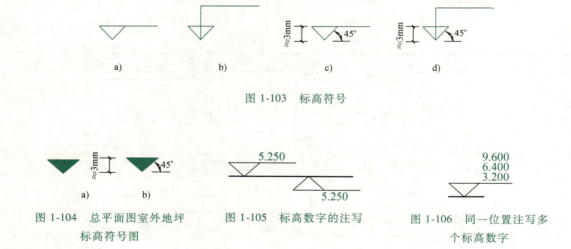

图 1-103 标高符号

图 1-104 总平面图室外地坪标高符号图

图 1-105 标高数字的注写

图 1-106 同一位置注写多个标高数字

1.2.9 图例

图例是建筑施工图用图形来表示一定含义的一种符号，在绘制房屋建筑施工图中，建筑材料的名称除了要用文字说明外，还需要画出建筑材料图例，常用的建筑材料图例见表 1-10，其余的可查阅《房屋建筑制图统一标准》。

另外，还有其他一些常用的图例，见表 1-11~表 1-14。

表 1-10 常用建筑材料图例（部分）

图例	名称与说明	图例	名称与说明
	自然土壤	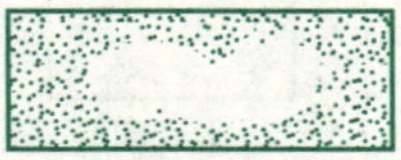	砂、灰土 靠近轮廓线绘较密的点
	夯实土壤	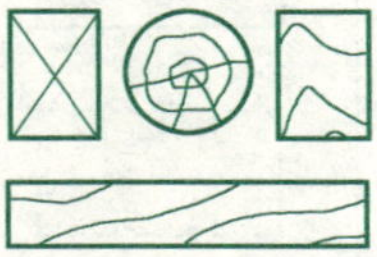	木材 1. 上图为横断面，上左图为垫木、木砖或木龙骨 2. 下图为纵断面
	空心砖、多孔砖 1. 包括普通砖、多孔砖、混凝土砖等砌体 2. 断面较窄不易画出图例线时，可涂红		多孔材料 包括水泥珍珠岩、沥青珍珠岩、泡沫混凝土、软木、蛭石等
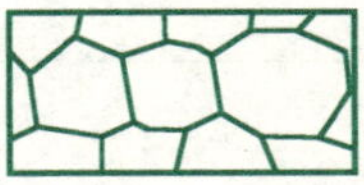	毛石	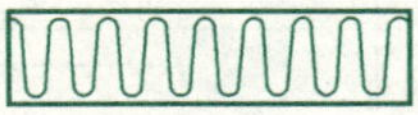	纤维材料 包括矿棉、岩棉、玻璃棉、麻丝、木丝板、纤维板等
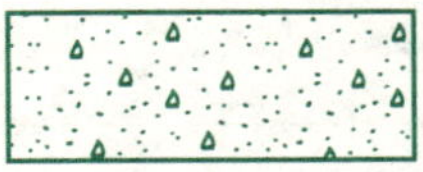	混凝土 1. 包括各强度等级、集料及添加剂的混凝土 2. 在剖面图上绘制表达钢筋时，不需绘制图例线 3. 断面图形小，不易绘制表达图例线时，可涂黑或深灰（灰度宜 70%）	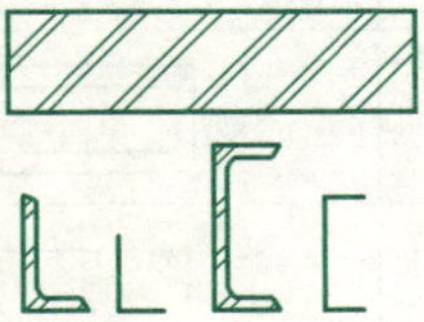	金属 包括各种金属，图形小时可涂黑或深灰（灰度宜 70%）
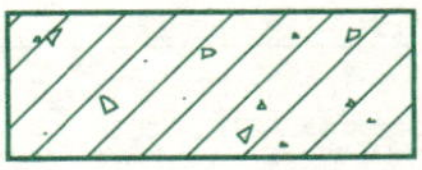	钢筋混凝土 同混凝土说明		饰面砖 包括陶瓷马赛克、铺地砖、陶瓷锦砖、人造大理石等
	防水材料 1. 构造层次多或绘制比例大时，采用上面图例 2. 绘制比例小时采用下面图例		石材
	泡沫塑料材料 包括聚苯乙烯、聚乙烯、聚氨酯等多孔聚合物类材料		粉刷 本图例采用较稀的点

表 1-11 建筑总平面图常见图例（部分）

序号	名称	图例	备注
1	新建建筑物	① 12F/2D H=59.00m（含 X=/Y= 坐标标注）	新建建筑物以粗实线表示与室外地坪相接处±0.00外墙定位轮廓线 建筑物一般以±0.00高度处的外墙定位轴线交叉点坐标定位。轴线用细实线表示，并标明轴线号 根据不同设计阶段标注建筑编号，地上、地下层数，建筑高度，建筑出入口位置（两种表示方法均可，但同一图纸采用一种表示方法） 地下建筑物以粗虚线表示其轮廓 建筑上部（±0.00以上）外挑建筑用细实线表示 建筑物上部连廊用细虚线表示并标注位置
2	原有建筑物		用细实线表示
3	计划扩建的预留地或建筑物		用中粗虚线表示
4	拆除的建筑物		用细实线表示
5	建筑物下面的通道		—
6	散状材料露天堆场		需要时可注明材料名称
7	其他材料露天堆场或露天作业场		需要时可注明材料名称
8	围墙及大门		—
9	台阶及无障碍坡道	1. 2.	1. 表示台阶（级数仅为示意） 2. 表示无障碍坡道
10	坐标	1. $X=105.00$ $Y=425.00$ 2. $A=105.00$ $B=425.00$	1. 表示地形测量坐标系 2. 表示自设坐标系 坐标数字平行于建筑标注
11	方格网交叉点标高	$\dfrac{-0.50 \mid 77.85}{78.35}$	"78.35"为原地面标高 "77.85"为设计标高 "-0.50"为施工高度 "-"表示挖方（"+"表示填方）

（续）

序号	名称	图例	备注
12	室内地坪标高	151.00 (±0.00)	数字平行于建筑物书写
13	室外地坪标高	▼ 143.00	室外标高也可采用等高线
14	盲道		—
15	地下车库入口		机动车停车场
16	地面露天停车场		—
17	露天机械停车场		露天机械停车场
18	新建的道路	R=6.00, 0.30%, 100.00, 107.50	"R=6.00"表示道路转弯半径；"107.50"为道路中心线交叉点设计标高，两种表示方式均可，同一图纸采用一种方式表示；"100.00"为变坡点之间距离，"0.30%"表示道路坡度，→表示坡向
19	常绿阔叶乔木		—
20	常绿阔叶灌木		—
21	草坪	1. 2. 3.	1. 草坪 2. 自然草坪 3. 人工草坪
22	花卉		—
23	自然水体		河流以箭头表示水流方向
24	人工水体		—
25	喷泉		—

表1-12 建筑平面图常见图例（部分）

图　例	名称与说明	图　例	名称与说明
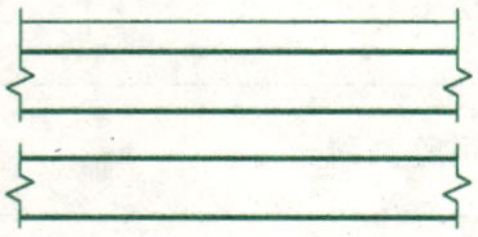	墙体 1. 上图为外墙，外墙细线表示有保温层或有幕墙 2. 下图为内墙	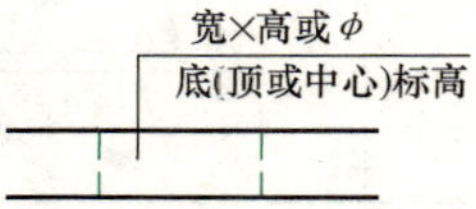 宽×高或φ 底(顶或中心)标高	墙预留洞口 以洞中心或洞边定位
	孔洞	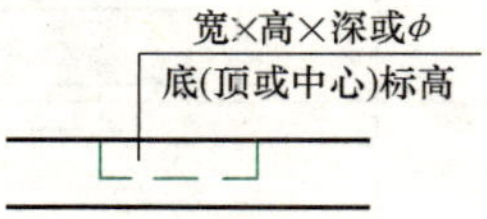 宽×高×深或φ 底(顶或中心)标高	墙预留槽以洞中心或洞边定位
	隔断	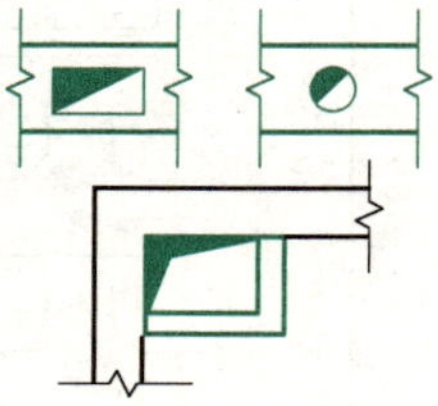	烟道
	栏杆	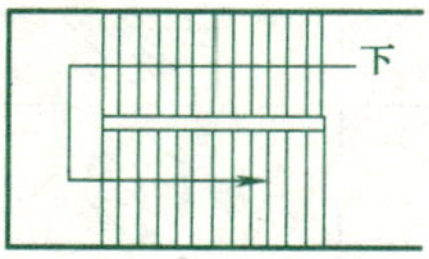	顶层楼梯平面图
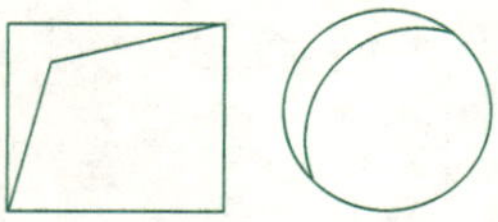	坑槽	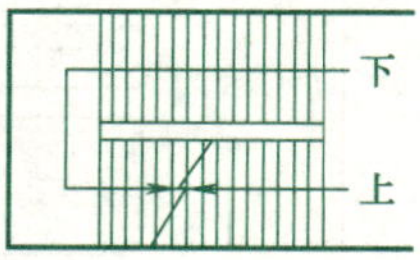	中间层楼梯平面图
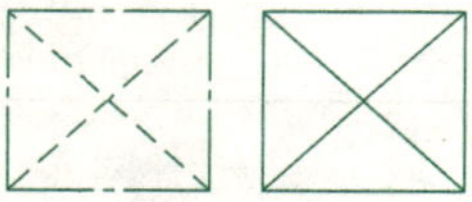	检查孔 左图表示不可见检查孔，右图表示可见检查孔	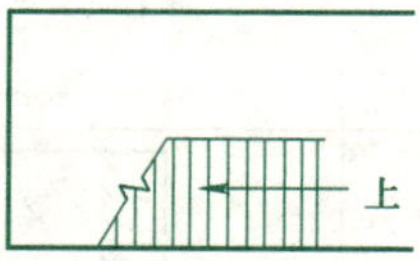	底层楼梯平面图

表1-13 常见门图例（部分）

门图例说明
1. 门的名称代号用 M 表示
2. 平面图中，下为外开，上为内开
3. 剖面图中，左为外开，右为内开
4. 平面图上的开启线为 90°、60°或 45°，开启线宜绘出
5. 立面图上开启线实线为外开，虚线为内开；方向线交角的一侧为安装合页的一侧
6. 立面图开启线可不表示，在门窗立面大样图中需绘出

图例	名称与说明	图例	名称与说明
	单面开启单扇门（包括平开或单面弹簧）同门图例说明中的 1、2、3、4、5、6		单面开启双扇门（包括平开或单面弹簧）同门图例说明中的 1、2、3、4、5、6
	双面开启单扇门（包括平开或单面弹簧）同门图例说明中的 1、2、3、4、6		双面开启双扇门（包括平开或双面弹簧）同门图例说明中的 1、2、3、4、6
	墙外单扇推拉门 同门图例说明中的 1、2、5、6		墙外双扇推拉门 同门图例说明中的 1、2、5、6
	折叠门 同门图例说明中的 1、2、3、4、5、6		旋转门 同门图例说明中的 1、2、6

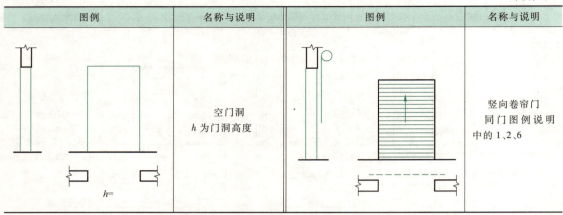

表 1-14 常见窗图例（部分）

窗图例说明
1. 窗的名称代号用 C 表示
2. 平面图中，下为外开，上为内开
3. 剖面图中，左为外开，右为内开
4. 立面图中，实线为外开，虚线为内开；开启方向线交角的一侧为安装合页的一侧；立面图开启线可不表示，在门窗立面大样图中需绘出
5. 附加纱窗应以文字说明，在平、立、剖面图中均不表示
6. 窗立面形式应按实际情况绘制

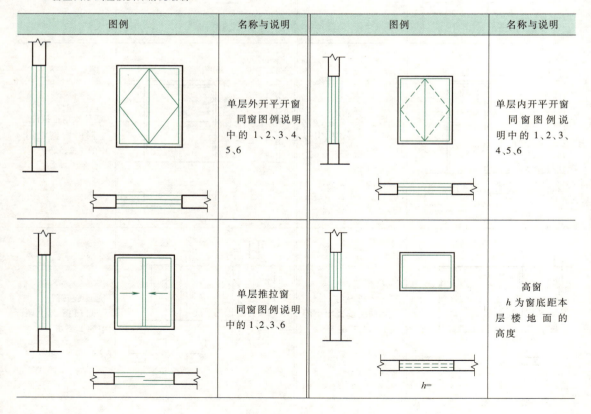

模块1　基础知识

（续）

图例	名称与说明	图例	名称与说明
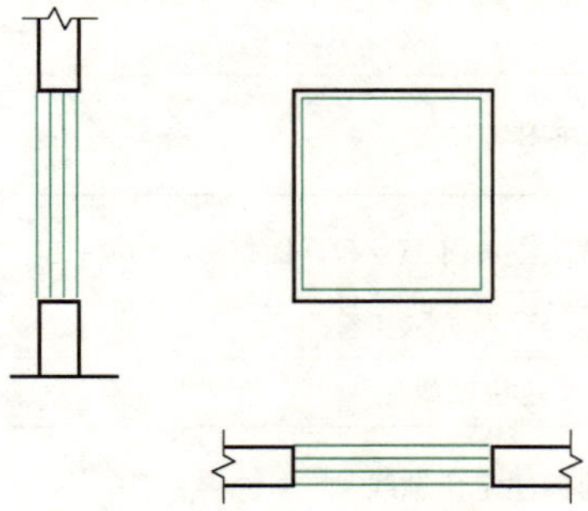	固定窗 同窗图例说明中的1、6	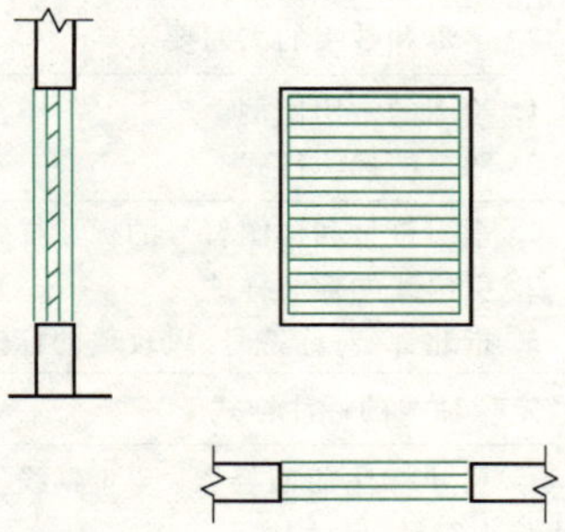	百页窗 同窗图例说明中的1、6
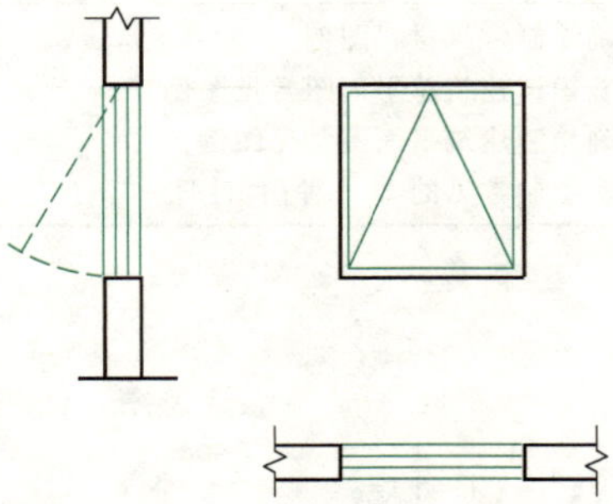	上悬窗 同窗图例说明中的1、2、3、4、5、6	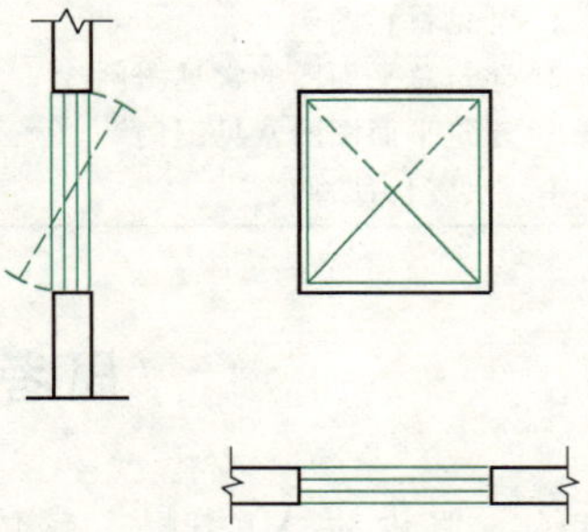	中悬窗 同窗图例说明中的1、2、3、4、5、6
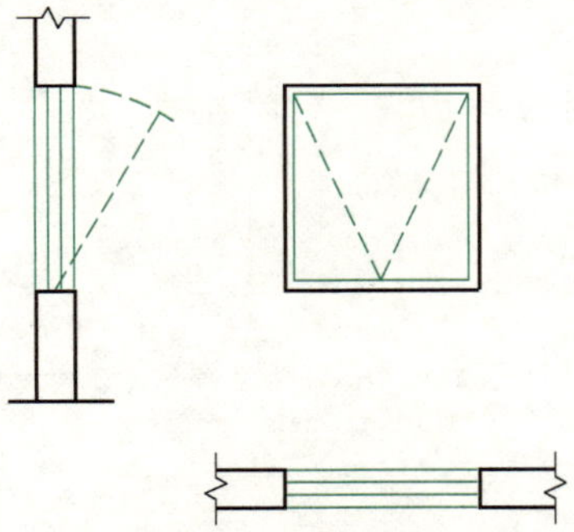	下悬窗 同窗图例说明中的1、2、3、4、5、6	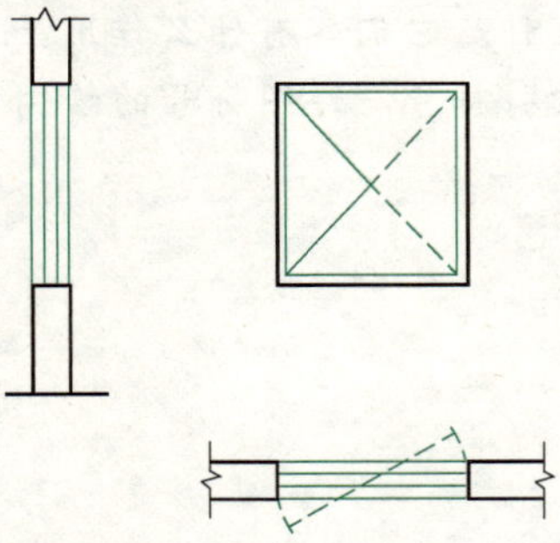	立转窗 同窗图例说明中的1、2、3、4、5、6

小　　结

子　项	知识要点	能力要点
图幅	1. 图幅分A0、A1、A2、A3、A4五种 2. 同一项工程的图纸幅面不宜多于两种	
标题栏 与会签栏	1. 标题栏的格式要求 2. 会签栏的格式要求	
图线	1. 图线的线型、线宽及用途 2. 线宽组的选用	能根据制图标准选用正确的图线绘制建筑图形

(续)

子 项	知 识 要 点	能 力 要 点
字体	1. 汉字选用长仿宋体或黑体 2. 字母和数字的书写要求	能书写仿宋体
比例与 图名	1. 绘图的常用比例 2. 图名的标注样式	能正确标注图名
符号	1. 索引符号和详图符号的标注样式 2. 引出线的标注样式 3. 指北针、对称符号、风玫瑰的标注样式	1. 能正确标注索引符号和详图符号 2. 能正确识读相关的符号
定位轴线	定位轴线的标注样式	能正确标注定位轴线
尺寸 与标高	1. 尺寸标注的四要素：尺寸界线、尺寸线、尺寸起止符号、尺寸数字 2. 标高的标注样式	1. 能正确标注定位轴线 2. 能正确标注标高
图例	1. 常见材料图例 2. 建筑总平面图的常见图例 3. 建筑平面图的常见图例 4. 常见门窗图例	1. 能正确绘制常见材料图例 2. 能正确识读建筑总平面图常见图例 3. 能正确绘制建筑平面图常见图例 4. 能正确绘制常见的 2~3 种门窗图例

思考与拓展题

1. 取一张白纸，假设为 A0 图幅，试依次折出 A1、A2、A3、A4 图幅。
2. 比例 1∶10 和 10∶1 哪个是放大比例？哪个是缩小比例？
3. 线型有几种？它们各有什么作用？
4. 试说明索引符号与详图符号的绘制要求及两者之间的对应关系。

1.3 房屋建筑基本知识

知识目标：1. 了解房屋建筑的分类。
　　　　　2. 熟悉房屋建筑的基本组成及作用。
　　　　　3. 了解房屋建筑的构造原理。
能力目标：能区分房屋建筑的各组成部分及作用。
学习重点：1. 房屋建筑的基本组成及作用。
　　　　　2. 房屋建筑的构造原理。

1.3.1 房屋建筑分类

房屋建筑是指具有顶盖、梁柱和墙壁，供人们生产、生活等使用的建筑物，包括住宅、办公楼、影剧院、体育馆、厂房、仓库等各类房屋。

房屋建筑从不同的角度可以进行不同的分类。

1. 按建筑物使用性质分类

（1）民用建筑

供人们居住和进行公共活动的建筑物的总称。按使用功能又可分为居住建筑和公共建筑两大类。其中，居住建筑可分为住宅类建筑和非住宅类建筑。

住宅类居住建筑（图1-107）：主要指住宅、公寓、别墅等。非住宅类居住建筑包含宿舍类建筑和民政建筑，例如学生宿舍、职工宿舍、各类养老建筑等。

公共建筑（图1-108、图1-109）：供人们进行公共活动的建筑物，有教育类、办公科研类、商业服务类、公众活动类、交通类、医疗类、民生服务类建筑等。

（2）工业建筑（图1-110）

图1-107　"2020预制房屋"国际公开赛荣誉奖——未来闪亮摩登住宅

供人们从事工业生产活动的房屋建筑，例如棉纺车间、机械加工车间、仓库等。

（3）农业建筑

供人们从事农牧业生产活动的房屋建筑，例如温室、畜禽饲养室、种子库等。

2. 按建筑物层数分类

（1）民用建筑　建筑高度不大于27.0m的住宅建筑、建筑高度不大于24.0m的公共建筑及建筑高度大于24.0m的单层公共建筑为低层或多层民用建筑；建筑高度大于27.0m的住宅建筑和建筑高度大于24.0m的非单层公共建筑，且高度不大于100.0m的，为高层民用建筑；建筑高度大于100.0m为超高层建筑。

图 1-108　中央电视台总部大楼

图 1-109　迪拜塔

(2) 工业建筑（图 1-110）

工业建筑按照层数一般分为单层厂房、多层厂房、高层厂房和混合层次厂房。

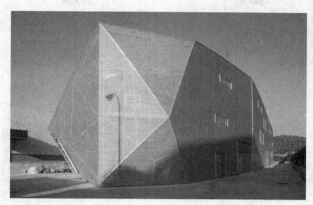

图 1-110　某最佳工业建筑奖——西班牙马德里 Diagonal 80 工业建筑大楼

3. 按建筑结构材料分类

在建筑物中，若干构件相互连接构成能承受荷载的平面或空间体系称为建筑结构，它起到建筑物骨架的作用。建筑结构因所用的材料不同，可分为砌体结构、钢筋混凝土结构、钢结构、组合结构等。

(1) 砌体结构（图 1-111）

砌体墙和钢筋混凝土板作为主要承重构件的结构。砌体结构的特点是就地取材、施工简单，耐火性和耐久性好，但砌体强度低、抗震性能差、自重较大，目前一般用于多层建筑。

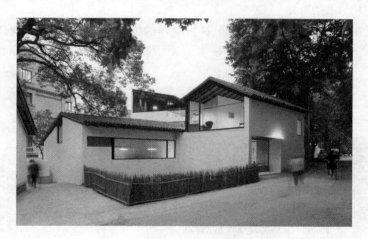

图 1-111　别墅（砌体结构）

(2) 钢筋混凝土结构（图 1-112）

钢筋混凝土柱（或墙）和钢筋混凝土梁、板作为主要承重构件的结构。钢筋混凝土结构的特点是强度较高、整体性好、抗震性能好，耐火性和耐久性好，但自重较大，建筑工期较长。

(3) 钢结构（图1-113、图1-114）

图1-112 柳京饭店（钢筋混凝土结构）

图1-113 希尔斯大厦（钢结构）

钢柱和钢梁、压型钢板作为主要承重构件的结构。钢结构的特点是强度高、刚度大、自重轻、建筑工期短，但耐火性和耐久性较差。

(4) 组合结构（图1-115）

同一截面或各杆件由两种或两种以上材料制作的结构称组合结构。目前应用较为广泛的是钢与混凝土组合结构：用型钢或钢板焊（或冷压）成钢截面，再在其四周或内部浇灌混

图1-114 国家体育场（钢结构）

图1-115 金茂大厦（SRC结构）

凝土，使混凝土与型钢形成整体共同受力，简称 SRC 结构。SRC 结构有节约钢材、提高混凝土利用系数、降低造价、抗震性能好、施工方便等优点，在各国建设中得到迅速发展。我国对组合结构的研究与应用虽然起步较晚，但发展较快。

1.3.2 房屋建筑组成

房屋建筑一般由基础、墙或柱、楼地面、楼梯、屋顶、门窗等部分组成，详见图 1-116。房屋建筑各组成部分的作用简单介绍如下。

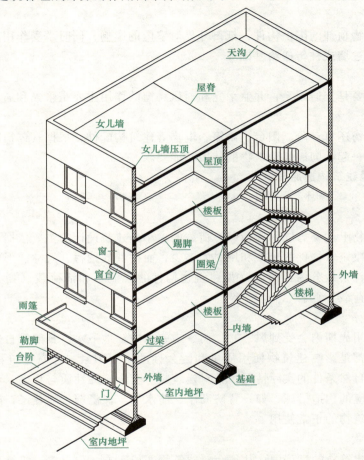

图 1-116 某房屋建筑基本组成示意图

（1）基础

建筑物埋在地面以下的承重构件，它承受着建筑物的全部荷载，并把这些荷载传给土层。

（2）墙体

外墙是建筑物的围护构件，抵御外界对室内的影响。内墙用来分隔建筑物内部空间。另外，墙体还可与柱一样，作为垂直承重构件，承受屋面、楼面传递过来的荷载，并传递给基础。总的来说，墙体的作用有围护、分隔、承重三种，但是这三个作用并不是所有墙体同时具备的，而是根据建筑的结构形式和墙体具体情况来定，通常只具备其中的一种或者两种作用。

（3）楼地面

楼地面是分隔建筑空间的水平承重构件，承受作用在其面上的各种荷载，并将荷载通过墙或柱传递给基础，同时楼地面还具有一定的隔声、防火功能。

（4）楼梯

楼梯是建筑物中的垂直交通构件，平时作为联系上下层之间的竖向交通通道，当火灾等灾害发生时作为安全疏散的通道。

（5）屋顶

屋顶是建筑物顶部的围护构件，抵御外界对室内的影响，同时承受作用在其面上的各种荷载，将它们通过墙或柱传递给基础。

（6）门窗

门的作用主要是交通联系，并兼采光和通风；窗的作用主要是采光和通风，兼有眺望观景的作用。

此外，建筑物还有台阶、阳台、雨篷、电梯等建筑构配件，根据具体情况而设置，与上述六大主要构件一起共同满足建筑物的使用功能要求。

1.3.3 房屋建筑构造原理

1. 建筑构造的影响因素

（1）外力因素

作用在建筑物上的外力统称为荷载。荷载的大小是建筑设计的主要依据，也是结构选型的重要基础，它决定着构件的尺度和用料的多少，而构件的选材、尺寸、形状等又与构造密切相关。构造设计荷载分为恒荷载（如建筑物构件的自重）和活荷载（如人群、家具、设备、风雪及地震荷载）两种。

（2）自然因素

建筑物在使用周期内会受到风、霜、雨、雪、冰冻、地下水、日照等自然条件和气候条件的影响，这些都是影响建筑物使用质量和耐久性的重要因素。在对建筑物进行构造设计时，应根据当地自然条件的实际情况，针对建筑物所受影响的性质与程度，对有关构配件及相关部位采取相应的构造措施，如设置防潮层、防水层、保温层、隔热层、隔蒸汽层、变形缝等，以保证建筑物的正常使用。

（3）使用因素

人们在使用建筑物的过程中，往往会对建筑物造成影响，如火灾、机械振动、噪声、化学腐蚀、虫害等。所以在建筑构造设计时，要采取相应的构造措施，以防止建筑物遭受不应有的损失。

（4）建筑技术条件

建筑技术条件包括建筑结构、建筑材料、建筑设备、建筑施工技术等。随着科学技术的发展，各种新材料、新技术、新工艺不断产生，建筑构造的设计、施工等也要以构造原理为基础，根据行业的发展状况和趋势不断改进和发展。

2. 建筑构造的基本要求

（1）满足使用功能要求

建筑物所处的环境和使用性质不同，则对建筑构造要求不同，如保温、隔热、通风、采光、吸声、隔声等。为了满足建筑的使用功能需要，在构造设计时，必须综合考虑各方面因素,选择最经济合理的构造措施,满足建筑使用功能要求。

(2)确保结构安全

建筑物除应根据荷载的大小、结构的要求确定构件的必需尺度外,对阳台、楼梯的栏杆、顶棚、地面的装修,构件之间的连接等也要采取必要的构造措施,保证其在使用过程中的安全可靠。

(3)注重建筑的经济效益

在进行建筑构造设计时,应充分考虑建筑的综合效益,采取合理的构造方案,就地取材,节约材料,在保证质量的前提下降低造价,并减少建筑物的运行、维修和管理费用。

(4)适应建筑工业化的需要

建筑工业化是建筑业的发展方向,可以有效地提高施工进度、改善劳动条件。在选择建筑构造做法时,要尽可能采用标准化设计和定型构件,以适应建筑工业化的需要。

(5)满足美观要求

建筑美观主要通过对其内部空间和外部造型的艺术处理来体现。建筑细部构造对建筑物的整体美观有着很大的影响,在构造处理时应注意与建筑立面和建筑体型的整体效果相协调,创造出具有较高品位的建筑。

3. 建筑的耐久性

耐久性根据建筑物的重要性和规模来划分,并以此作为基建投资和建筑设计的依据。影响耐久性的重要因素是"结构设计工作年限"。《民用建筑通用规范》(GB 55031—2022)中规定,民用建筑的结构应满足相应的设计工作年限要求,详见表1-15。

表1-15 设计工作年限分类

类 别	设计工作年限/年	适 用 范 围
1	5	临时性建筑
2	25	易于替换结构构件的建筑
3	50	普通建筑和构筑物
4	100	纪念性建筑和特别重要的建筑

4. 建筑的耐火性能

为满足既有利于安全,又有利于节约基建投资的目的,根据建筑物的不同用途,《建筑设计防火规范》(GB 50016—2014)将民用建筑的耐火等级划分为四个等级。耐火等级是衡量建筑物耐火程度的标准,它是由组成建筑物的构件的燃烧性能和耐火极限的最低值所决定的,详见表1-16。

表1-16 不同耐火等级建筑相应构件的燃烧性能和耐火极限 (单位:h)

构件名称		耐火等级			
		一级	二级	三级	四级
墙	防火墙	不燃性 3.00	不燃性 3.00	不燃性 3.00	不燃性 3.00
	承重墙	不燃性 3.00	不燃性 2.50	不燃性 2.00	难燃性 0.50
	非承重外墙	不燃性 1.00	不燃性 1.00	不燃性 0.50	可燃性

（续）

构件名称		耐火等级			
		一级	二级	三级	四级
墙	楼梯间和前室的墙 电梯井的墙 住宅建筑单元之间的墙和分户墙	不燃性 2.00	不燃性 2.00	不燃性 1.50	难燃性 0.50
	疏散走道两侧的隔墙	不燃性 1.00	不燃性 1.00	不燃性 0.50	难燃性 0.25
	房间隔墙	不燃性 0.75	不燃性 0.50	难燃性 0.50	难燃性 0.25
柱		不燃性 3.00	不燃性 2.50	不燃性 2.00	难燃性 0.50
梁		不燃性 2.00	不燃性 1.50	不燃性 1.00	难燃性 0.50
楼板		不燃性 1.50	不燃性 1.00	不燃性 0.50	可燃性
屋顶承重构件		不燃性 1.50	不燃性 1.00	可燃性	可燃性
疏散楼梯		不燃性 1.50	不燃性 1.00	不燃性 0.50	可燃性
吊顶（包括吊顶搁栅）		不燃性 0.25	难燃性 0.25	难燃性 0.15	可燃性

注：1. 除本规范另有规定外，以木柱承重且墙体采用不燃材料的建筑，其耐火等级应按四级确定。
2. 住宅建筑构件的耐火极限和燃烧性能可按现行国家标准《住宅建筑规范》（GB 50368）的规定执行。

（1）建筑构件的燃烧性能分类

1）不燃性构件：指用金属、砖石、混凝土材料等不燃性材料制成的建筑构件。

2）难燃性构件：指用难燃性的材料做成的建筑构件，或者用可燃烧材料做成，但用不燃性材料作为保护层的构件。如经阻燃处理后的木材、塑料、水泥、板条抹灰墙等。

3）可燃性构件：指用可燃、易燃的材料做成的建筑构件，如木柱、木梁、木屋架、刨花板、纤维板吊顶等。

（2）建筑构件的耐火极限

耐火极限是指任一建筑构件在规定的耐火试验条件下，从受到火的作用时起，到失去支持能力或完整性被破坏或失去隔火作用时为止的这段时间，用小时表示。只要以下三个条件中任一个条件出现，就可以确定达到其耐火极限。

1）失去支持能力。指构件在受到火焰或高温作用下，由于构件材质性能的变化，使承载能力和刚度降低，承受不了原设计的荷载而破坏。例如受火作用后的钢筋混凝土梁失去支承能力，钢柱失稳破坏；非承重构件自身解体或垮塌等，均属失去支持能力。

2）完整性被破坏。指薄壁分隔构件在火中高温作用下，发生爆裂或局部塌落，穿透裂缝或孔洞，火焰穿过构件，使其背面可燃物燃烧起火。例如受火作用后的板条抹灰墙，内部可燃板条先行自燃，一定时间后，背火面的抹灰层龟裂脱落，引起燃烧起火；预应力钢筋混凝土楼板使钢筋失去预应力，发生炸裂，出现孔洞，使火苗窜到上层房间。在实际中这类火灾相当多。

3）失去隔火作用。指具有分隔作用的构件，背火面任一点温度达到220℃时，构件失去隔火作用。例如一些燃点较低的可燃物（纤维系列的棉花、纸张、化纤品等）烤焦后起火。

5．建筑节能

（1）建筑节能的概念与意义

世界范围内石油、煤炭、天然气三种传统能源日趋枯竭，人类将不得不转向成本较高的生物能、水利、地热、风力、太阳能和核能，而我国的能源问题更加严重。建筑节能，指在建筑材料生产、房屋建筑和构筑物施工及使用过程中，在满足同等需要或达到相同目的的条件下，尽可能降低能耗。而建筑节能设计，则是为降低建筑物围护结构、采暖、通风、空调和照明等的能耗，在保证室内环境质量的前提下，采取节能措施，提高能源利用率的专项设计。

全面的建筑节能，就是建筑全寿命过程中每一个环节节能的总和。全面的建筑节能，有利于从根本上促进能源节约和合理利用，缓解我国能源供应与经济社会发展的矛盾；有利于加快发展循环经济，实现经济社会的可持续发展；有利于长远地保障国家能源安全、保护环境、提高人民群众生活质量、贯彻落实科学发展观。建筑节能也是《绿色建筑评价标准》的重要组成内容。

绿色建筑（图 1-117）是指在全寿命期内，节约资源、保护环境、减少污染，为人们提供健康、适用、高效的使用空间，最大限度地实现人与自然和谐共生的高质量建筑。《绿色建筑评价标准》（GB/T 50378—2019）以绿色建筑作为体系的判定主体，以"四节一环保"（节地、节能、节水、节材、环境保护）为评价原则，由安全耐久、健康舒适、生活便利、资源节约、环境宜居 5 类指标组成评价指标体系来评定。星级等级划分为基本级、一星级、二星级、三星级 4 个等级，三星级为最高等级。

杭州绿色建筑科技馆项目是中国节能投资公司的绿色建筑示范楼，主要功能为绿色建筑技术展示、科研办公、试验及配套等。建筑通过被动式通风、采光设计、高性能围护结构、绿色照明以及新型舒适空调系统的运用，实现综合节能率 70% 以上。

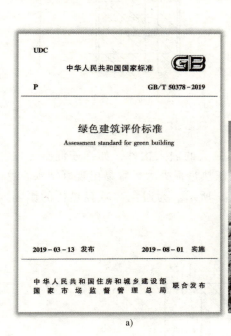

图 1-117 绿色建筑
a）绿色建筑评价标准　b）绿色建筑标识　c）杭州绿色建筑科技馆

（2）建筑节能措施

建筑节能设计的根本目的是减少能源总量需求。据统计，在发达国家，空调采暖能耗占建筑能耗的 65%。我国的采暖空调和照明用能量增长速度已明显高于能量生产的增长速度，因此，减少建筑的冷、热及照明能耗是降低建筑能耗总量的重要内容，一般可从以下几方面实现。

1）合理进行建筑规划设计。在规划设计阶段，合理选择建筑的地址，规划空间布局，确定建筑间距、朝向，以改善既有的微气候。采取合理的外部环境设计（例如处理好建筑与植被、假山、围墙等的布局），合理设计建筑平面形状，确定建筑高度，控制体形系数，可以借助软件进行设计模拟分析，达到最佳效果。

2）进行围护结构热工设计，减少能量损失。建筑围护结构组成部件（屋顶、墙、门和窗、遮阳设施、隔热材料等）的设计对建筑能耗、环境性能、室内空气质量与用户所处的视觉和热舒适环境有根本的影响。建筑专业施工图中的节能设计专篇主要是对建筑围护结构的热工设计。通过改善建筑物围护结构的热工性能，夏季可减少室外热量传入室内，冬季可减少室内热量的流失，从而减少建筑冷、热消耗。围护结构热工设计主要从建筑保温与建筑隔热两方面进行。

① 建筑保温：外墙保温构造的处理分为三种，目前设计中主要考虑的是外墙保温。采用热导率低的保温材料，可有效地提高围护结构的热阻，如图 1-118 所示。

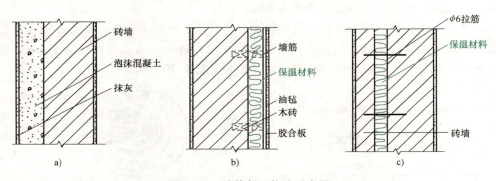

图 1-118　墙体保温构造示意图
a）保温层在外侧　b）保温层在内侧　c）夹芯结构

根据结构的需要，在围护结构中，经常设有热导率较大的嵌入构件，如钢筋混凝土柱、梁、圈梁、过梁等，热量容易从这些部位传递出去，局部热量损失大，容易出现凝结水，这些部位称为围护结构的"热桥"或"冷桥"，如图 1-119 所示。为避免和减轻热桥的影响，应采取局部保温措施，如图 1-120 所示。

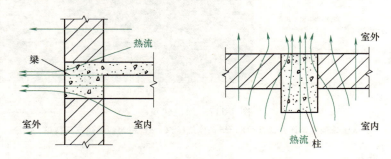

图 1-119　"热桥"现象

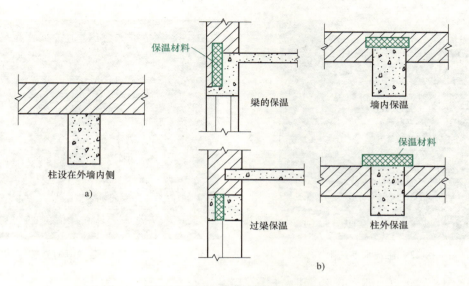

图 1-120 "热桥"局部保温处理

外墙上的门窗也应采用节能门窗,且控制窗墙比面积;主要屋面也应设置保温屋面,且可采用架空屋面、浅色屋面、种植屋面等隔离太阳辐射热,减少阳光直射,以此来保证建筑外围护构件的整体保温效果。如图 1-121 所示为某幼儿园种植屋面。

图 1-121 某幼儿园种植屋面

② 建筑隔热:在炎热地区,为了减轻建筑物由于受太阳辐射及高温气候所引起的室内高温现象,可采用设备降温,如设置空调和制冷等,但费用较大,且不利于通风。采取合理的隔热措施,可以节约能源,同时又改善室内环境,常用的构造措施有:在窗口上设置遮阳,减少太阳直射的影响,如图 1-122 和图 1-123 所示;使用浅色、平滑的材料,增加建筑物对太阳的反射作用,减少围护构件的吸热,如图 1-124 所示;设置带通风间层的外围护构件,采取淋水、蓄水屋面(例如屋顶泳池)等措施,降低室内的气温,如图 1-125 所示。

图 1-122　建筑水平遮阳

图 1-123　建筑垂直遮阳

图 1-124　建筑外墙的反射

图 1-125　蓄水屋面（屋顶泳池）

3）提高终端用户用能效率。根据建筑的特点和功能，设计高能效的暖通空调设备系统，例如：热泵系统、蓄能系统和区域供热、供冷系统等。然后，在使用中采用能源管理和监控系统监督和调控室内的舒适度、室内空气品质和能耗情况。高能效的采暖空调系统与上述削减室内冷热负荷的措施并行，才能真正地减少采暖空调能耗，如图 1-126 所示。

4）提高总的能源利用效率。从一次能源转换到建筑设备系统使用的终端能源的过程中，能源损失很大。因此，应从全过程（包括开采、处理、输送、储存、分配和终端利用）进行评价，才能全面反映能源利用效率和能源对环境的影响。建筑中的能耗设备，如空调、热水器、洗衣机、洁具等，应选用能源效率高的能源供应。

6. 建筑标准化和模数协调

（1）建筑标准化

一是设计的标准化，包括制定各种法规、规范、标准等，另一个是建筑的标准化设计，即根据上述设计标准，设计通用的构件、配件、单元和房屋。

模块 1　基础知识

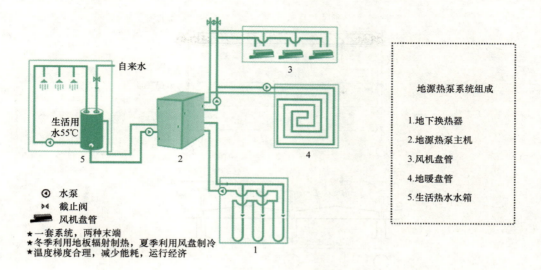

图 1-126　地源热泵系统原理图

注：热泵是一种能从自然界的空气、水或土壤中获取低位热能，经过电能做功，提供可被人们所用的高位热能的装置。

实行建筑标准化，可以有效地减少构配件规格，进而提高施工效率，保证施工质量，降低造价。

（2）建筑模数协调

建筑设计、施工和构配件生产企业一般都是各自独立的。为了提高建筑标准化和工业化水平，协调建筑设计、施工及构配件生产之间的尺度关系，应选用标准的尺度单位，即模数。

基本模数：模数协调中选定的基本单位，其数值为 100mm，符号为 M，即 1M = 100mm。

扩大模数：基本模数的整数倍数。水平扩大模数基数为 3M、6M、12M、15M、30M、60M。竖向扩大模数基数为 3M、6M。

分模数：整数除以基本模数的数值。分模数基数为 1/2M、1/5M、1/10M、1/20M、1/50M、1/100M。

整个建筑物和建筑物的各部分以及建筑组合件的模数化尺寸，应是基本模数的倍数。

（3）建筑构件的尺寸

为保证建筑物构部件的设计、生产、安装各阶段有关尺寸间的相互协调，在建筑中把尺寸分为标志尺寸、构造尺寸和实际尺寸，如图 1-127 所示（图示实际尺寸小于构造尺寸）。

标志尺寸用以标注建筑定位轴线之间的距离（如开间、柱距、跨度和层高等），以及建筑构配件、建筑制品、建筑组合件和有关设备界线之间的尺寸。标志尺寸必须符合模数数列的规定。

构造尺寸是建筑配件和建筑制品的设计尺寸。一般情况下，构造尺寸加上预留的缝隙尺寸或减去必要的支撑尺寸等于标志尺寸。

实际尺寸是建筑构配件、建筑制品等的实有尺寸。实际尺寸与构造尺寸（即设计尺寸）之间的差值为允许的建筑公差值（公差即允许误差的变化范围）。

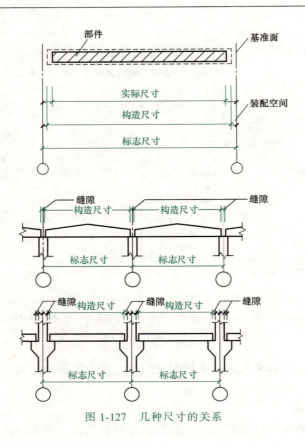

图 1-127 几种尺寸的关系

小　　结

子　　项	知识要点	能力要点
房屋建筑分类	1. 房屋建筑的概念 2. 房屋建筑分别按照建筑物使用性质、层数、结构材料的不同分类	
房屋建筑组成	1. 房屋建筑的基本组成部分 2. 房屋建筑各基本组成部分的作用	能区分房屋建筑的各组成部分及作用
房屋建筑构造原理	1. 建筑构造的影响因素 2. 建筑构造的基本要求 3. 建筑的耐久性 4. 建筑的耐火性能 5. 建筑节能 6. 建筑标准化和模数协调	

思考与拓展题

1. 了解目前世界最高的十大建筑物。

2. 从建筑材料的角度出发,谈谈从古到今建筑的发展历程。

3. 了解以下著名建筑物的建筑结构材料类别:世博会中国馆、阿联酋迪拜塔、中央电视台总部大楼、纽约世贸中心。分析纽约世贸中心倒塌的主要原因。

能力训练题

一、单选题

1. 根据物体的立体图找到相对应的三面正投影图,并在三面正投影图下面的括号里写出对应的题号。

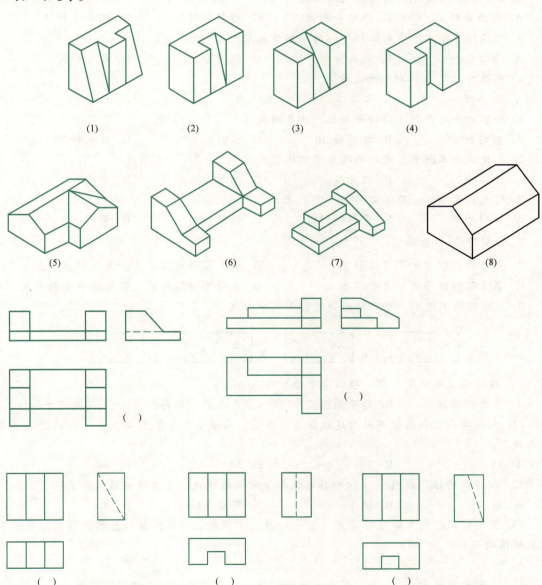

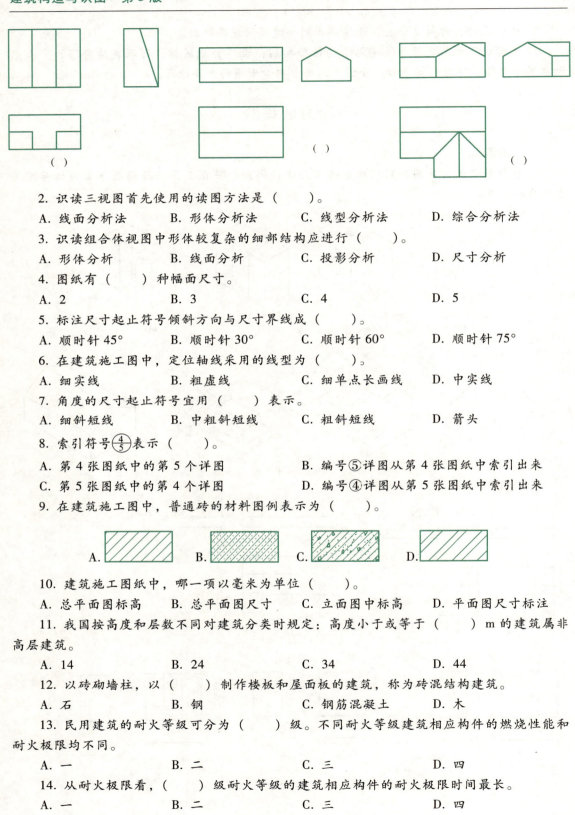

2. 识读三视图首先使用的读图方法是（　　）。
A. 线面分析法　　B. 形体分析法　　C. 线型分析法　　D. 综合分析法
3. 识读组合体视图中形体较复杂的细部结构应进行（　　）。
A. 形体分析　　B. 线面分析　　C. 投影分析　　D. 尺寸分析
4. 图纸有（　　）种幅面尺寸。
A. 2　　B. 3　　C. 4　　D. 5
5. 标注尺寸起止符号倾斜方向与尺寸界线成（　　）。
A. 顺时针45°　　B. 顺时针30°　　C. 顺时针60°　　D. 顺时针75°
6. 在建筑施工图中，定位轴线采用的线型为（　　）。
A. 细实线　　B. 粗虚线　　C. 细单点长画线　　D. 中实线
7. 角度的尺寸起止符号宜用（　　）表示。
A. 细斜短线　　B. 中粗斜短线　　C. 粗斜短线　　D. 箭头
8. 索引符号 ④/⑤ 表示（　　）。
A. 第4张图纸中的第5个详图　　B. 编号⑤详图从第4张图纸中索引出来
C. 第5张图纸中的第4个详图　　D. 编号④详图从第5张图纸中索引出来
9. 在建筑施工图中，普通砖的材料图例表示为（　　）。
10. 建筑施工图纸中，哪一项以毫米为单位（　　）。
A. 总平面图标高　　B. 总平面图尺寸　　C. 立面图中标高　　D. 平面图尺寸标注
11. 我国按高度和层数不同对建筑分类时规定：高度小于或等于（　　）m的建筑属非高层建筑。
A. 14　　B. 24　　C. 34　　D. 44
12. 以砖砌墙柱，以（　　）制作楼板和屋面板的建筑，称为砖混结构建筑。
A. 石　　B. 钢　　C. 钢筋混凝土　　D. 木
13. 民用建筑的耐火等级可分为（　　）级。不同耐火等级建筑相应构件的燃烧性能和耐火极限均不同。
A. 一　　B. 二　　C. 三　　D. 四
14. 从耐火极限看，（　　）级耐火等级的建筑相应构件的耐火极限时间最长。
A. 一　　B. 二　　C. 三　　D. 四

15. 构件耐火极限是指在标准耐火试验条件下，建筑构件、配件或结构从受到火的作用时起，至失去承载能力、完整性或隔热性时止所用时间，用（   ）表示。

A. 秒 B. 分 C. 小时 D. 日

16. 住宅建筑的耐久年限为（   ）年以上。

A. 20 B. 50 C. 70 D. 100

二、多选题

1. 标注尺寸的要素有（   ）。

A. 尺寸线 B. 尺寸界线
C. 尺寸起止符号 D. 尺寸数字
E. 尺寸引出线

2. 半径、直径的尺寸标注应在半径、直径数字前加注字母（   ）来表示。

A. ϕ B. R
C. S D. T
E. H

3. 下列哪些图例用粗实线表示（   ）。

A. 新建建筑物 B. 原有建筑物
C. 比例小于或等于 1∶100 的墙体 D. 新建的地下建筑物或构筑物
E. 计划扩建建筑物

4. 下列说法哪些是对的（   ）。

A. 门立面图中的斜线如为实线为外开，虚线为内开
B. 窗立面图中的斜线如为实线为内开，虚线为外开
C. 窗平面图：下为外开，上为内开
D. 门剖面图：左为外开，右为内开
E. 门平面图：下为外开，上为内开

5. 按用途不同，建筑可分为（   ）。

A. 民用建筑 B. 低层建筑
C. 工业建筑 D. 砖混建筑
E. 农业建筑

6. 下列属于居住建筑的是（   ）。

A. 旅馆 B. 宾馆
C. 住宅 D. 公寓
E. 宿舍

7. 住宅按高度不同，可分为（   ）。

A. 低层住宅 B. 多层住宅
C. 中高层住宅 D. 高层住宅
E. 超高层住宅

8. 按承重结构的材料不同，常见建筑可分为（   ）。

A. 木结构建筑 B. 钢筋混凝土结构建筑
C. 充气结构建筑 D. 钢结构建筑

E. 混合结构建筑
9. 一般建筑由（　　）及门窗等部分组成。
A. 基础　　　　　　　　　　B. 墙柱
C. 楼（屋）盖　　　　　　　D. 通气道
E. 楼（电）梯
10. 建筑构造设计时应满足（　　）等要求。
A. 结构安全　　　　　　　　B. 建筑美观
C. 保温　　　　　　　　　　D. 隔声
E. 节能

三、能力拓展题

1. 已知下列两点的两个投影，试作出其第三投影，并判别其相对位置。

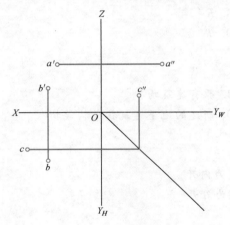

A 在 B 的（　　）方。
B 在 C 的（　　）方。
A 在 C 的（　　）方。

2. 已知点 A (10, 10, 5)，B (10, 10, 20)，C (15, 10, 20)，D (10, 5, 20)，求作其三面投影，并判别重影点的可见性。

3. 已知三点到各投影面的距离，求三面投影。

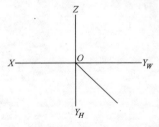

点	距 W 面	距 V 面	距 H 面
A	10	25	0
B	5	8	15
C	0	12	5

4. 求下列直线的第三投影，并判别直线的空间位置。

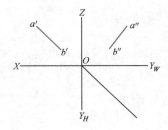 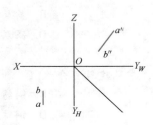

（1）AB 为_____线。　　（2）AB 为_____线。

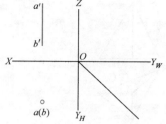

（3）AB 为_____线。

5. 补全下图中直线的第三投影，并判断其空间位置。

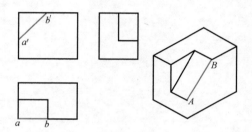

AB 为_____线。

6. 标出下图中 AB、CD 直线的三面投影，并判断其空间位置。

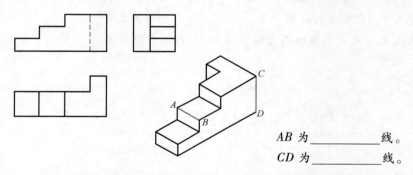

AB 为_____线。
CD 为_____线。

7. 在投影图上注明各表面的三面投影，并判断其空间位置。

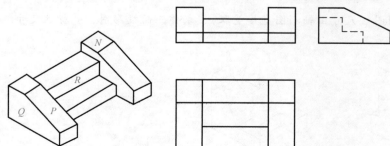

N 为_____平面。
P 为_____平面。
Q 为_____平面。
R 为_____平面。

8. 根据平面立体的两面投影，试补绘第三投影。

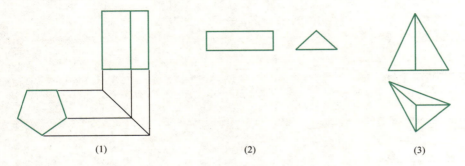

(1)　　　　　　　　(2)　　　　　　　　(3)

9. 已知圆柱体的正面投影，求其他两投影。

10. 已知圆锥体的正面投影，求其他两投影。

11. 已知球体的半径为 5，求其三面投影。

12. 根据组合体的轴测图（尺寸由轴测图直接量取），求作三面投影图。

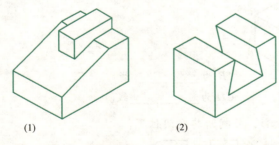

(1)　　　　　　　　(2)

13. 已知组合体的轴测图（尺寸由轴测图直接量取），求作三面投影图，并标注尺寸。

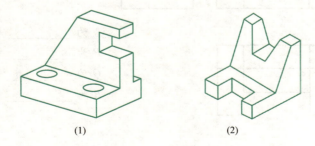

(1)　　　　　　　　(2)

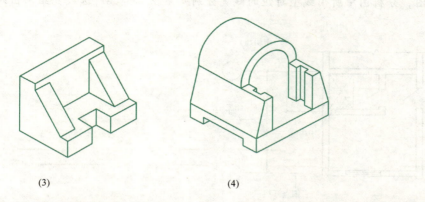

(3)　　　　　　　　　　　(4)

14. 根据两面视图，想象组合体的形状，用线面分析法补画组合体的第三视图。

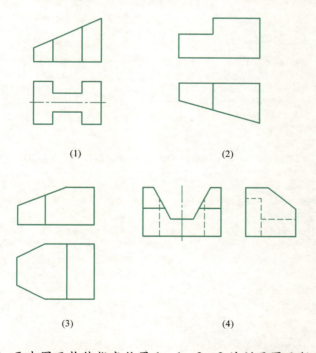

(1)　　　　　　　　　　　(2)

(3)　　　　　　　　　　　(4)

15. 画出图示构件指定位置 1—1、2—2 的剖面图及断面图。

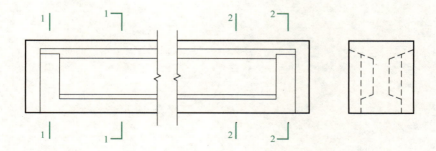

16. 观察下图,分析图中所用线型对应的线宽分别是多少?试按所选线宽组画出此图。

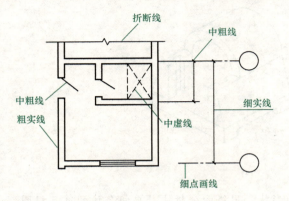

模块 2　建筑构造

本模块主要介绍建筑物的各构造组成部分：基础、墙体、楼地层、楼梯、门窗、屋顶。通过本模块的学习，我们应逐步认识了解房屋建筑构造，掌握各部分的构造作用、构造设计原理、构造施工方法等知识，并为下一步能综合运用建筑构造知识进行建筑施工图的识读、理解设计意图、初步建立施工概念打好基础。同时培养敬业、精益、专注、创新的工匠精神，养成认真负责、踏实、敬业的工作态度。

2.1　基　　础

知识目标：1. 掌握地基与基础的基本概念。
　　　　　2. 理解基础埋置深度的概念及影响因素。
　　　　　3. 了解基础分类的方法及基础的类型。
能力目标：1. 能分清地基与基础，能判别刚性基础和柔性基础，能掌握选择基础类型的方法。
　　　　　2. 会根据具体影响因素初步确定基础的埋置深度。
学习重点：1. 地基与基础的关系。
　　　　　2. 影响基础埋深的因素。
　　　　　3. 基础的类型与构造。

2.1.1　地基与基础概述

1. 地基、基础及其与荷载的关系

（1）基础与地基的基本概念和作用

建筑物最下面与土层直接接触的部分称为基础。支承建筑物重量的土层或岩层称为地基。基础是建筑物的一个组成部分，而地基则是基础下面的土层，不是建筑物的组成部分。基础承受建筑物的全部荷载，并将荷载传给下面的地基。

（2）地基、基础与荷载的关系

地基和基础共同作用，使得建筑物稳定、安全、坚固耐久，因此要求地基具有足够的承载能力。在进行结构设计时，必须计算地基的承载能力。直接承受建筑物荷载的地基土层称为持力层，基础必须支承在持力层上才能确保建筑物安全稳定。

（3）地基的分类

地基按土层的性质分为天然地基和人工地基两大类。

1）天然地基是指天然状态下具有足够的承载力，不需经过人工处理就可以直接承受建筑物荷载的地基，如岩石、碎石、砂土、黏性土等。

2）当天然土层的承载能力较差，作为地基没有足够的强度和稳定性时，必须对土层进行人工加固后才能承受建筑物的荷载,这种经过人工处理的土层称为人工地基。

人工加固地基的常用方法有压实法(图 2-1)、换土法(图 2-2)和桩基法(图 2-3)等。

图 2-1 压实法

a) 人工夯实法 b) 重锤压实法 c) 机械碾压法 d) 振动压实法

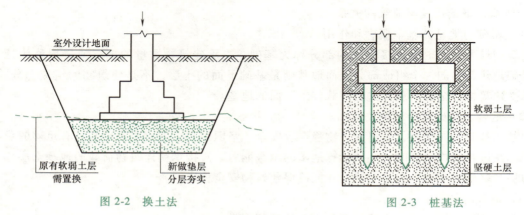

图 2-2 换土法　　　　　　　　　图 2-3 桩基法

2. 基础的埋置深度及其影响因素

(1) 基础的埋置深度

从室外设计地面到基础底面的垂直距离称为基础的埋置深度,简称基础埋深(图 2-4)。

基础埋深大于或等于5m的称为深基础；埋深小于5m的称为浅基础。

考虑经济因素，基础的埋置深度越小，工程造价越低。但基础埋置深度过小时，有可能在地基受到压力后，会挤出基础四周的土体，使基础产生滑移而失稳。另外，埋置深度过浅容易受到自然因素的影响和侵蚀，从而影响到建筑物的稳定、安全和使用寿命。因此，基础的埋置深度不应小于0.5m。

（2）影响基础埋深的因素

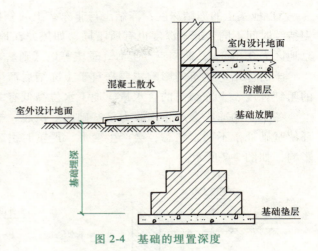

图2-4 基础的埋置深度

影响基础埋置深度的因素很多，主要考虑以下几方面：

1）建筑物的使用要求：一般高层建筑的基础埋置深度为地面以上建筑总高度的1/18~1/15。当建筑物设置地下室、设备基础和地下设施时，基础埋置深度应满足其使用要求。

2）作用在地基上的荷载大小与性质：一般情况下荷载越大，基础埋置深度越深。

3）工程地质条件：基础底面应尽量选在常年未经扰动而且坚实平坦的土层上，该土层俗称老土层，详见图2-5。

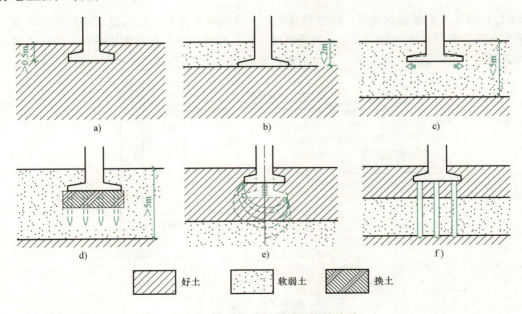

图2-5 地质构造与基础埋深的关系

4）地下水位的高低：地下水位对某些土层的承载能力影响很大，为了避免地下水位的变化直接影响地基的承载力，同时防止地下水对基础施工带来麻烦，并且防止有侵蚀性的地下水对基础的腐蚀，一般将基础尽量埋置在最高地下水位以上；当无法满足要求时，基础应采取防水构造措施，如图2-6所示。

5）地基土的冻结深度：冻结土与非冻结土的分界线称为冰冻线。各地区的气候不同，低温持续时间不同，冻土深度也有所不同，如黑龙江地区为 2~2.2m，辽宁地区为 1~1.4m，北京地区为 0.8~1m，而南京、上海、重庆等地区则基本不考虑冻结土。

土的冻结对建筑的影响主要来自于土冻结后产生的冻胀现象，该现象主要与地基土颗粒的粗细程度、土冻结前的含水量、地下水位高低有关。

冬季土的冻胀会产生冻胀力将基础向上拱起，气温回升，土层解冻，基础下沉，冻融循环使基础处于不稳定状态，会产生变形，严重时引起开裂破坏。因此基础埋深应考虑冻土的影响，如图 2-7 所示。

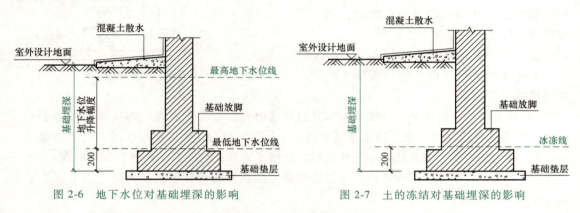

图 2-6　地下水位对基础埋深的影响　　图 2-7　土的冻结对基础埋深的影响

6）相邻建筑物的基础埋深：新建建筑物的基础埋深不宜大于原有建筑物的基础埋深，以免施工期间影响原有建筑物的安全。当新建建筑物基础必须在原有建筑物基础底面以下时，两基础需保持一定的距离。此距离一般为两基础地面高差的 2 倍，如图 2-8 所示，$l = 2\Delta H$。

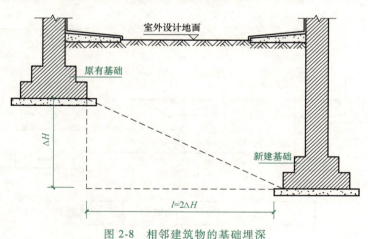

图 2-8　相邻建筑物的基础埋深

2.1.2　无筋扩展基础与扩展基础

1. 无筋扩展基础（刚性基础）

指由砖、毛石、混凝土或毛石混凝土、灰土和三合土等材料组成的，且不需配置钢筋的墙下条形基础或柱下独立基础。无筋扩展基础用的材料都是具有抗压强度高，而抗拉、抗剪强度低的刚性材料，基础底面宽度扩大受刚性角限制，所以也称为刚性基础。

土体单位面积的承载能力较小,因此上部结构通过基础将其荷载传给地基时,只有将基础底面积不断扩大,才能满足地基受力的要求。经试验得知,上部结构在基础中传递压力是沿一定角度分布的,这个传力角度称为刚性角,或压力分布角,以 α 表示(图 2-9)。

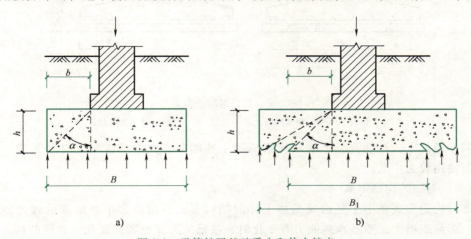

图 2-9　无筋扩展基础受力和传力特点
a) 宽度 B 在刚性角范围内　b) 宽度 B_1 超出刚性角范围

在设计中为方便使用,一般刚性角用基础台阶的宽度与高度之比值来表示。不同材料和不同基底压力应选择不同的宽高比(表 2-1)。

表 2-1　无筋扩展基础台阶宽高比的允许值

基础材料	质量要求	台阶宽高比允许值		
		$p_k \leqslant 100$	$100 < p_k \leqslant 200$	$200 < p_k \leqslant 300$
混凝土基础	C15 混凝土	1:1.00	1:1.00	1:1.25
毛石混凝土基础	C15 混凝土	1:1.00	1:1.25	1:1.50
砖基础	砖不低于 MU10,砂浆不低于 M5	1:1.50	1:1.50	1:1.50
毛石基础	不低于 M5 砂浆	1:1.25	1:1.50	—
灰土基础	体积比 3:7 或 2:8 的灰土,其最小密度: 粉土　15.5kN/m³ 粉质黏土　15.0kN/m³ 黏土　14.5kN/m³	1:1.25	1:1.5	—
三合土基础	体积比 1:2:4~1:3:6(石灰:砂:集料) 每层约虚铺 220mm,夯至 150mm	1:1.5	1:2.00	—

注:表中 p_k 为荷载效应标准组合时基础底面处的平均压力值,单位为 kPa。

2. 扩展基础(柔性基础)

指为了扩散上部结构传来的荷载,使作用在基底的压应力满足地基承载力的设计要求,且基础内部的应力满足材料强度的设计要求,通过向侧边扩展一定底面积的基础。

基础底面必须要加宽,如果采用刚性材料,势必会加大基础的深度,从而增加材料的使用量和挖土方工作量,对造价和工期都不利,如图 2-10a 所示。如果在混凝土基础的底部配以受力钢筋,由钢筋承受拉力,则使基础底部能够承受较大的弯矩。钢筋混凝土基础如图 2-10b 所示。

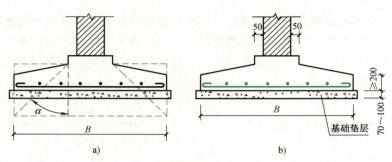

图 2-10 钢筋混凝土基础
a) 混凝土基础与钢筋混凝土基础比较 b) 钢筋混凝土基础构造

在同样条件下,钢筋混凝土基础比素混凝土基础节省大量的混凝土材料和挖土方工作量,因而使用较为广泛。

2.1.3 基础的构造形式

基础的构造形式基本上是由建筑物上部的结构形式、荷载大小和地基承载力情况确定的。当上部荷载增大,地基承载能力有变化时,基础的形式也随之变化。常用的构造形式有以下几种基本类型。

1. 独立基础(图 2-11)

当建筑物上部结构采用框架结构或单层排架结构承重时,基础常采用方形或矩形的单独基础,称为单独基础或独立基础,其形式有阶梯形、锥形等。当柱采用预制钢筋混凝土构件时,基础做成杯口形,将柱子插入并嵌固在杯口内,称为杯形基础。

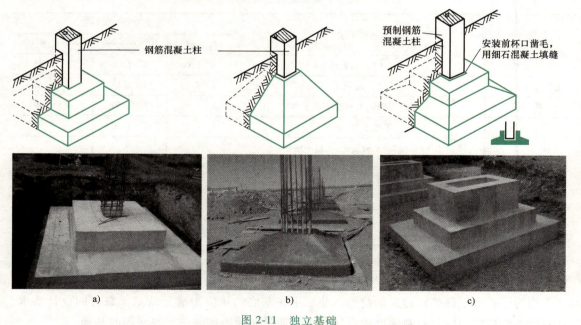

图 2-11 独立基础
a) 阶梯形基础 b) 锥形基础 c) 杯形基础

2. 条形基础

条形基础是连续带形的基础。当建筑物上部结构采用墙体承重时,基础沿墙身设置成长条形，称为墙下条形基础，它是墙承重建筑基础中最基本的形式（图2-12）。

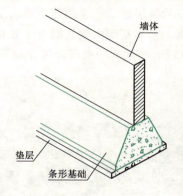

图2-12 条形基础

3. 井格式基础

当框架结构的地基条件较差时，为防止柱间产生不均匀沉降，从而提高建筑物的整体性，常将基础沿纵、横两个方向连接起来，做成十字交叉的条形，称为井格式基础（图2-13）。

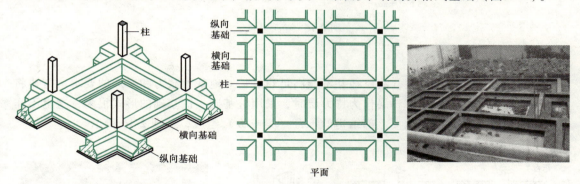

图2-13 井格式基础

4. 筏形基础

当建筑物上部荷载较大，而地基承载能力较弱时，采用简单的条形基础或井格式基础已不能满足需要，通常将墙或柱下基础连成一片形成钢筋混凝土筏板，使建筑物的荷载承受在一块整板上，称为筏形基础（图2-14）。

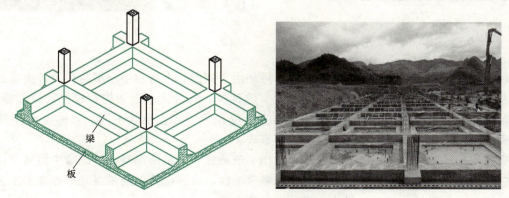

图2-14 筏形基础

5. 箱形基础

对于建筑物上部荷载较大、地基不均匀沉降要求严格的高层建筑、重型建筑或软土地基上的多层建筑，为增大空间刚度，常将基础做成箱形基础。箱形基础由钢筋混凝土底板、顶板和若干纵横墙组成，形成空心箱体的整体结构（图2-15）。基础的中空部分可作地下室。

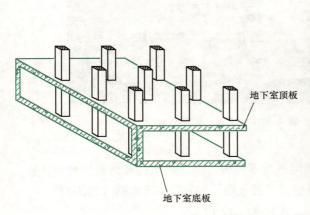

图 2-15　箱形基础

6. 桩基础

当建筑物上部荷载较大，浅层地基不能满足建筑物对地基承载力和变形的要求，需要将地基较深处的坚硬土层或岩石层作为持力层时，采用桩基础。桩基础的形式很多，这里不作过多说明。桩基础由桩和承接上部结构的承台（梁或板）组成，如图2-16所示。

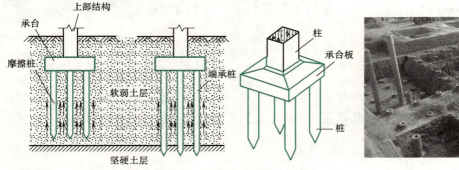

图 2-16　桩基础

以上六种是常见基础的基本构造形式。另外由于烟囱、水塔、中小型高炉等各类筒形构筑物基础的平面尺寸较一般独立基础大，为节约材料，同时使基础结构有较好的受力特性，常将基础做成壳体形式，称为壳体基础，如图2-17所示。根据形状不同，壳体主要有 M 形组合壳、正圆锥壳和内球外锥组合壳等几种形式。

壳体基础的结构内力主要是轴向压力，比一般梁板式的钢筋混凝土基础减少混凝土用量50%左右，节约钢筋30%以上。但壳体基础修筑土台、布置钢筋、浇筑混凝土等施工工艺较复杂，较难实行机械化施工，操作技术要求较高。

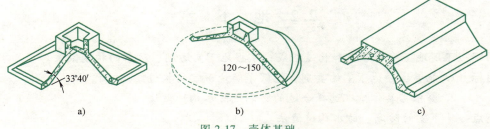

图 2-17 壳体基础
a) M 形组合壳 b) 正圆锥壳 c) 内球外锥组合壳

小　　结

子　项	知识要点	能力要点
地基与基础概述	基础是建筑物的组成部分。地基不是建筑物的组成部分,只是在建筑物荷载作用下产生变形的土层。基础承受建筑物上部所有荷载并将荷载传给地基	能掌握地基与基础的区别
基础埋置深度及其影响因素	从室外设计地面到基础底面的垂直距离称为基础的埋置深度。影响因素有:建筑物的使用要求;作用在地基上的荷载大小和性质;工程地质条件;地下水位高低;地基土的冻结深度;相邻建筑的基础埋深	能正确判断基础埋深的影响因素,合理选择埋深方案
刚性基础和柔性基础	用刚性材料制作,底面宽度扩大受刚性角限制的基础称为刚性基础;用非刚性材料(如钢筋混凝土)制作,基础底面宽度的加大不受刚性角限制的基础称为柔性基础	能正确区分柔性基础与刚性基础
基础的构造形式	常用的构造形式有:独立基础、条形基础、井格式基础、筏形基础、箱形基础和桩基础	能够分清工程中的基础类型及适用条件

思考与拓展题

1. 基础的埋置深度有何要求?以实际工程为例说明。
2. 刚性基础与柔性基础有何区别?工程中的使用情况如何?
3. 以实际工程为例,来分析该工程的基础属于哪一种,适用条件及要求是什么。

2.2 地 下 室

知识目标：了解地下室的分类和构造组成；掌握地下室防潮、防水的构造做法。
能力目标：1. 能够区分地下室的类别，能够了解地下室的构造组成及作用。
　　　　　2. 会根据具体情况选择合适的防潮或防水构造做法。
学习重点：地下室的防潮、防水构造做法。

2.2.1 地下室构造组成及分类

1. 地下室构造组成

建筑物底层以下的使用空间称为地下室。地下室一般由墙体、底板、顶板、门窗（采光井）、楼（电）梯等部分组成，如图2-18所示。

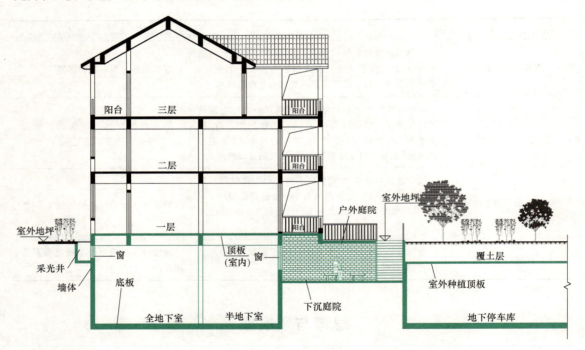

图2-18 地下室示意图

（1）墙体

地下室的墙体除了承受上部结构荷载以外，还要抵抗土体的侧向压力。因此地下室的墙体要有可靠的强度和稳定性。同时，地下室墙体处在较为潮湿的环境里，墙体材料应有良好的防潮、防水性能，一般采用砖墙、混凝土墙或钢筋混凝土墙。

（2）底板

地下室的底板根据地下水位的情况作防潮、防水处理，多采用钢筋混凝土。底板应有良好的整体性和刚度，并具有抗渗性能。

（3）顶板

一般做法与楼板相同。人防地下室顶板的厚度、跨度、强度应按照不同级别人防的要求进行确定。顶板位于主体结构内,构造类同于楼板;顶板位于室外,类同于屋面。顶板上若为绿化或者道路,则需要充分考虑荷载、防水、保温等的要求。

(4) 门窗

一般做法与其他房间的门窗相同。人防地下室的门窗应满足密闭、防冲击的要求。地下室外窗在室外地坪以下时,应设置采光井,以利于室内采光、通风和室外行走安全,构造如图 2-19 所示。

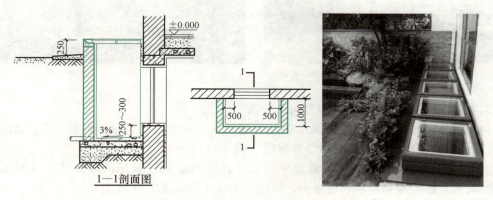

图 2-19 采光井构造

2. 地下室的分类

地下室主要按照使用功能和与室外地面的位置关系进行分类。

(1) 按使用功能分类

1) 普通地下室是建筑空间在地下的延伸,可作为车库、设备用房等。根据用途及结构需要可做成一层、二层或多层,尽量不要把人流集中的房间设置在地下室,因为地下室对疏散和防火要求较严格(图 2-20)。

图 2-20 普通地下室
a) 地下机动车库 　b) 地下非机动车库 　c) 地下健身房

2) 人防地下室是结合人防要求设置的地下空间,用以应付战时情况下人员的隐蔽和疏散,并具备保障人身安全的各项技术措施(图 2-21)。

图 2-21 人防地下室

（2）按地下室与室外地面的位置关系分类

1）全地下室是指地下室地面低于室外地坪面的高度超过该房间净高的 1/2。全地下室埋入地面较深，多用作辅助用房和设备用房（图 2-18）。

2）半地下室是指地下室地面低于室外地坪面的高度超过该房间净高的 1/3 且不超过 1/2。半地下室的采光和通风较易解决，周边环境优于全地下室（图 2-18）。

2.2.2 地下室的防潮构造

地下室埋入地下的墙体和地坪都会受到潮气和地下水的侵蚀，必须采取防潮、防水处理。

1. 设置要求

当地下水的常年水位和最高水位均在地下室地坪标高以下时，地下水不会浸入地下室内部，此时，地下室底板和外墙受到土层中潮气的影响，需要做防潮层。

2. 防潮构造要求与操作步骤（图 2-22）

1）墙体必须采用水泥砂浆砌筑，灰缝饱满。

2）墙体外侧水泥砂浆抹面（应高出散水≥500mm）。

3）刷冷底子油一道，热沥青两道（刷至散水底）的垂直防潮层。

4）在外侧回填隔水层（黏土或灰土分层回填夯实），宽度为 500mm 左右。

5）在所有墙体的上下设置两道水平防潮层，一道设在地下室地坪以下，一道设在室外地坪以上 150~300mm 处。

2.2.3 地下室的防水构造

1. 设置要求

当最高地下水位高于地下室地坪时，地下水不但会侵入墙体，还会对地下室外墙和底板产生侧压力和浮力，必须采取防水措施。地下工程防水设计工作年限不应低于工程结构设计工作年限。

地下工程防水等级应依据工程防水类别（表 2-2）和工程防水使用环境类别（表 2-3）分为一级、二级、三级（表 2-4）。一级防水所对应的防水等级最高，二级防水次之，三级防水最低。暗挖法地下工程防水等级应根据工程类别、工程地质条件和施工条件等因素确定。其他工程防水等级不应低于下列规定：

> 暗挖法即不挖开地面，采有在地下挖洞的方式施工。施工时须先开挖出相应的空间，然后在其中修筑衬砌。矿山法和盾构法等均属暗挖法。

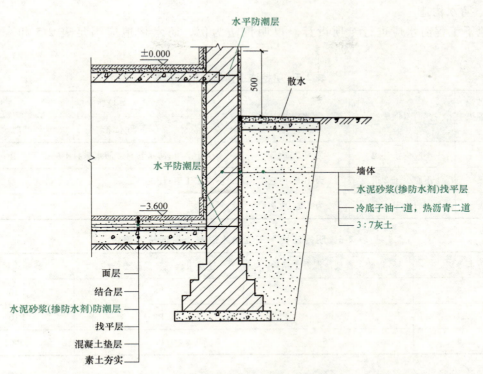

图 2-22 地下室防潮构造

表 2-2 工程防水类别

工程类型		工程防水类别		
		甲类	乙类	丙类
建筑工程	地下工程	有人员活动的民用建筑地下室,对渗漏敏感的建筑地下工程	除甲类和丙类以外的建筑地下工程	对渗漏不敏感的物品、设备使用或贮存场所,不影响正常使用的建筑地下工程

表 2-3 工程防水使用环境类别划分

工程类型		工程防水使用环境类别		
		Ⅰ类	Ⅱ类	Ⅲ类
建筑工程	地下工程	抗浮设防水位标高与地下结构板底标高高差 $H \geq 0m$	抗浮设防水位标高与地下结构板底标高高差 $H < 0m$	—

表 2-4 工程防水等级的划分

工程防水使用环境类别	工程防水类别		
	甲类	乙类	丙类
Ⅰ类	一级	一级	二级
Ⅱ类	一级	二级	三级
Ⅲ类	二级	三级	三级

2. 防水构造

地下工程防水应进行专项设计。以明挖法为例，防水构造应满足表 2-5 和表 2-6 的要求。

表 2-5　明挖法主体结构防水做法

防水等级	防水做法	防水混凝土	外设防水层		
			防水卷材	防水涂料	水泥基防水材料
一级	不应少于 3 道	为 1 道，应选	不少于 2 道；防水卷材或防水涂料不应少于 1 道		
二级	不应少于 2 道	为 1 道，应选	不少于 1 道；任选		
三级	不应少于 1 道	为 1 道，应选	—		

表 2-6　明挖法地下工程防水混凝土最低抗渗等级

防水等级	市政工程现浇混凝土结构	建筑工程现浇混凝土结构	装配式衬砌
一级	P8	P8	P10
二级	P6	P8	P10
三级	P6	P6	P8

注：明挖法是从地表开挖基坑或堑壕，修筑衬砌后用土石进行回填的浅埋隧道、管道或其他地下建筑工程的常用施工方法。

为满足结构和防水的需要，建筑物地下室的底板和墙体一般采用钢筋混凝土材料，并采用防水材料来共同隔离地下水。按照建筑物的状况及选用的防水材料不同，防水构造可以分为卷材防水、砂浆防水和涂料防水等几种。

（1）卷材防水

卷材防水的构造做法适用于经常处于地下水环境，且受侵蚀性介质或受振动作用的地下工程。卷材多采用高聚物改性沥青防水卷材或合成高分子防水卷材，铺设在结构主体的迎水面，铺设位置自底板垫层至墙体顶板的基础上，并且在外围形成封闭的防水层。以住宅为例，地下室防水做法可参照图 2-23 和图 2-24。其中防水层具体构造做法根据地下室防水等级按规范要求设置。

（2）砂浆防水

砂浆防水的构造做法适用于混凝土或砌体结构的基层上，不适用于环境有侵蚀性、持续振动或温度高于 80℃ 的地下工程。砂浆可选用高聚物水泥防水砂浆、掺外加剂或掺合料的防水砂浆，施工时应采取多层抹压法。

（3）涂料防水

涂料防水的构造做法适用于受侵蚀性介质或受振动作用的地下工程主体结构的迎水面或背水面的涂刷。防水涂料分为有机防水涂料和无机防水涂料两大类，常用的有机防水涂料包括合成橡胶类、合成树脂类和橡胶沥青类，如 SBS 改性沥青防水涂料等；常用的无机防水涂料包括聚合物水泥基防水涂料和水泥基渗透结晶型防水涂料。

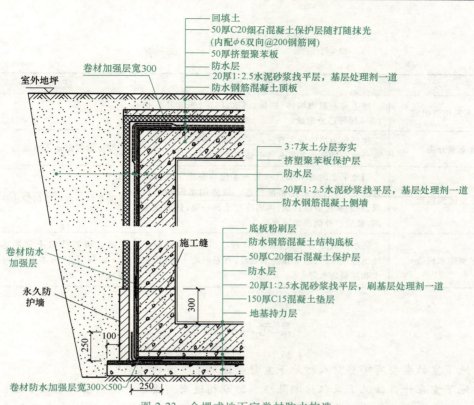

图 2-23 全埋式地下室卷材防水构造

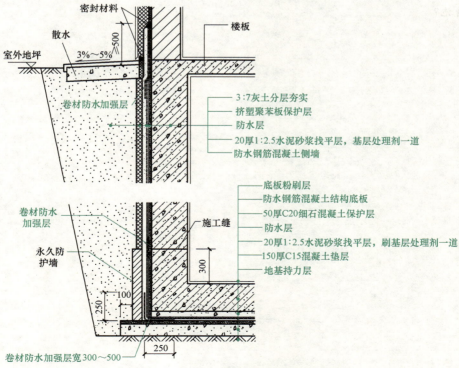

图 2-24 非全埋式地下室卷材防水构造

小　结

子　项	知识要点	能力要点
地下室的构造组成	地下室一般由墙体、底板、顶板、门窗（采光井）、楼（电）梯等部分组成	
地下室分类	按照使用功能分为普通地下室和人防地下室；按与室外地面的位置关系分为全地下室和半地下室	能正确判断地下室类型
地下室防潮构造	当地下水的常年水位和最高水位均在地下室地坪标高以下时，需要作防潮处理。墙体用水泥砂浆砌筑，外侧水泥砂浆抹面，再刷冷底子油一道，热沥青两道，然后在外侧回填隔水层	能掌握防潮构造的做法及原理
地下室防水构造	防水等级分为一级、二级、三级。当地下水位高于地下室地坪时，需要作防水处理，有卷材防水、砂浆防水和涂料防水等	能正确判断地下室防水等级要求；掌握卷材防水构造的做法及原理

思考与拓展题

1. 地下室的类型有哪些？人防地下室与普通地下室有何区别？
2. 地下室在什么情况下采取防潮处理？防潮构造有何要求？为何要回填隔水层？
3. 地下室防水的构造做法有哪些？适用于哪些建筑？工程中看到的地下室都采用了何种防水措施？

2.3 墙 体

知识目标：了解墙体的作用、类型和设计要求；熟悉砖墙的组砌方式和常用墙体厚度；掌握墙体细部构造及相应作用；了解隔墙和隔断的构造及墙体的装修构造做法。

能力目标：1. 能明确工程中的各类墙体特点，并能处理一般的细部构造及墙面装修。
2. 会运用各种不同的组砌方式，会根据不同的要求选用不同隔墙。

学习重点：墙体的类型、承重方式、组砌方式和细部构造，常用的墙面装修做法。

2.3.1 墙体概述

1. 墙体的作用

墙体是建筑物中比较重要的一个构件，它的作用主要表现在以下三个方面：

（1）承重作用

在墙承重体系的建筑物中，承重墙承受建筑上部所有荷载并传给基础，是建筑物的主要承重构件。

（2）围护作用

外墙属于房屋的外围护结构，抵御自然界中风、霜、雨、雪、噪声、太阳辐射等不利因素的侵袭。

（3）分隔作用

墙体是建筑水平方向划分空间的构件，把建筑内部分隔成不同的空间，并且界定室内外空间。

上述三个作用并不是所有墙体都同时具备的，根据建筑的结构形式和墙体的具体情况，墙体往往只是具备其中的一两个作用。

2. 墙体的类型

根据墙体在建筑物中的位置、受力情况、材料、构造及施工方法的不同，可将墙体分为不同的类型。

（1）按墙体所在位置分类

墙体按其在平面上所处位置的不同，可分为外墙和内墙。位于建筑周边的墙体称为外墙；位于建筑内部的墙体称为内墙。沿建筑物短轴方向布置的墙称为横墙，外横墙又称为山墙；沿建筑物长轴方向布置的墙称为纵墙。在同片墙上，窗与窗或门与窗之间的墙称为窗间墙；窗洞下面的墙称为窗下墙；屋顶上部高出屋面的墙称为女儿墙，如图 2-25 所示。

（2）按墙体受力情况分类

根据结构受力的情况分类，墙体分为承重墙和非承重墙。墙体是否承重，应由其结构的支承体系决定。例如在框架承重体系的建筑物中，墙体属于非承重构件；而在墙承重体系的建筑物中，墙体就有承重和非承重之分，其中，非承重墙包括填充墙、幕墙等。

（3）按墙体材料分类

根据墙体建造材料的不同，墙体分为砖墙、石墙、土墙、砌块墙、混凝土墙以及其他用轻质材料制作的墙体，如图 2-26 所示。

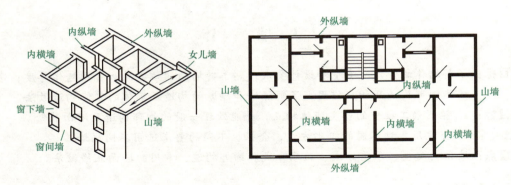

图 2-25 墙体位置名称

图 2-26 墙体按材料分类
a) 砖墙、石墙 b) 土墙 c) 混凝土墙 d) 轻质材料墙体

（4）按墙体的构造方式和施工方法分类

墙体按构造方式不同可分为实体墙、空体墙和复合墙等。实体墙由单一实体材料砌筑而成，如普通砖墙、实心砌块墙等。空体墙也是由单一材料组成，可由单一材料砌成内部空腔，如空斗砖墙。复合墙是由两种以上材料组合而成的多功能墙体，例如混凝土、加气混凝土复合板材墙，其中混凝土起承重作用，加气混凝土起保温隔热作用，如图 2-27 所示。

墙体按施工方法不同可分为块材墙、板筑墙和板材墙等。块材墙是用砂浆等胶结材料将砖石等块材组砌而成，如砖墙、石墙及各种砌块墙等。板筑墙是在现场立模板，在模板内夯

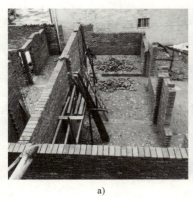 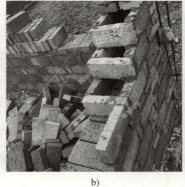 

图 2-27 墙体按构造方式分类

a) 实体墙　b) 空体墙　c) 复合墙

筑或浇筑材料捣实而成的墙体,如夯土墙、钢筋混凝土墙等。板材墙是预先制成,施工时安装而成的墙体,如预制混凝土大板墙、各种轻质条板内隔墙等,如图 2-28 所示。

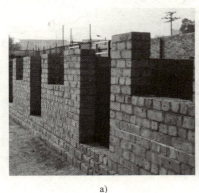  

图 2-28 墙体按施工方法分类

a) 块材墙　b) 板筑墙　c) 板材墙

3. 墙体的设计要求

在进行墙体设计时,应该依据其所处位置和功能的不同,分别满足以下要求。

1) 具有足够的强度和稳定性。强度主要体现在材料、截面积、构造及施工方式等方面,稳定性主要体现在墙体的长度、高度和厚度等方面。

2) 具有必要的保温、隔热等热工方面的性能。北方寒冷地区主要满足保温要求,南方炎热地区主要满足隔热要求。

3) 满足防火要求,主要是符合防火规范中相应的燃烧性能、耐火极限的规定。

4) 满足隔声要求,通常采用密实、密度大或空心、多孔的墙体材料提高隔声性能。

5) 满足防潮、防水要求及经济要求。

4. 墙体的承重方案

墙体承重结构支承系统是以部分或全部建筑外墙以及若干固定不变的建筑内墙作为垂直支承系统的一种体系。墙体的承重方案有以下几种。

(1) 横墙承重

横墙承重是将建筑的水平承重构件（包括楼板、屋面板、梁等）搁置在横墙上，即由横墙承担楼面及屋面荷载，如图 2-29a 所示。

横墙承重方案中，纵墙上开设门窗洞口较灵活，能有效增大建筑的刚度，提高建筑抵抗水平荷载的能力。由于横墙间距受限制，因此建筑开间尺寸变化不灵活，使用面积相对较小。

横墙承重方案适用于房间开间不大、房间面积较小、尺寸变化不多的建筑，如宿舍、旅馆、办公楼等。

(2) 纵墙承重

纵墙承重是将建筑物的水平承重构件搁置在纵墙上，即由纵墙承担楼面及屋面荷载，如图 2-29b 所示。

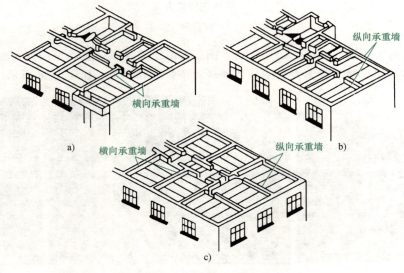

图 2-29 墙体承重方式
a) 横墙承重　b) 纵墙承重　c) 混合承重

纵墙承重方案中，横墙可以灵活布置，易于形成较大的房间，利于施工，提高施工效率，使用面积相对较大。由于横墙不承重，因此建筑的整体刚度较差；纵墙上开窗不灵活，水平构件跨度较大，占用竖向空间较多。

纵墙承重方案适用于进深方向尺寸变化较少，内部空间较大的建筑，如住宅、教学楼等。

(3) 纵横墙混合承重

纵横墙混合承重建筑中的横墙和纵墙都是承重墙，简称混合承重，如图 2-29c 所示。

纵横墙混合承重兼顾了横墙承重和纵墙承重的优点，适用性较强；但水平构件的类型多，占用空间大，施工较复杂，墙体所占面积大，耗费材料较多。

纵横墙混合承重方案适用于开间和进深尺寸较大，平面较复杂的建筑，如住宅、医院、托幼建筑等。

2.3.2　砖墙构造

砖墙是由砖和砂浆按一定的组砌方式进行砌筑的墙体。砖墙在我国有着较为悠久的历史,并且保温、隔热及隔声效果较好,具有防火和防冻性能,有一定的承载能力,取材容易,生产制造及施工操作简单等,因此在今后一段时间内仍将广泛采用。但是生产实心黏土砖所需的黏土资源属可耕地中较优质的黏土,为转变这一严重浪费土地资源的传统烧制方式,国家已经实行"限黏"政策,大力发展节能节地利废的新型墙体材料。

1. 砖

（1）砖的种类

砖是传统的砌筑材料,按照外观形状不同可以分为普通实心砖（标准砖）、多孔砖和空心砖（砖块）三种（图 2-30）。按照主要原料（如黏土、页岩、煤矸石、粉煤灰、混凝土等）及加工工艺不同,砖可以分为烧结普通砖、烧结多孔砖、蒸压灰砂砖、蒸压粉煤灰砖和混凝土小型砌块等。

图 2-30 砖的种类
a）标准砖 b）多孔砖 c）空心砖

砖的强度等级以 MU 表示,烧结普通砖和烧结多孔砖的强度等级分为 MU30、MU25、MU20、MU15 和 MU10 五个等级,蒸压灰砂砖和蒸压粉煤灰砖的强度等级分为 MU25、MU20、MU15 和 MU10 四个等级。例如 MU30,表示标准尺寸的混凝土试块在标准养护条件下养护 28 天所测得的立方体抗压强度值为 30MPa,即每平方毫米可承受 30N 的压力。

（2）砖的规格

我国标准砖的规格为 240mm×115mm×53mm（图 2-31）。标准砖的长、宽、厚之比为 4∶2∶1（包括 8~10mm 的灰缝）。烧结多孔砖简称多孔砖,是指以黏土、页岩、煤矸石或粉煤灰为主要原料,经焙烧而成的具有竖向孔洞（孔洞率不小于 25%,孔的尺寸小而数量

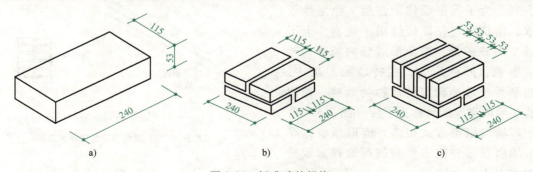

图 2-31 标准砖的规格
a）标准砖 b）、c）砖的组合

多）的砖。其外形尺寸，长度为290mm、240mm、190mm等规格，宽度为240mm、190mm、180mm、175mm、140mm、115mm等规格，高度为90mm。

2. 砂浆

砂浆是砌筑墙体的黏结材料，将砖黏结在一起形成整体，并将砖块之间的缝隙填实，便于上下层砖块之间荷载的均匀传递，以保证墙体的强度。

砌筑墙体的砂浆主要有水泥砂浆、石灰砂浆和混合砂浆三种。水泥砂浆属于水硬性材料，强度高，适合于砌筑潮湿环境或荷载较大的墙体，如地下部分的墙体和基础等。石灰砂浆属于气硬性材料，强度不高，防水性能较差，多用于砌筑非承重墙或荷载较小的墙体。混合砂浆的强度较高，和易性和保水性较好，使用较为频繁，宜在基础以上部位采用。

砂浆的强度等级以M表示，分为M15、M10、M7.5、M5和M2.5五个等级，其中常用的是M10、M7.5和M5。例如M15，表示标准尺寸的砂浆试块在标准养护条件下养护28天所测得的立方体抗压强度值为15MPa，即每平方毫米可承受15N的压力。

3. 砖墙尺寸

砖墙尺寸主要包括砖墙的厚度、墙段长度和墙体高度等方面，重点说明砖墙厚度的尺寸。

砖墙的厚度习惯上以砖长为基数来称呼，如半砖墙、一砖墙、一砖半墙等。工程上以标志尺寸来称呼，如12墙、24墙、37墙等。常用砖墙厚度的尺寸见表2-7。

表2-7 砖墙厚度的尺寸　　　　　　　　　　　（单位：mm）

墙厚名称	半砖墙	3/4砖墙	一砖墙	一砖半墙	两砖墙
工程称呼	12墙	18墙	24墙	37墙	49墙
标志尺寸	120	180	240	370	490
构造尺寸	115	178	240	365	490
砖墙断面					

4. 组砌方式

砖墙的组砌方式是指砖在砖墙中的排列方式。为了保证墙体的强度、稳定性等要求，砌筑时应保证砖缝横平竖直、上下错缝、内外搭接，避免形成竖向通缝，砂浆应饱满、厚薄均匀。在砖墙的组砌中，长边平行于墙面砌筑的砖称为顺砖，长边垂直于墙面砌筑的砖称为丁砖（图2-32）。

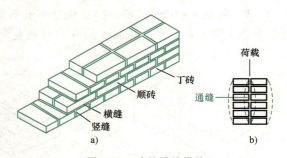

图2-32 砖的错缝搭接
a) 错缝搭接　b) 通缝引起的破坏状态

砖墙的组砌方式很多，应根据墙体厚度、墙面观感和施工便利进行选择，常见的组砌方式有全顺式、一顺一丁式、多顺一丁式、十字式（也称梅花丁）等，具体如图2-33所示。

模块 2 建筑构造

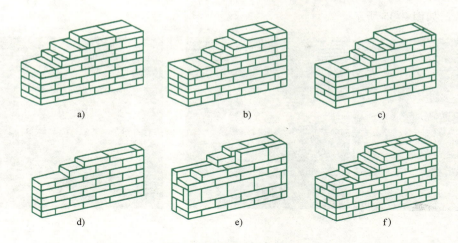

图 2-33 砖的组砌方式
a) 240 砖墙（一顺一丁） b) 240 砖墙（多顺一丁） c) 240 砖墙（十字式）
d) 120 砖墙（全顺式） e) 180 砖墙 f) 370 砖墙

2.3.3 砖墙的细部构造

墙体的细部构造包括散水和明沟、勒脚、墙身防潮层、窗台、门窗过梁、圈梁、构造柱和变形缝等，各部分位置详见图 2-34。

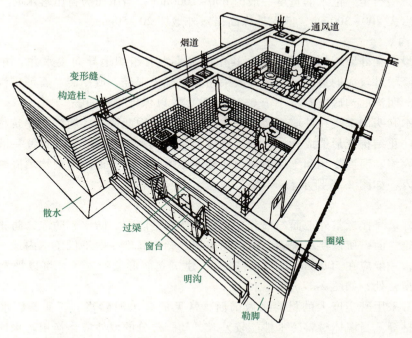

图 2-34 砖墙的细部构造

1. 散水和明沟

为了将建筑物四周外墙脚下的地表积水（地表雨水及屋面雨水管排下的屋顶雨水）及时排走，以保护外墙基础和地下室的结构免受水的不利影响，须在外墙角处设置排水用的散水或明沟，如图 2-35 所示。

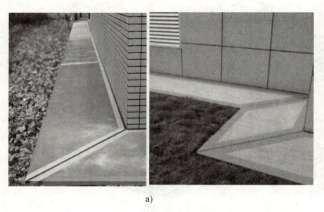

图 2-35 散水和明沟
a) 散水　b) 明沟

（1）散水

为保护墙基不受雨水的侵蚀，常在建筑物外墙四周将地面做成向外倾斜的坡面，以便将屋面雨水排至远处，这一坡面称为散水，适用于降雨量较小的地区。

散水常用水泥砂浆、混凝土、砖、块石等材料作为面层。散水坡度一般为 3%～5%，既利于排水又方便行走。散水的宽度一般为 600～1000mm；当屋面为自由落水时，其宽度应比屋檐挑出宽度大 200～300mm，散水外缘高出室外地坪 20～50mm。

（2）明沟

明沟是设置在外墙四周的排水沟，其作用是将水有组织地导向集水井，并排入排水系统，适用于降雨量较大的地区。明沟一般采用素混凝土现浇，或用砖、石铺砌沟槽，再用水泥砂浆抹面。明沟的沟底应有不小于 0.5% 的坡度，以保证排水通畅。

由于散水和明沟都是在外墙面装修完成后施工的，因此散水、明沟与建筑物主体之间应留有通缝，防止结构变形造成开裂。散水整体面层纵向距离每隔 6～12m 做一道伸缩缝，以适应材料的收缩、温度变化和土层不均匀变形的影响。通缝与伸缩缝内均填嵌缝膏，防止雨水从裂缝渗入，如图 2-36 所示。

2. 勒脚

勒脚是外墙身接近室外地面的部分。勒脚的作用是防潮、防水、防冻，防止外界机械碰撞，美化建筑立面，所以要求坚固、防水和美观。勒脚高度一般不低于室内地坪与室外地面的高差部分，一般应在 500mm 以上，有时为了建筑立面形象的要求，可以把勒脚高度顶部提高到底层窗台处，如图 2-37 所示。

勒脚通常采用密实度大的材料来做饰面，常见的有水泥砂浆、斩假石、水刷石、贴面砖、天然石材等。当墙体材料防水性能较差时，勒脚部分的墙体应当换用防水性能较好的材料。勒脚应与散水、墙身水平防潮层形成闭合的防潮系统，如图 2-38 所示。

3. 墙身防潮层

建筑位于地下部分的墙体和基础会受到土壤中潮气的影响，潮气进入地下部分的墙体和基础材料的孔隙内形成毛细水沿墙体上升，导致墙体结构和装修受到破坏，如图 2-39 所示。

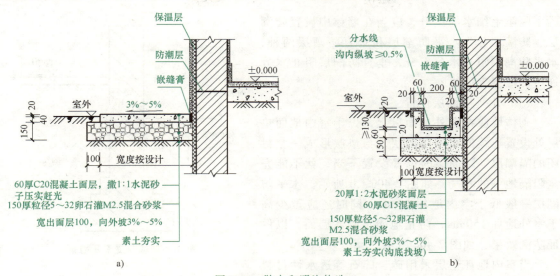

图 2-36 散水和明沟构造
a）混凝土散水构造　b）混凝土明沟构造

图 2-37 外墙勒脚

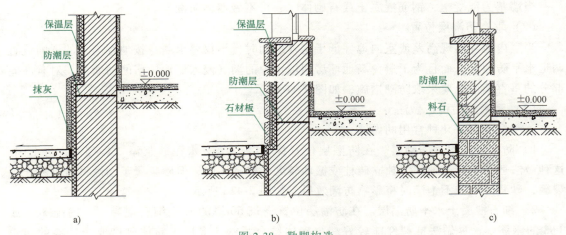

图 2-38 勒脚构造
a）抹灰勒脚构造　b）贴面勒脚构造　c）石砌勒脚构造

为了隔阻毛细水的上升，应当在墙体中设置防潮层。防潮层分为水平防潮层和垂直防潮层两种，水平防潮层阻止水分上升，垂直防潮层阻止水分通过侧墙侵害墙体。

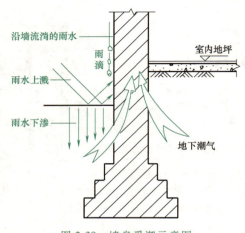

图 2-39　墙身受潮示意图

（1）水平防潮层位置

砌体墙应在室外地面以上，位于室内地面垫层处设置连续的水平防潮层，与垫层形成一个封闭的隔潮层。防潮层的位置设置不当，就不能完全阻隔地下的潮气，如图 2-40a、b 所示。水平防潮层一般低于室内地坪 60mm，同时还应至少高于室外地坪 150mm，防止地面水溅渗墙面，以保证防潮效果，如图 2-40c 所示。

当室内地坪垫层采用砖、碎石等透水性材料时，水平防潮层的位置应与室内地坪平齐，与面层材料形成水平连续的防潮构造。

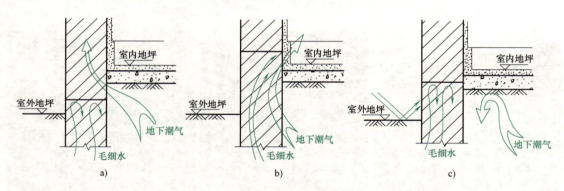

图 2-40　水平防潮层的位置
a）位置偏低　b）位置偏高　c）位置适当

当墙基为混凝土、钢筋混凝土或石砌体时，可不做墙体防潮层。

（2）垂直防潮层位置

当室内地坪出现高差或室内地坪低于室外地面时，不仅要求墙身按地坪高差的不同设置两道水平防潮层，而且为了避免高地坪房间填土中的潮气侵入低地坪房间的墙面，对有高差部分的垂直墙面也要采取防潮措施，如图 2-41 所示。

（3）防潮层的构造做法

防潮层有以下几种常用的做法。

1）防水砂浆水平防潮层。在防潮层位置抹 20 厚 1∶2 水泥砂浆添 3%～5% 的防水剂。这种做法适用于抗震地区、独立砖柱或振动较大的砖砌体中，但砂浆属于刚性材料，易产生裂缝，砂浆开裂或不饱满时将影响防潮效果，如图 2-42d 所示。

2）细石混凝土水平防潮层。在防潮层位置浇筑 60 厚的 C20 细石混凝土，内配 3ϕ6 或 3ϕ8 的钢筋。这种做法抗裂性能较好，与砌体结合紧密，多用于整体刚度要求较高的建筑中，如图 2-42e 所示。

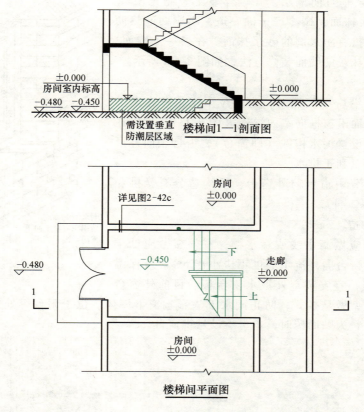

图 2-41　垂直防潮层的位置

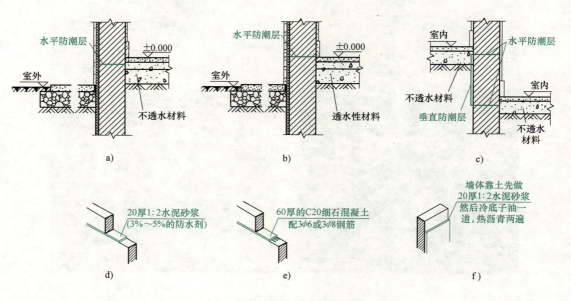

图 2-42　防潮层的构造做法

3）水泥砂浆垂直防潮层。在墙体靠土一侧先用 20 厚 1∶2 水泥砂浆抹面，刷冷底子油一道，再刷两遍热沥青；也可以采用掺有防水剂的砂浆抹面。在另一侧墙面，须采用水泥砂浆抹灰的墙面装修方法，如图 2-42f 所示。

4. 窗台

当室外雨水沿窗扇流淌时，为避免雨水聚积在窗下并侵入墙身，进而沿窗框向室内渗透（图 2-43），可以在窗下靠室外一侧设置泻水构件（即窗台），窗台须向外形成一定的坡度，以利于排水。

窗台按位置分内窗台与外窗台，按构造分有悬挑和不悬挑两种（图 2-44）。

（1）窗台构造

外窗的窗楣应做滴水线或滴水槽，室外窗台应低于室内窗台面，外窗台向外流水坡度不应小于 5%。外保温墙体上的窗洞口，宜安装室外披水窗台板。目前外窗台通常结合立面造型做悬挑式，防止雨水下渗影响窗下墙体。位于阳台等处的窗不受雨水冲刷，或外墙面材料为贴面砖时，也可不设悬挑窗台。

图 2-43 窗台泻水情况

图 2-44 窗台形式

a）悬挑式外窗台 b）不悬挑式外窗台 c）普通内窗台 d）凸窗内窗台

当窗框安装在墙中部时,窗洞下靠室内一侧要求做内窗台,以方便清扫并防止墙身被破坏。内窗台一般为水平放置,通常结合室内装修做成水泥砂浆抹灰、木板或贴面砖等多种饰面形式(图 2-45)。

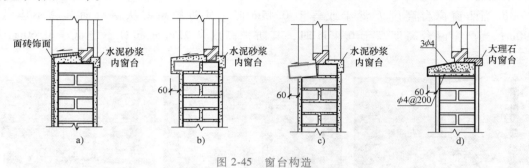

图 2-45 窗台构造
a)不悬挑窗台 b)平砌砖窗台 c)侧砌砖窗台 d)钢筋混凝土窗台

(2)窗台防护高度

1)公共建筑(除幼儿园以外)临空外窗的窗台距楼地面净高 h 不得低于 0.8m,否则应设置防护设施,防护设施的高度由地面起算不应低于 0.8m。居住建筑临空外窗的窗台距楼地面净高 h 不得低于 0.9m,否则应设置防护设施,防护设施的高度由地面起算不应低于 0.9m;若下部有可踏面,则从可踏面顶部起算高度不小于 h,如图 2-46 所示。

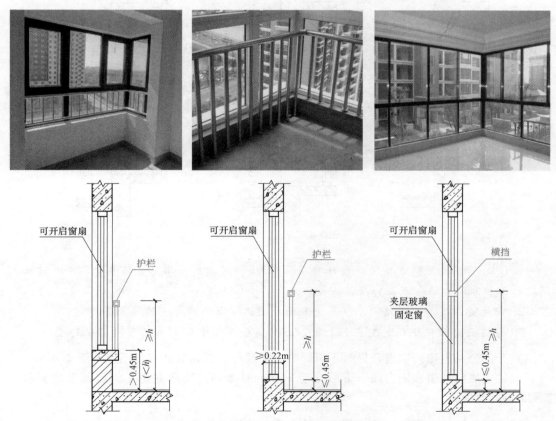

图 2-46 低窗台护栏设置

2）托儿所、幼儿园建筑活动室、多功能活动室的窗台面距地面高度不宜大于 0.60m；当窗台面距楼地面高度 h 低于 0.90m 时，应采取防护措施，防护高度应从可踏部位顶面起算，不应低于 0.90m。

3）当凸窗窗台高度 h 低于或等于 0.45m 时，其防护高度从窗台面起算不应低于 0.90m；当凸窗窗台高度高于 0.45m 时，其防护高度从窗台面起算不应低于 0.60m，如图 2-47 所示。

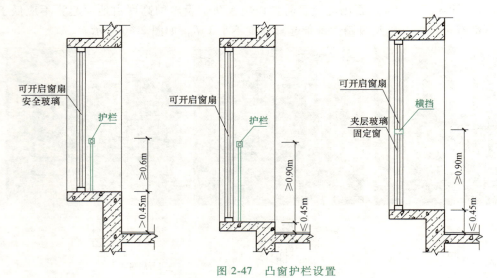

图 2-47 凸窗护栏设置

> 注：1. 防护设施通常指防护栏杆（简称护栏），是指对人体安全起防护作用并防止人通过的防护分隔构件，有栏杆及栏板等形式。
> 2. 护栏防护高度指可踏面至扶手上表面或至栏板顶部两者中的较大高度。
> 3. 可踏面指护栏底部宽度不小于 0.22m 且高度不大于 0.45m 的可踏部位的顶面。

4）开向公共走道的窗扇开启时不得影响人员通行，其窗底面高度不应低于 2.00m。

5）住宅底层外窗和阳台门、下沿低于 2.00m 且紧邻走廊或共用上人屋面上的窗和门，应采取防卫措施。

> 注：窗台防护高度还应满足各个建筑专项设计的规范要求。

5. 门窗过梁

过梁位于门窗洞口的上方,其作用是支承洞口上部砌体传来的各种荷载,并将这些荷载传递给洞口两侧的窗间墙。一般来说,因为砌筑块材之间错缝搭接,所以过梁上墙体的重量并不是全部传给过梁,而是一部分传给过梁,其他的仍传给洞口两侧的墙体,过梁承受的重量为图 2-48 中粗线内呈三角形范围内的荷载。

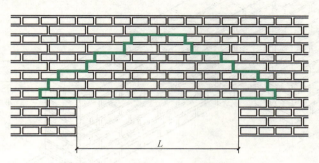

图 2-48 洞口上方荷载的传递情况

过梁的形式较多,常见的有砖拱过梁、钢筋砖过梁和钢筋混凝土过梁三种。

(1) 砖拱过梁

砖拱过梁是我国传统的做法,常见形式有平拱、弧拱和半圆拱三种(图 2-49),其跨度最大可达 1.2m。当过梁上有集中荷载、振动荷载或可能产生不均匀沉降的房屋及需要抗震设防的地区,均不宜使用。

a) b) c)

图 2-49 砖拱过梁
a) 平拱 b) 弧拱 c) 半圆拱

(2) 钢筋砖过梁

钢筋砖过梁是在砖缝中配置适量的钢筋,形成可以承受荷载的配筋砖砌体。通常将 $\phi 6$ 钢筋埋在过梁底部厚度为 30mm 的砂浆层内,其数量不少于 2 根,间距不大于 120mm。钢筋伸入洞口两侧墙内的长度不应小于 240mm,并设 90° 直弯钩,埋在墙体的竖缝内,以利于锚固。在洞口上部不小于 1/3 洞口跨度的高度范围内(且不应小于 5 皮砖),用不低于 M5 的砂浆砌筑。钢筋砖过梁跨度不应大于 1.5m,如图 2-50 所示。

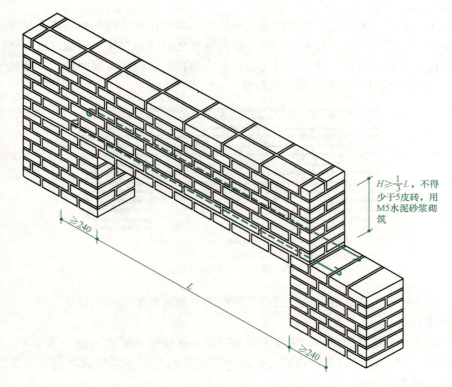

图 2-50 钢筋砖过梁示意图

（3）钢筋混凝土过梁

钢筋混凝土过梁可用于较宽的门窗洞口，其承载能力强，对建筑物不均匀沉降和较大振动荷载有一定的适应性，是目前广泛采用的门窗洞口过梁形式。

过梁宽一般与墙厚相同，高度与砖的皮数相适应，常为 120mm、180mm、240mm 等。过梁伸入洞口两侧墙体内的长度不小于 240mm。钢筋混凝土过梁有现浇和预制两种，其中预制钢筋混凝土过梁施工方便、速度快、省模板等，应用较为广泛，如图 2-51 所示。

6. 墙身构造加固措施

由于墙体可能承受上部集中荷载以及开设门窗洞口、遭受地震等因素，使墙体的强度及稳定性有所降低，因此要考虑对墙身采取加固措施。常用的加固措施有增设壁柱和门垛、设置圈梁和构造柱等。

（1）增设壁柱和门垛

当墙体因承受集中荷载而使强度不能满足要求，或由于墙体长度、高度超过一定限度而影响墙体稳定性时，常在墙体适当位置增设壁柱，使之和墙体共同承担荷载并稳定墙身。壁柱凸出墙面的尺寸应符合砖的规格，一般为 120mm×370mm、240mm×370mm、240mm×490mm，或根据结构计算来确定，如图 2-52a 所示。

当在墙体转角处或在丁字墙交接处开设门洞时，为保证墙体的承载力及稳定性，且便于安装门窗，应设门垛。门垛长度一般为 120mm 或 240mm，宽度同墙厚一致，如图 2-52b 所示。

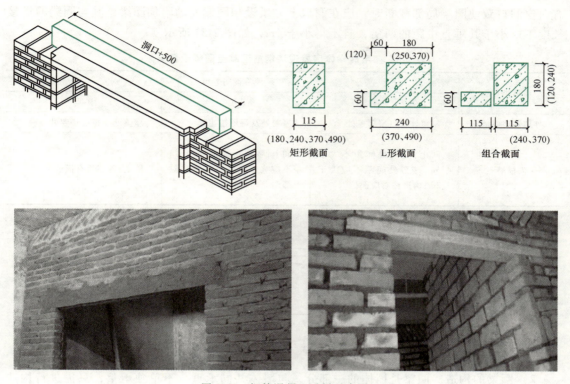

图 2-51 钢筋混凝土过梁示意图

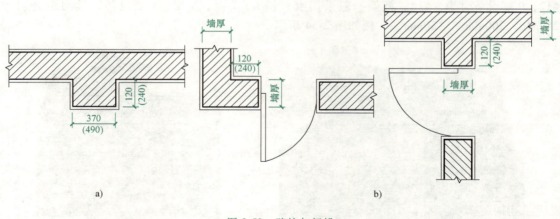

图 2-52 壁柱与门垛
a) 壁柱 b) 门垛

（2）圈梁

圈梁是沿外墙及部分内墙的水平方向设置的连续闭合的梁。圈梁的作用是提高房屋的整体刚度，增强稳定性，减少地基不均匀沉降或振动荷载引起的开裂，提高房屋抗震能力。

1）圈梁的设置要求。混合结构中的圈梁在建筑中往往不止设置一道，其数量与建筑的高度、层数、地基情况和抗震要求有关，表 2-8 按照不同的抗震设防烈度给出圈梁的位置要求。圈梁通常设置在基础顶、楼面板、屋面板等处，可与门窗过梁合一。特殊情况下，当遇有门窗洞口致使圈梁局部截断时，应在洞口上方增设相同截面的附加圈梁，其与圈梁的搭接长度不应小于其垂直中距的两倍，且不得小于 1m，如图 2-53 所示。

表 2-8　多层砖砌体房屋现浇钢筋混凝土圈梁设置要求

墙体类型	地震设防烈度		
	6、7 度	8 度	9 度
外墙和内纵墙	屋盖处及每层楼盖处	屋盖处及每层楼盖处	屋盖处及每层楼盖处
内横墙	同上；屋盖处间距不大于 4.5m；楼盖处间距不应大于 7.2m；构造柱对应部位	同上；各层所有横墙，且间距不应大于 4.5m；构造柱对应部位	同上；各层所有横墙

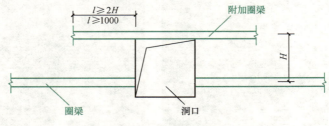

图 2-53　圈梁的设置

2）圈梁的构造。圈梁是墙体的一部分，与墙体共同承重，不单独承重，只需进行构造配筋。圈梁高度不应小于 120mm，构造配筋在 6、7 度抗震设防时为 4Φ10；8 度设防时为 4Φ12；9 度设防时为 4Φ14。箍筋一般采用 Φ6；按 6、7 度，8 度，9 度设防，其间距分别为 250mm，200mm 和 150mm。实例如图 2-54 所示。

图 2-54　圈梁实例

（3）构造柱

构造柱是从构造角度考虑设置在墙体内的钢筋混凝土现浇柱，与圈梁共同形成空间骨架，以增强房屋的整体刚度，提高墙体抵抗变形的能力。

1）构造柱的设置要求。一般设在建筑物比较容易发生变形的部位，如外墙四角、纵横墙交接处、楼梯间和电梯间四角、较大洞口两侧和较长墙体中部。表 2-9 是多层砖砌体房屋构造柱的设置要求。

表 2-9　多层砖砌体房屋构造柱设置要求

房屋层数				设 置 部 位
6 度	7 度	8 度	9 度	
四、五	三、四	二、三		楼梯间、电梯间的四角、楼梯斜梯段上下端对应的墙体处；外墙四角和对应转角，错层部位横墙与外纵墙交接处，较大洞口两侧，大房间内外墙交接处	隔 12m 或单元横墙与外纵墙交接处 楼梯间对应的另一侧内横墙与外纵墙交接处
六	五	四	二		隔开间横墙（轴线）与外墙交接处，山墙与内纵墙交接处
七	≥六	≥五	≥三		内墙（轴线）与外墙交接处，内墙局部较小墙垛处；内纵墙与横墙（轴线）交接处

2）构造柱的构造。构造柱不单独承重，不需设独立基础，但其下端应伸入基础梁内或伸入室外地坪以下 500mm 处。在施工时必须先砌墙再支模最后浇筑。最小截面为 240mm×180mm。纵向配筋最小 4Φ12，箍筋 Φ6 间距不大于 250mm，且在柱上下端应适当加密。墙体与构造柱连接处要砌筑成马牙槎的形式，从下部开始每隔 300mm 先退后进各 60mm，并且沿墙体高度每隔 500mm 设 2Φ6 拉结筋，拉结筋每边伸入墙体不小于 1m（图 2-55）。

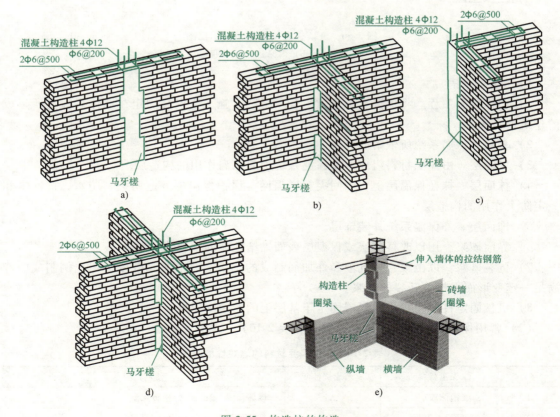

图 2-55　构造柱的构造
a）墙体中部　b）T 形墙　c）L 形墙　d）十字形墙　e）构造柱与圈梁

7. 墙体保温隔热构造

为了贯彻国家有关节约能源、保护环境的法律、法规和政策，改善建筑热环境，提高采暖和空调的能源利用效率等，需要对民用建筑进行节能设计。作为围护的外墙，对热工的要求十分重要。在寒冷的地区要求外围护结构具有良好的保温性能，以减少室内热量的损失，同时还应防止在围护结构内表面出现凝结水现象。在炎热地区要求外围护结构具有一定的通风隔热措施，以防止夏季室内温度过高，因此需要做好墙体保温隔热设计。这里主要介绍外墙的保温构造处理。

根据保温材料的位置不同，墙体保温系统分为外墙外保温系统、外墙内保温系统、墙体中保温系统三种。保温层设在外墙的内侧时，称为内保温；设在外墙的外侧时，称为外保温；设在外墙的夹层空间中时，称为墙体中保温，如图 2-56 所示。目前使用最多的为外墙外保温系统。

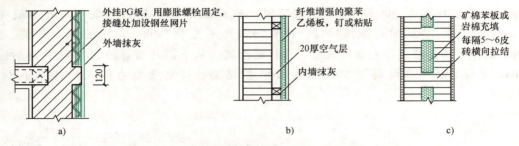

图 2-56 外墙保温层设置位置示意图
a) 外保温　b) 内保温　c) 中保温

（1）基本术语

1）墙体保温工程。将保温系统通过组合、组装、施工或安装固定在墙体表面上所形成的建筑物实体。

2）基层。保温系统所依附的外墙。

3）保温层。由保温材料组成，在保温系统中起保温作用的构造层。

4）抹面层。抹在保温层上，中间夹有增强网，保护保温层并起防裂、防水、抗冲击和一定防火作用的构造层。

5）饰面层。外保温系统外装饰层。

6）界面砂浆。用以改善基层或保温层表面黏结性能的聚合物砂浆。

7）抗裂砂浆。以由聚合物乳液和外加剂制成的抗裂剂、水泥和砂按一定比例制成的能满足一定变形而保持不开裂的砂浆。

8）机械固定件。用于将保温层固定于基层上的专用固定件。

（2）常用保温材料的燃烧性能等级（见表 2-10）

表 2-10　常用保温材料的燃烧性能等级

序号	保温材料	材料燃烧性能	使用范围
1	泡沫玻璃	A	墙体保温、屋面保温、楼板保温
2	发泡水泥板	A	外墙外保温、内保温、屋面保温
3	无机保温砂浆	A	墙体保温、楼板板底保温、地面保温

（续）

序号	保温材料	材料燃烧性能	使用范围
4	胶粉聚苯颗粒	B1	墙体保温、楼板板底保温
5	岩棉制品（板或带）	A	墙体保温、楼板板底保温、屋面保温、内保温
6	模塑聚苯板 EPS	B2	墙体保温、屋面保温、楼板板面保温
7	挤塑聚苯板 XPS	B1	墙体保温、屋面保温、楼板保温
8	酚醛板	B1	墙体保温、楼板板底保温
9	硬泡聚氨酯 PU	B2	外墙外保温、屋面保温

注：建筑材料及制品的燃烧性能等级，根据规范划分如下：A 为不燃材料或制品；B1 为难燃材料或制品；B2 为可燃材料或制品；B3 为易燃材料或制品。

（3）建筑保温系统的防火要求

1）建筑的外保温系统不应采用燃烧性能低于 B2 级的保温材料或制品。当采用 B1 级或 B2 级燃烧性能的保温材料或制品时，应采取防止火灾通过保温系统在建筑的立面或屋面蔓延的措施或构造。

2）建筑的外围护结构采用保温材料与两侧不燃性结构构成无空腔复合保温结构体时，该复合保温结构体的耐火极限不应低于所在外围护结构的耐火性能要求。当保温材料的燃烧性能为 B1 级或 B2 级时，保温材料两侧不燃性结构的厚度均不应小于 50mm。

3）除第 2）条规定的情况外，独立建造的老年人照料设施、与其他功能的建筑组合建造且老年人照料设施部分的总建筑面积大于 $500m^2$ 的老年人照料设施的内、外保温系统和屋面保温系统均应采用燃烧性能为 A 级的保温材料或制品。

4）除第 2）条规定的情况外，人员密集场所或者设置人员密集场所的建筑外墙外保温材料的燃烧性能应为 A 级。

5）除第 2）、3）、4）条规定的情况外，建筑外墙外保温系统，应满足表 2-11 的规定。

表 2-11 建筑外墙外保温系统要求

保温系统	建筑类型	高度 H	保温材料的燃烧性能
基层墙体、装饰层之间无空腔的外墙外保温系统	除第 2）条规定情况外的住宅建筑	$H>100m$	应为 A 级
		$27m<H\leqslant 100m$	不应低于 B1 级
	除第 2）条规定情况外的其他建筑	$H>50m$	应为 A 级
		$24m<H\leqslant 50m$	不应低于 B1 级
基层墙体、装饰层之间有空腔的外墙外保温系统	除第 3）、4）条规定情况外的其他建筑	$H>24m$	应为 A 级，外墙外保温系统与基层墙体、装饰层之间的空腔，应在每层楼板处采取防火分隔与封堵措施
		$H\leqslant 24m$	不应低于 B1 级，外墙外保温系统与基层墙体、装饰层之间的空腔，应在每层楼板处采取防火分隔与封堵措施

6）在下列场所或部位的内保温系统中，保温材料或制品的燃烧性能应为 A 级。

① 人员密集场所。

② 使用明火、燃油、燃气等有火灾危险的场所。
③ 疏散楼梯间及其前室。
④ 避难走道、避难层、避难间。
⑤ 消防电梯前室或合用前室。

(4) 外墙外保温构造

将外保温系统通过施工或安装，固定在外墙外表面上所形成的建筑构造实体，简称外保温工程。外墙外保温有保温和隔热两大显著优势，建筑物围护结构（包括屋顶、外墙、门窗等）的保温和隔热性能对于冬、夏季室内热环境和采暖空调能耗有着重要影响。

在进行外保温后，由于内部的实体墙热容量大，室内能蓄存更多的热量，使诸如太阳辐射或间歇采暖造成的室内温度变化减缓，室温较为稳定，生活较为舒适，也使太阳辐射、人体散热、家用电器及炊事散热等因素产生的自由热得到较好的利用，有利于节能。而在夏季，外保温层能减少太阳辐射热的进入和室外高气温的综合影响，使外墙内表面温度和室内空气温度得以降低。可见，外墙外保温有利于建筑冬暖夏凉。常用的外保温构造有以下几种。

1) 无机轻集料砂浆保温系统。无机轻集料砂浆保温系统宜用于外保温系统，且外墙外保温厚度不宜大于 35mm，加上找平层不宜大于 50mm。其燃烧性能指标应符合现行国家标准《建筑材料及制品燃烧性能分级》（GB 8624）中 A 级的检验判断要求。

外墙外保温工程建筑高度不应超过 100m，且宜采用涂料饰面。高层建筑的外墙外保温系统不应采用面砖饰面。多层建筑的外墙外保温系统饰面层采用面砖饰面时，应符合现行行业标准《外墙饰面砖工程施工及验收规程》（JGJ 126）的规定。具体做法是先在基层墙外表面做一道界面砂浆，然后粉刷无机轻集料保温砂浆。外面分层抹抗裂砂浆，中间压入耐碱玻纤布后，用锚栓固定，最后施工饰面层。构造示意如图 2-57 所示。

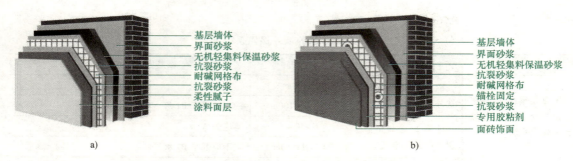

图 2-57 无机轻集料砂浆外墙外保温构造示意
a) 涂料饰面 b) 面砖饰面

注：采用涂料饰面时，复合玻纤网的抗裂砂浆面层厚度不应小于 3mm；采用面砖饰面时，复合玻纤网的抗裂砂浆面层厚度不应小于 5mm，且复合玻纤网外侧应用塑料锚栓固定，每平方米不应少于 5 个（图 2-58）。

2) 复合板外墙外保温做法。复合板外墙外保温可分为无饰面和有饰面两种。无饰面复合板可设计为复合板薄抹灰保温系统，通常以锚栓固定于基层墙体上。有饰面复合板应采用

模块 2　建筑构造

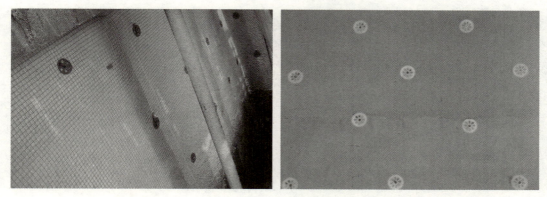

图 2-58　锚栓固定示意图

以粘为主、粘锚结合方式固定在基层墙体上，并应采用嵌缝材料封填板缝。构造示意如图 2-59 所示。

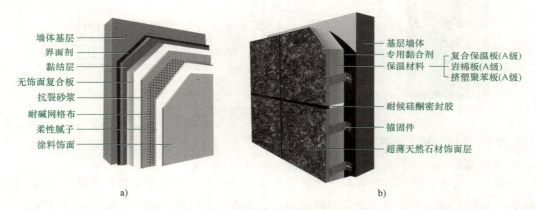

图 2-59　复合板外墙外保温构造示意
a）无饰面复合板　b）有饰面复合板

（5）外墙内保温构造

外墙内保温的优点是不影响外墙面饰面及防水等构造的做法，但需要占据较多的室内空间，减少了建筑物的使用面积，而且会给用户的自主装修带来麻烦。

外墙内保温的常见做法是在承重材料内侧与高效保温材料进行复合组成。承重材料可为砖、砌块和混凝土墙体，高效保温材料可为聚苯板、充气石膏板等。目前，由于内保温复合墙体易于安装施工，因此采用较多，详见图 2-60。

（6）外墙中保温构造

按照不同的使用功能设置多道墙板或者做双层砌体墙的建筑中，外墙保温材料可以放置在这些墙板或砌体墙的夹层中（图 2-61），或者并不放入保温材料，只是封闭夹层空间形成静止的空气间层，并在里面设置具有较强反射功能的铝箔等，起到阻挡热量外流的作用。例如预制混凝土夹心叠合保温墙，一般由内外两层混凝土和中间的夹心保温层、保温拉结件构成，生产时先浇筑一层钢筋混凝土，在混凝土初凝前放入预先穿插好拉结件的保温板，再浇筑一层钢筋混凝土，等混凝土成型硬化后，形成预制混凝土夹心保温外墙成品。

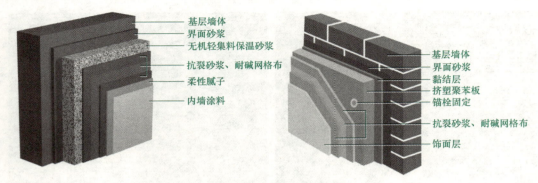

图 2-60　复合板外墙外保温构造示意

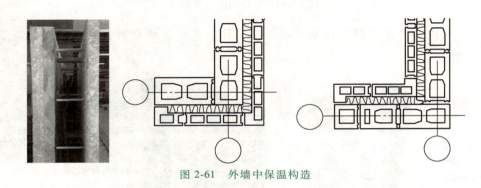

图 2-61　外墙中保温构造

2.3.4　隔墙与隔断的构造

1. 基本概念

隔墙是指用于分隔建筑物内部空间的非承重构件，其本身重量由楼板或梁来承担。隔墙一般是到顶的实墙，不仅能限制空间的范围，还能很大程度满足隔声、阻隔视线等要求。而隔断不到顶，是漏空的或活动的构件，它限定空间的程度比较小，主要起局部遮挡视线或组织交通路线等作用。

2. 隔墙的构造

（1）块材隔墙

块材隔墙是指用砖、砌块、玻璃砖等块材砌筑的墙。其构造简单，应用时要注意块材之间的结合、墙体稳定性、墙体重量及刚度对结构的影响等问题。常用的有普通砖隔墙和轻质砌块隔墙。

1）普通砖隔墙。普通砖隔墙一般采用半砖隔墙，是用标准砖采用全顺式砌筑而成。由于墙体轻而薄，稳定性较差，因此构造上要求隔墙与承重墙或柱之间连接牢固，一般要求隔墙两端的承重墙须留出马牙槎，并沿高度每 500mm 伸入 2Φ6 的拉结钢筋，伸入隔墙不小于 500mm。为了保证隔墙不承重，在隔墙顶部与楼板交接处，应斜砌一皮砖，或者预留 10~25mm 的空隙用膨胀砂浆嵌填，超过 25mm 的空隙用膨胀细混凝土嵌填，如图 2-62 所示。

2）轻质砌块隔墙。为减轻隔墙自重，可采用轻质砌块，常用的有粉煤灰硅酸盐、加气混凝土、陶粒混凝土等材料制成的空心砌块。墙厚由砌块尺寸决定，加固构造措施同普通砖隔墙，砌块不够整块时，可用标准砖填补。因砌块孔隙率较大、吸水量较大，故一般在砌筑

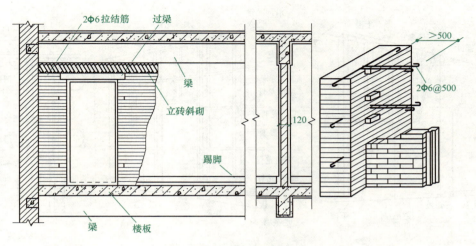

图 2-62 半砖隔墙构造

时先在墙体下部实砌 3~5 皮实心砖再砌砌块，如图 2-63 所示。

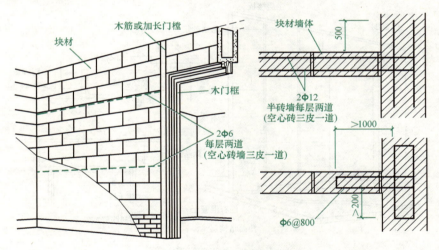

图 2-63 砌块隔墙构造

（2）轻骨架隔墙

轻骨架隔墙又称立筋隔墙，由骨架和面层板两部分组成。骨架有木骨架和金属骨架，木骨架分为上槛、下槛、墙筋、横撑或斜撑，金属骨架分为沿顶龙骨、沿地龙骨、竖向龙骨、横撑龙骨、加强龙骨等。面板有胶合板、纸面石膏板、钙塑板、铝塑板、纤维水泥板等。构造做法是先固定骨架，再在骨架上安装各种饰面板，如图 2-64 所示。

（3）条板隔墙

条板隔墙是指用厚度比较厚、高度相当于房间净高的条形板材，不依赖骨架，直接拼装而成的隔墙。常用的材料有加气混凝土条板、水泥玻纤空心条板（GRC 板）、空心加强石膏板条板、内置发泡材料或复合蜂窝板的彩钢板等。条板厚度一般为 60~100mm，宽度为 600~1000mm，长度略小于房间净高。安装时，条板下部先用木楔顶紧，然后用细石混凝土堵严，板缝用黏结剂进行黏结，并用胶泥刮缝，平整后再作表面装修，如图 2-65 所示。

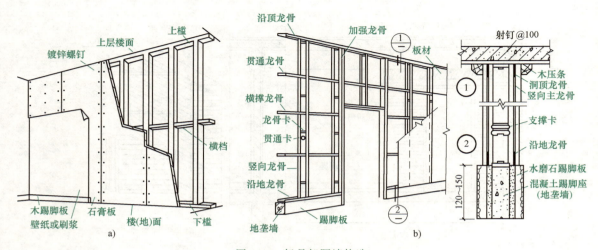

图 2-64 轻骨架隔墙构造
a) 木骨架隔墙 b) 金属骨架隔墙

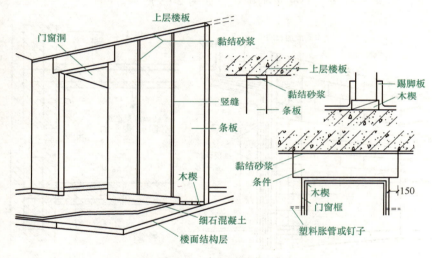

图 2-65 条板隔墙构造

3. 隔断的构造

隔断的种类很多，按固定方式分为固定式隔断和移动式隔断；从限定程度上分为两类：全分隔式隔断（如折叠推拉式、立转式、拼装式和固定玻璃式等）和半分隔式隔断（如空透式隔断、家具式隔断和屏风式隔断等），常见的隔断实例如图 2-66 所示。

2.3.5 墙面装修构造

1. 墙面装修的作用与分类

墙面装修是建筑装修中的重要部分。对墙面进行装修，可以保护墙体，提高墙体的耐久性；改善墙体的热工性能、光环境、声环境、卫生条件等使用功能；还可以强化建筑的艺术效果，美化环境。

墙面装修按其所处部位不同，分为室外墙面装修和室内墙面装修两类。室外墙面装修因受到风、雨、雪等的侵蚀，因而应选择强度高、耐水性好以及有抗腐蚀风化性能的材料。室

图 2-66 隔断实例

a）折叠推拉式隔断 b）立转式隔断 c）空透式隔断 d）家具式隔断 e）屏风式隔断

内墙面装修则因空间的使用功能及装修标准决定。按材料的施工方式不同，墙面装修分为抹灰类、贴面类、涂料类、裱糊类、铺钉类等，其中裱糊类只能用于室内墙面装修，其他种类室内室外均可以使用。

2. 抹灰类墙面装修

抹灰类墙面装修是采用各种加色或不加色的水泥砂浆、石灰砂浆、混合砂浆、石膏砂浆、水泥石渣砂浆等做成的饰面抹灰层。这种做法的优点是取材容易、施工方便、造价低等。缺点是劳动强度高、湿作业量大、耐久性差。抹灰类墙面装修属中低档装饰，可用于室内外墙面。

（1）抹灰类墙面装修的构造层次及分类

为避免出现裂缝脱落，保证抹灰层牢固和表面平整，施工时要分层操作，且每层不宜太厚，总厚度一般为 15~25mm（图 2-67）。抹灰的构造层次分为三层：底层抹灰（底灰）、中层抹灰（中灰）和面层抹灰（面灰）。底层抹灰的作用是与基层墙体黏结和初步找平，厚度一般为 5~15mm；中层抹灰主要起进一步找平的作用，以减少打底砂浆层干缩后可能出现的裂纹，厚度一般为 5~10mm；面层抹灰主要起装饰作用，要求表面平整、色彩均匀、无裂纹，厚度一般为 3~5mm。

根据面层所用材料和施工方式的不同，抹灰类可分为一般抹灰和装饰抹灰两类。一般抹灰是用各种砂浆抹平墙面，效果较一般，常用的有石灰砂浆、混合砂浆、水泥砂浆、聚合物砂浆、麻刀灰、纸筋灰等。装饰抹灰是用不同的操作手法使各种砂浆形成不同的质感效果，常用的有水刷石、斩假石、干粘石、水泥拉毛等。

（2）抹灰类墙面装修的构造

1）一般抹灰的质量标准。抹灰按质量及工序要求分为三种标准。

① 普通抹灰：一层底灰、一层面灰。适用于简易住宅、临时房屋及辅助性用房。

图 2-67 抹灰类墙面装修分层

② 中级抹灰：一层底灰、一层中灰、一层面灰。适用于一般住宅、公共建筑、工业建筑及高级建筑物中的附属建筑。

③ 高级抹灰：一层底灰、多层中灰、一层面灰。适用于大型公共建筑、纪念性建筑及有特殊功能要求的高级建筑。

2）抹灰类墙面装修的细部构造

① 分格条（引条线）。室外抹灰由于墙面面积较大、手工操作不均匀、材料调配不准确、气候条件等影响，易产生材料干缩开裂、色彩不匀、表面不平整等缺陷。为此，对大面积的抹灰，用分格条（引条线）进行分块施工，分块大小按立面线条处理而定。具体做法是底层抹灰后，固定引条，再抹中间层和面层。常用的引条材料有木引条、塑料引条、铝合金引条等。常用的引条形式有凸线、凹线、嵌线等（图 2-68）。

② 护角。室内抹灰多采用吸声、保温蓄热系数较小，较柔软的纸筋石灰等材料做面层。这种材料强度较差，室内凸出的阳角部位容易碰坏，因此，在内墙阳角、门洞转角、砖柱四角等处用水泥砂浆或预埋角钢做护角。护角的做法是用高强度的水泥砂浆（1:2 水泥砂浆）抹弧角或预埋角钢，高度不小于 2m，每侧宽度不小于 50mm（图 2-69）。

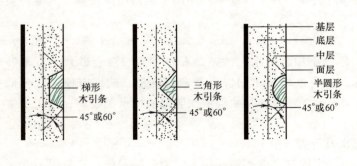

图 2-68 分格条构造

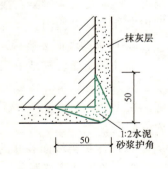

图 2-69 护角构造

③ 墙裙。室内墙体应考虑人身体活动摩擦而产生的污浊或划痕，并兼有一定的装饰性，往往在内墙下部一定高度范围内选用耐磨性、耐腐蚀性、可擦洗等方面优于原墙面的材质做面层。常用的材料有木材、各类饰面板、面砖等。

3. 贴面类墙面装修

贴面类墙面装修是将大小不同的块状材料采取粘贴或挂贴的方式固定到墙面上的装修做法。这种装修做法坚固耐用、色泽稳定、易清洗、耐腐蚀、防水、装饰效果丰富，内外墙面均可采用。

（1）直接粘贴式的基本构造

直接粘贴式的基本构造由找平层、结合层和面层三部分组成。找平层为底层砂浆，结合层为黏结砂浆，面层为块状材料。用于直接粘贴式的材料有陶瓷制品（陶瓷锦砖、釉面砖等）、小块天然或人造大理石、碎拼大理石、玻璃锦砖等。

1）面砖饰面一般用于装饰等级要求较高的工程。面砖按特征有上釉的和不上釉的；釉面又有光釉和无光釉两种，表面有平滑和带纹理的。构造做法是先用15厚水泥砂浆分两遍打底，再用5厚1∶1水泥细砂砂浆粘贴，然后铺贴面砖，最后用水泥细砂砂浆填缝，如图2-70a所示。

2）陶瓷锦砖饰面又称马赛克。其特点是质地坚硬、经久耐用、色泽多样、耐酸、耐碱、耐火、耐磨、不渗水、抗压力强、吸水率小，多用于内外墙面。断面有凹面和凸面，凸面多用于墙面，凹面多用于地面。构造做法是先用15厚水泥砂浆打底，然后用3~4厚1∶1水泥细砂砂浆做结合层，贴马赛克，待干后洗去纸皮，最后用水泥色浆擦缝，如图2-70b所示。

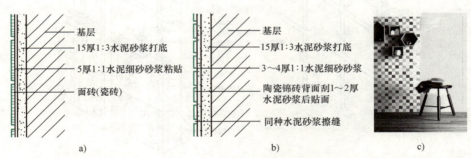

图2-70 面砖、陶瓷锦砖墙面
a）面砖（瓷砖）装修构造 b）陶瓷锦砖墙装修构造 c）面砖、陶瓷锦砖装饰效果图

（2）贴挂式的基本构造

当板材厚度较大，尺寸规格较大，粘贴高度较高时，应以贴挂相结合。常用的有天然石材（如大理石、花岗石、青石板等）和大型预制板材（如水磨石、水刷石、人造大理石等），如图2-71所示。具体做法有湿法贴挂（贴挂整体法）和干挂法（钩挂件固定法）两种。构造层次分为基层、浇筑层（找平层和黏结层）和饰面层。这种做法相对较为保险，饰面板材绑挂在基层上，再灌浆固定。

1）湿法贴挂的构造做法。在砌墙时先预埋铁钩或用金属胀管螺栓固定预埋件，然后在铁钩上每间隔500~1000mm立竖筋，再在竖筋上按面板位置绑横筋，构成Φ8的钢筋网。板材边缘钻小孔，用铜丝或镀锌钢丝穿过孔洞将板材绑在横筋上，上下板之间用铜钩钩住。用于有抗震设防要求的地区时，钢筋网与墙内预埋钢筋应采用焊接的锚固方式。石板与墙身之间预留30mm缝隙，分层灌水泥砂浆，最后用同色水泥砂浆擦缝（图2-72）。

2）干挂法的构造做法。在基层上按板材高度固定不锈钢锚固件，在板材上下沿开槽

图 2-71 板材墙面

a) 大理石墙面   b) 艺术水磨石墙面

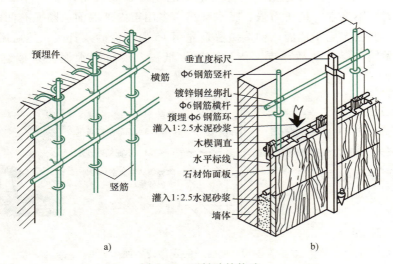

图 2-72 石材贴挂构造

a) 钢筋网固定   b) 石材墙面钢筋网固定挂贴法构造

口,将不锈钢销子插入板材上下槽口与锚固件连接,在板材表面的缝隙中填嵌密封材料(图 2-73)。

4. 涂料类墙面装修

涂料类墙面装修是指在墙面基层上,经批刮腻子处理,使墙面平整,然后在其上涂刷选定的涂料所形成的墙面装修做法。与其他装修做法相比,涂料类墙面装修构造最为简单,且具有工效高、工期短、材料用料少、自重轻、造价低等优点,耐久性略差,如图 2-74 所示。

常用的涂料分为无机涂料和有机涂料两类。常用的无机涂料有石灰浆、大白浆、可赛银浆等,用于一般标准的装修。有机涂料根据成膜物质与稀释剂不同,分为溶剂型涂料、水溶性涂料和乳液涂料三类。常用的溶剂型涂料有传统的油漆、苯乙烯内墙涂料等;常见的水溶性涂料有改性水玻璃内墙涂料、聚合物水泥砂浆饰面涂层等;乳液涂料又称乳胶漆,常见的有乙丙乳胶漆、苯丙乳胶漆等。

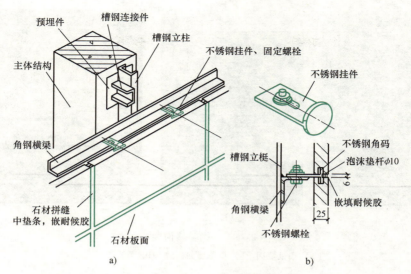

图 2-73 石材干挂法构造
a) 石材干挂立体图 b) 横梁与石板节点图

图 2-74 涂料类墙面装修

5. 裱糊类墙面装修

裱糊类墙面装修是用裱糊的方法将墙纸、织物、微薄木等装饰在内墙面，具有装饰性好，色彩、纹理、图案较丰富，质感温暖，古雅精致，施工方便的特点。常见的饰面卷材有塑料墙纸、墙布、纤维壁纸、木屑壁纸、金属箔壁纸、皮革、人造革、锦缎、微薄木等，如图 2-75 所示。

裱糊过程中，要求基层表面平整、光洁、干净、不掉粉。为达到基层平整效果，通常要对基层刮腻子，可局部刮腻子或满刮腻子几遍，再用砂纸磨平。粘贴时应保持卷材表面平整，防止产生气泡，压实拼缝处。

6. 铺钉类墙面装修

铺钉类墙面装修是采用木板、木条、竹条、胶合板、纤维板、石膏板、石棉水泥板、玻璃、金属板等材料制成各种饰面板，通过镶、钉、拼贴等做成的墙面。其构造与骨架隔墙相似，由骨架和面板两部分组成。特点是湿作业量小、耐久性好、装饰效果丰富，如图 2-76 所示。

a) b) c)

图 2-75 裱糊类墙面装修

a）墙纸墙面 b）皮革墙面 c）锦缎刺绣墙面

a) b) c)

图 2-76 铺钉类墙面装修

a）木条墙面 b）玻璃墙面 c）纤维板墙面

小 结

子 项	知 识 要 点	能 力 要 点
墙体的作用和类型	作用有承重、围护和分隔三种，一般只能具备其中的一种或两种。按位置分为内墙和外墙；按受力情况分为承重和非承重；按材料分为砖墙、石墙、土墙、砌块墙、混凝土墙和轻质材料墙体；按构造分为实体墙、空体墙和组合墙；按施工方法分为块材墙、板筑墙和板材墙	能了解墙体作用，掌握、判断墙体的类型

（续）

子　项	知识要点	能力要点
墙体的设计要求和承重方案	设计要求：具有足够的强度和稳定性；具有必要的保温、隔热等热工方面的性能；满足防火、隔声、防潮防水及经济要求。墙体的承重方案有横墙承重、纵墙承重和纵横墙混合承重三种	明确建筑中墙体的设计要求，能分析墙体的承重情况
砖的规格和组砌方式	标准砖的规格为240mm×115mm×53mm；砌筑时应保证砖缝横平竖直、上下错缝、内外搭接，避免形成竖向通缝，砂浆应饱满、厚薄均匀	会用多种砌筑方式进行砖墙的砌筑
砖墙的细部构造	散水和明沟、勒脚、墙身防潮层、窗台、门窗过梁、圈梁、构造柱；窗台的防护高度要求；外墙保温、隔热构造做法及要求	能够在工程中灵活处理砖墙的各种构造；能掌握保温材料性能并正确选用
隔墙和隔断的构造	常用的隔墙有三种：块材隔墙、轻骨架隔墙和条板隔墙；三种隔墙相应的做法和要求；常见的隔断种类	能正确选用不同类型的隔墙
墙面装修构造	常用的有抹灰类、贴面类、涂料类、裱糊类和铺钉类几种。重点是抹灰类和贴面类的构造做法及要求	了解抹灰类和贴面类的构造原理

思考与拓展题

1. 工程中的墙体类型有哪些？分别有何作用和要求？
2. 墙体承重方案有哪些？分别举出工程实例。
3. 建筑外墙的构造有哪些？分别有何作用？门窗过梁与圈梁的区别是什么？
4. 校园里的建筑总共用了几种墙面装修？具体有何构造要求？
5. 砖墙组砌时的要求是什么？240砖墙的组砌方式有几种？370砖墙的组砌方式有几种？
6. 抗震设防地区的墙体应该增设哪些加固措施？分别有何作用和要求？

2.4 门　　窗

知识目标：掌握门窗的作用、开启方式、构造要求；了解各类门窗的特点。
能力目标：1. 能认识常用门窗的类型，能理解门窗的作用，能看懂门窗的安装方法。
　　　　　　2. 会正确选择门窗的尺度，会查阅门窗图集。
学习重点：门窗的作用、开启方式、安装方法。

2.4.1　门窗概述

1. 门窗的作用

门和窗是房屋不可缺少的部分，门的作用主要是交通联系，并兼采光和通风；窗的作用主要是采光和通风，兼有眺望观景的作用。在特殊情况下，门和窗还有分隔、保温、隔声、防火、防辐射、防风沙等要求。

2. 门窗设计要求

1）造型要求：美观大方。
2）构造要求：坚固、耐用、开启灵活、关闭紧密、功能合理、便于维修和清洁。
3）规格要求：尽量统一，符合《建筑模数协调标准》（GB/T 50002—2013）要求。

3. 门窗材料

常用门窗材料有木、钢、铝合金、塑料、玻璃等。目前工程中用得较多的是铝合金窗。

2.4.2　窗的分类及组成

1. 窗的开启方式

根据窗的开启方式不同，窗的分类如图2-77所示。

（1）平开窗

平开窗窗扇通过铰链与窗框连接，玻璃安装在窗扇上，有单扇、双扇、多扇以及内开与外开之分。

（2）固定窗

固定窗将玻璃安装在窗框上，不设窗扇，不能开启，仅供采光、日照与眺望之用，不能通风。

（3）悬窗

悬窗按旋转轴的位置不同，可分为上悬窗、中悬窗和下悬窗三种。

（4）立转窗

在窗扇上下两边设垂直转轴，转轴可设在中部或偏在一侧，开启时窗扇绕轴垂直旋转。

（5）推拉窗

推拉窗根据推拉方向不同分为水平推拉窗和垂直推拉窗两种。水平推拉窗需要在窗扇上下设轨槽，垂直推拉窗要有滑轮及平衡措施。

2. 窗的尺度及组成

（1）窗的尺度

主要取决于房间的通风采光、构造做法以及建筑造型等要求，并符合《建筑模数协调标准》（GB/T 50002—2013）的规定。我国大部分地区标准窗的尺寸均采用3M的扩大

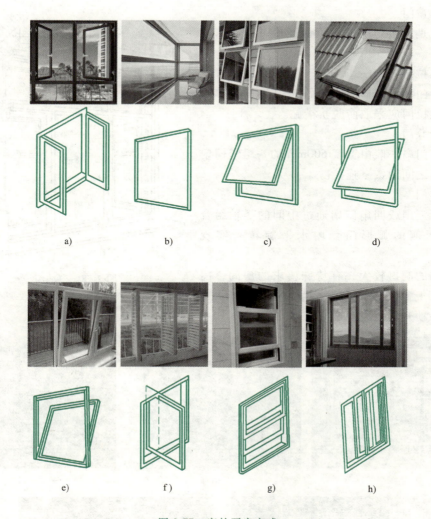

图 2-77 窗的开启方式

a) 平开窗 b) 固定窗 c) 上悬窗 d) 中悬窗 e) 下悬窗 f) 立转窗 g) 垂直推拉窗 h) 水平推拉窗

模数，常用的高、宽尺寸有：600mm，900mm，1200mm，1500mm，1800mm，2100mm，2400mm 等。

（2）窗的组成

窗主要由窗框、窗扇、五金零件和附件四部分组成。窗框与墙的连接处，为满足不同需求，有时加设筒子板贴脸、窗台板、窗帘盒等，如图 2-78 所示。

2.4.3 门的分类及组成

1. 门的开启方式

按开启方式不同，门的分类如图 2-79 所示。

（1）平开门

平开门是水平方向开启的门，门扇绕侧边安装的铰链转动，分单扇、双扇、内开和外开等多种形式。

(2) 弹簧门

弹簧门是门扇与门框用铰链连接，门扇水平开启的门。

(3) 推拉门

推拉门门扇沿着轨道左右滑行开启，有单双扇之分。推拉门应采取防脱轨措施。

(4) 折叠门

折叠门门扇一般由宽度 600mm 的一组窄门扇组成，门扇之间用铰链连接。

(5) 转门

转门由三扇或四扇门扇通过中间的竖轴组合起来，在两侧的弧形门套内水平旋转来实现启闭。

对于门的洞口较大，有特殊要求的房间，门的形式还有上翻门、升降门、卷帘门（图 2-80）等形式。手动开启的大门扇应有制动装置。

图 2-78 窗的组成

a)

b)

c)

d)

e)

图 2-79 门的开启方式

a）平开门 b）弹簧门 c）推拉门 d）折叠门 e）转门

2. 门的尺度及组成

(1) 门的尺度

门的尺度与通行、疏散人数以及立面造型有关，并应符合国家颁布的门窗洞口尺寸系列标准。一般房屋建筑中，门的宽度为：单扇门 950~1000mm，双扇门 1500~1800mm；门的高度一般为 2100~2400mm。有亮子的门，亮子高度为 300~600mm。

（2）门的组成

门一般由门框、门扇、亮子和五金配件等组成，如图 2-81 所示。

图 2-80 卷帘门

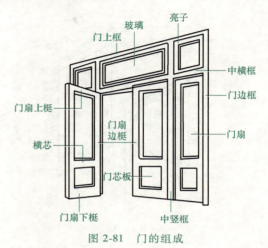

图 2-81 门的组成

2.4.4 门窗构造及安装

1. 门窗的构造

（1）铝合金门窗的构造

铝合金门窗目前在工程中使用较多。框料系列名称是以铝合金门窗框的厚度构造尺寸来区别各种铝合金门窗，如平开门门框厚度构造尺寸为 50mm 宽，即称为 50 系列铝合金平开门，推拉窗窗框厚度构造尺寸为 90mm 宽，即称为 90 系列铝合金推拉窗等。

目前节能要求铝合金门窗框料采用断热铝合金型材。断热铝合金型材是由三部分组成的复合材料，即外部铝合金框、内部铝合金框、中间连续内外的隔热材料，中间连接部分叫"断热冷桥"，它不仅结构强度和抗老化性能应满足门窗的要求，而且必须是一种好的隔热材料，形成在冬天时暖流不向外流失热量，夏天外部热量不流向内部的屏障。

采用断热冷桥后，能克服铝合金固有的高热导率，同时保持了铝合金的重要性能：易挤压成型、易加工、抗腐蚀、美观坚固、经久耐用、重量轻等特点，与中空玻璃和密封材料相结合，可设计出高的热效应的隔热、保温门窗。

（2）塑钢门窗的构造

塑钢门窗是新一代门窗材料，是以 PVC 为主要原料制成的空腹多腔异型材，腔内有冷轧钢板制成的内衬钢，用以提高塑钢门窗的强度。塑钢无需油漆且气密性水密性好，热导率低，保温节能，隔声隔热，不易老化，被广泛使用。

（3）门窗玻璃

门窗玻璃根据需要有普通平板玻璃、浮法玻璃、夹层玻璃、钢化玻璃、中空玻璃。

中空玻璃是一种隔热、隔声性能良好的新型建筑材料，美观适用，并可降低建筑物自重，它是在两片（或三片）玻璃之间，采用一定厚度空气层隔开，使用高强度高气密性复合黏结剂，将玻璃片与内含干燥剂的铝合金框架黏结制成的高效能隔声隔热玻璃。中空玻璃的多种性能优于普通双层玻璃。

2. 门窗的安装

门窗框的安装根据施工方式分塞口和立口两种。塞口是在砌墙时先留出门窗洞，以后再安装门窗框；立口是施工时先将门窗框装好后砌墙，如图 2-82 所示。

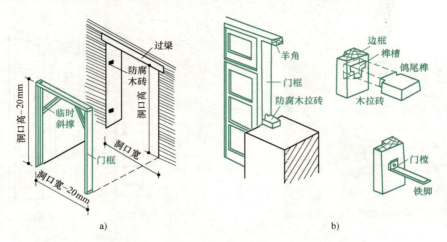

图 2-82 门窗的安装
a) 塞口　b) 立口

2.4.5 门窗保温与节能

门窗作为建筑围护结构中的重要组成部分，担任了节能的重要任务。门窗面积占房屋建筑总面积的比例约为七分之一，而门窗耗能却占据了建筑耗能的二分之一以上。门窗的合理应用对于绿色建筑的推广工作具有举足轻重的意义。

门窗保温节能的构造措施主要有以下几方面：

1）建筑门窗和建筑幕墙全周边采用高性能密封技术。降低空气渗透热损失，提高气密、水密、隔声、保温、隔热等主要物理性能。

> 根据《建筑外门窗气密、水密、抗风压性能检测方法》（GB/T 7106—2019），建筑外窗的气密性能是指可开启部分在正常锁闭状态时，外门窗阻止空气渗透的能力。建筑外窗的水密性能是指可开启部分在正常锁闭状态时，在风雨同时作用下，外门窗阻止雨水渗漏的能力。建筑外窗的抗风压性能是指可开启部分在正常锁闭状态时，在风压作用下，外门窗变形不超过允许值且不发生损坏或功能障碍的能力。

2）采用低辐射中空玻璃、高性能安全中空玻璃以及经济型双层玻璃，必要时采用三层玻璃，如图 2-83 所示。重点解决结露温度及耐冲击性能和安装技术，实现隔热与有效利用太阳能的科学结合。

3）采用铝合金专用型材及镀锌彩板专用异型材断热断桥技术。重点解决断热材料国产化和耐火、预防有害窒息气体安全问

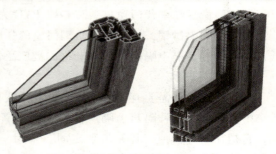

图 2-83 双层、三层中空玻璃窗

题，降低材料成本，扩大推广面。

4）改进门窗及幕墙安装技术。提高门窗及幕墙结构与围护结构的一体化节能技术水平，改善墙体总体节能效果。

2.4.6 遮阳构造

遮阳是为了防止在炎热的夏季，阳光直射入室内，使室内温度过高和产生眩光，从而影响人们的正常工作和学习而设置的构造措施。遮阳设施有多种，主要有绿化遮阳、简易设施遮阳、建筑构造遮阳等。

1. 绿化遮阳

对于低层建筑来说，绿化遮阳是一种经济而美观的遮阳措施，可利用搭设棚架、种植攀缘植物或阔叶树来遮阳，如图 2-84 所示。

图 2-84 绿化遮阳

2. 简易设施遮阳

其特点是制作简易、经济、灵活、拆卸方便，但耐久性差。简易设施可用苇席、篷布、百叶窗、珠帘、塑料等材料制成，如图 2-85 所示。

a)　　　　　　　　　　　b)　　　　　　　　　　　c)

图 2-85 简易设施遮阳

a）苇席遮阳　b）篷布遮阳　c）百叶遮阳

3. 建筑构造遮阳

主要是设置各种形式的遮阳板，使遮阳板成为建筑物的组成部分。遮阳的形式一般有四种：水平式、垂直式、综合式和挡板式，如图 2-86 所示。

图 2-86　建筑构造遮阳

a）水平式遮阳　b）垂直式遮阳　c）综合式遮阳　d）挡板式遮阳

选择和设置遮阳设施时，应尽量减少对房间的采光和通风的影响。采用各种形式的遮阳板时，需与建筑的立面相协调。

小　　结

子　　项	知识要点	能力要点
门窗概述	门的作用：交通联系，采光，通风 窗的作用：采光，通风，眺望观景 特殊情况下，门和窗还有分隔、保温、隔声、防火、防辐射、防风沙等作用 门窗设计要求：造型美观、构造合理、规格统一	

（续）

子项	知识要点	能力要点
门窗的开启方式和尺度及组成	窗的开启方式：平开窗、固定窗、上悬窗、中悬窗、下悬窗、立转窗、垂直推拉窗、水平推拉窗 窗的组成：窗框、窗扇、五金零件和附件 门的开启方式：平开门、弹簧门、推拉门、折叠门、转门 门的组成：门框、门扇、亮子和五金配件 门窗尺度主要取决于房间的通风采光、构造做法以及建筑造型等要求，并符合《建筑模数协调标准》（GB/T 50002—2013）的规定	能区分门窗类别，根据不同的要求能够熟练选择合适的门窗 掌握门窗的组成，理解尺度要求
门窗构造及安装	铝合金门窗的构造、塑钢门窗的构造、门窗玻璃构造 门窗的安装方法：立口、塞口	看懂门窗的构造，掌握门窗安装方法
门窗保温与节能	采取密封和密闭措施 采用节能玻璃，多层中空构造 采用型材断热断桥技术 改进门窗及幕墙安装技术，提高节能技术水平	能进行门窗保温节能构造设计
遮阳板的形式	绿化遮阳、简易设施遮阳、建筑构造遮阳（水平式、垂直式、综合式和挡板式）	能基本掌握各种遮阳的适用范围与特点

思考与拓展题

1. 举例说明本校有哪些类型的门窗？在构造方面如何考虑节能？
2. 本地区常用的门窗有哪些？它们的保温隔热是怎么做的？
3. 举例说明遮阳的构造做法。
4. 各种门窗的适用范围是什么？优缺点是什么？
5. 门窗的组成有哪些？门窗安装方法是什么？
6. 门窗节能的构造做法是什么？

2.5 楼 地 层

知识目标：掌握楼地层的设计要求；重点掌握楼地层的细部构造；了解地坪层的细部构造、设计要求；掌握阳台的设计及构造。

能力目标：1. 能根据不同类型建筑的特点选择合适楼地层做法，并能解决好细部构造问题。
2. 能进行阳台排水构造设计。

学习重点：楼地层的设计要求、功能，楼地层的细部构造，阳台设计。

2.5.1 楼地层概述

1. 楼地层的作用

楼地层是分隔建筑空间的水平承重构件，承受作用在其上的各种荷载，具有一定的强度和刚度，还具有一定的隔声、隔热、保温、防火功能。

楼地层又分为楼面层和地坪层。楼面层承受自重和楼面使用荷载，并将其传给墙或柱，还与墙或柱形成骨架，抵抗风力或地震力产生的水平力；地坪层通常指建筑物底层与土壤相接的地面部分，承受地坪荷载并传给地基。

2. 基本构成

楼面层一般由面层、附加层、结构层和顶棚层等基本层次组成，如图 2-87a 所示。

地坪层一般由面层、附加层、垫层、基层等组成，如图 2-87b 所示。

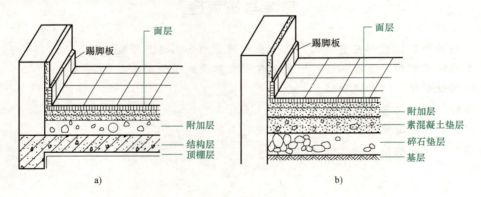

图 2-87 楼地层的组成
a）楼面层　b）地坪层

（1）面层

面层又称楼面或地面，位于楼地层的最上表面层，主要起满足使用功能要求和装饰作用，同时直接承受各种物理和化学作用，对结构层起着保护作用，使结构层免受损坏。根据各房间的功能要求不同，面层有多种不同的做法。

（2）结构层

楼面层的结构层位于面层和顶棚层之间，是楼面层的承重部分。结构层承受整个楼盖的全部荷载，并对楼面层的隔声、防热、保温、防火等起主要作用。地坪层的结构层为垫层，垫层把所承受的荷载及自重均匀地传给地基。

（3）附加层

附加层通常设置在面层和结构层之间，有时也布置在结构层和顶棚层之间，主要有管线敷设层、隔声层、防水层、保温或隔热层等。管线敷设层是用来敷设水平设备的暗管（线）的构造层；隔声层是为隔绝撞击声而设的构造层；防水层是用来防止水渗透的构造层；保温或隔热层是改善热工性能的构造层。附加层不是必须设置，根据房间具体使用要求来确定。

（4）顶棚层

顶棚层是结构层下部的构造层，也是下一层室内空间上部的装修层，又称天花板、天棚。顶棚的主要功能是保护楼板、安装灯具、装饰室内空间、隐藏各类管线设备等。

3. 设计要求

（1）安全性要求

楼地面应具有足够的强度和刚度，以保证建筑物和使用者的安全。

（2）功能性要求

楼地面应满足防火、防水、隔声、保温、隔热等基本使用功能的要求。例如就防水要求来说，有排水需要的地面应设朝向排水沟或地漏的排泄坡面；地漏四周、排水地沟及地面与墙面连接处应设隔离翻边；有水或其他液体流淌的楼层地面孔洞四周和平台临空边缘应设置翻边或贴地遮挡等。

（3）经济性要求

楼地层设计应注意结合建筑物的质量标准、使用要求以及施工技术条件，选择相适应的结构形式和构造方案，以免造成不必要的浪费。为工业化创造条件，提高建筑质量和加快施工进度。

2.5.2 面层构造

楼地层的面层（通常叫地面），是人们日常生活、工作和生产直接接触的部分。不同功能的房间对地面有不同的要求。例如居住空间的卧室、客厅、书房等，停留时间较长，就要求有较好的保温性能和较好的弹性；浴室、卫生间、阳台等则地面要求耐潮、不透水；对厨房、设备间房等有火灾隐患的房间，则要求地面防火耐燃。又例如医院建筑，地面应耐腐蚀、无毒、易清洁、防滑等。

地面按照面层所用材料和施工方法不同，可以分为整体浇筑地面、块材地面、卷材地面、木地面和涂料地面等。

1. 整体浇筑地面

主要是水泥砂浆、细石混凝土、水磨石楼地面。这类楼地面构造简单，造价经济，构造做法如图 2-88 所示。

水磨石地面在办公楼、医院等公共建筑内使用广泛。新型水磨石地面（也称艺术水磨石），以其高颜值已经广泛应用于酒店、民宿、家庭装修，不仅可铺设地面，也可作为墙面装饰使用，如图 2-89 所示。

2. 块材地面

主要是地砖和石材楼地面。因为地砖与石材的种类较多，装修的效果也较好，目前比较常用，构造做法如图 2-90 所示。

3. 卷材地面

主要有 PVC 卷材地面、地毯地面等。这类面层可干铺在水泥砂浆找平层上，也可用胶粘贴。满铺地毯时应在房间四周设钢钉，将地毯平整地扣挂在钢钉上，或用尼龙搭扣衬条把

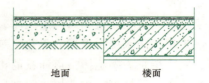

图 2-88 普通水磨石楼地面

a)   b)

图 2-89 艺术水磨石
a) 艺术水磨石楼地面　b) 艺术水磨石墙面

地毯绷紧。卷材地面铺设方便，色彩鲜艳，图案多样，具有行走舒适、防滑静音、良好的保温等特点。构造做法如图 2-91 所示。

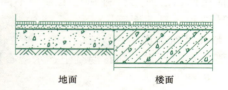

a)

图 2-90 块材地面
a) 地砖楼地面

地面	楼面
1. 20厚石材板，干水泥擦缝	
2. 30厚1:3干硬性水泥砂浆结合层,表面撒水泥粉	
3. 水泥浆一道(内掺建筑胶)	
4. 60厚C15混凝土垫层	4. 现浇钢筋混凝土楼板
5. 素土夯实	5. 顶棚

b)

图 2-90　块材地面（续）

b）石材楼地面

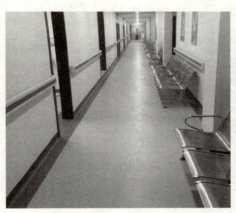
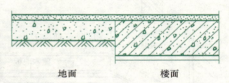

地面	楼面
1. 1.5～3厚卷材地面，专用胶粘剂粘贴	
2. 20厚1:2.5水泥砂浆压实抹光	
3. 水泥浆一道(内掺建筑胶)	
4. 60厚C15混凝土垫层	4. 现浇钢筋混凝土楼板
5. 素土夯实	5. 顶棚

a)

地面	楼面
1. 5～8厚地毯	
2. 20厚1:2.5水泥砂浆找平	
3. 水泥浆一道(内掺建筑胶)	
4. 60厚C15混凝土垫层	4. 现浇钢筋混凝土楼板
5. 浮铺0.2厚塑料薄膜一层	5. 顶棚
6. 素土夯实	

b)

图 2-91　卷材地面

a）PVC 卷材地面　b）地毯地面

4. 木地板

木地板是指用木材制成的地板。天然木纹和质感给人温暖的感觉，又容易配衬各款家具装饰，在居住空间使用广泛。中国生产的木地板主要分为实木地板、强化木地板、实木复合地板、多层复合地板、竹材地板和软木地板六大类，以及新兴的木塑地板。

木地板有实铺和空铺两种，实铺木地板按构造又分为搁栅式和粘贴式，如图2-92所示。

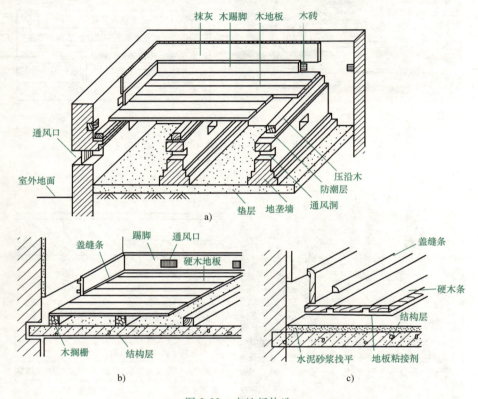

图 2-92 木地板构造
a) 空铺木地面 b) 搁栅式木地面 c) 粘贴式木地面

5. 涂料地面

主要有环氧地坪漆、聚氨酯地坪漆、防滑地坪漆、载重地坪漆等。材料具有耐碱性好、黏结力强、耐水性好、耐磨性好、抗冲击力强、涂刷施工方便及价格合理等特点。环氧楼地面构造如图2-93所示。

2.5.3 结构层构造

1. 结构层类型

地坪层常采用细石混凝土作为结构层，根据地面荷载的不同，结构层的厚度有所变化。楼面层结构层根据使用材料不同，可分为钢筋混凝土楼板、压型钢板组合楼板、木楼板等多种类型，如图2-94所示。

钢筋混凝土楼板强度高，刚度大，耐火性、耐久性能都较为优越，可浇筑成各种形状和尺寸，便于工业化生产和机械化施工，因此被广泛使用。

压型钢板组合楼板受力性能好，节约模板，施工速度快，一般配合高层钢结构建筑使

图 2-93　环氧楼地面

图 2-94　楼板的结构层
a）钢筋混凝土楼板　b）压型钢板组合楼板　c）木楼板

用，也见于大空间、大跨度工业厂房中。

木楼板虽然构造简单，自重轻，但耐火性、隔声性较差，木材用量大，一般仅在木材产区就地取材使用。

2. 钢筋混凝土楼板

钢筋混凝土楼板是目前采用最广泛的楼板形式，按照施工方法不同可以分为现浇整体式、预制装配式和装配整体式三种类型。

1）现浇整体式钢筋混凝土楼板。现浇整体式钢筋混凝土楼板按受力特点和支承情况分单向板和双向板。当板的长边尺寸 l_2 与短边尺寸 l_1 之比大于或等于 3 时，作用在板上的荷载主要沿 l_1 方向传递，板的两个短边的作用很小，称为单向板，如图 2-95a 所示。当板的长边尺寸 l_2 与短边尺寸 l_1 之比不大于 2 时，作用在板上的荷载沿两个方向传递，称为双向板，如图 2-95b 所示。当板的长边尺寸 l_2 与短边尺寸 l_2 之比为大于 2 且小于 3 时宜按双向板考虑。

根据板承荷载向墙柱传力的方式不同，现浇整体式钢筋混凝土楼板分为平板式楼板、肋梁楼板、井格式楼板、无梁楼板。

① 平板式楼板（图 2-96）：平板式楼板指的是将楼板现浇成一块平板，并直接支承在墙

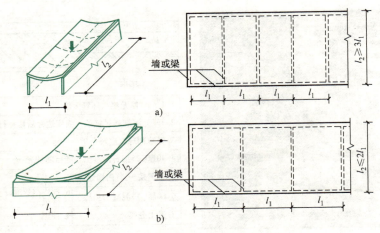

图 2-95 现浇整体式钢筋混凝土楼板
a）单向板 b）双向板

上，适用于平面尺寸较小的房间（如住宅中的厨房、卫生间等）以及公共建筑的走廊，跨度一般在 2~3m 左右。板内配置受力钢筋（设于板底）与分布钢筋，按短跨方向搁置；方形或近似方形房间则用双向支承和配筋。

② 肋梁楼板（图 2-97）：一般主梁沿房间短跨方向布置，次梁垂直于主梁布置。主梁的经济跨度为 6~8m，主梁高为主梁跨度的 1/14~1/8；主梁宽为梁高的 1/3~1/2，

图 2-96 平板式楼板

常用宽度为 250mm；次梁的经济跨度为 4~6m，次梁高为次梁跨度的 1/18~1/12，宽度为梁高的 1/3~1/2，常用宽度为 250mm，次梁跨度即为主梁间距；板的经济跨度为 2.1~3.6m，板厚一般为板跨的 1/40~1/35，常用的为 100~120mm。荷载传递：板→次梁→主梁→柱子（或墙）。

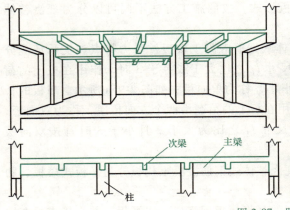

图 2-97 肋梁楼板

③ 井格式楼板（图2-98）：采用相同的梁高，将两个方向的梁等间距布置，形成井字形梁，称为井格式楼板，无主次梁之分。井格式楼板多用于房间平面尺寸较大且平面形状为方形或近似方形的房间或大厅。荷载传递路线为板→梁→柱（或墙）。梁截面高度为不小于梁跨的1/20～1/15，宽度为梁高的1/4～1/2，且不小于120mm。井格式楼板的梁可与墙体正交放置或斜交放置，由于布置规律，而且楼板底部的井格整齐划一，很有韵律，因此具有较好的装饰性。

 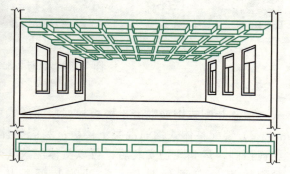

图2-98 井格式楼板

④ 无梁楼板（图2-99）：无梁楼板是一种双向受力的板柱结构。它通过在楼板跨中设置柱子来减小板跨，不设梁的楼板在柱与楼板连接处，柱顶构造分为有柱帽和无柱帽两种。当楼面荷载较小时，采用无柱帽的形式；当楼面荷载较大时，为提高板的承载能力、刚度和抗冲切能力，可以在柱顶设置柱帽和托板来减小板跨、增加柱对板的支托面积。无梁楼板的柱间距宜为6m，呈方形布置。由于板的跨度较大，故板厚不宜小于150mm，一般为160～200mm。无梁楼板的板底平整，室内净空高度大，采光、通风条件好，便于采用工业化的施工方式，适用于楼面荷载较大的公共建筑（如商店、仓库、展览馆等）和多层工业厂房。

图2-99 无梁楼板

2）预制装配式钢筋混凝土楼板（图2-100）。把楼板分成若干构件，在工厂或预制场预先制作好，然后在施工现场进行吊装、装配，称为预制装配式钢筋混凝土楼板。这种楼板由于不必现场养护成型，因此可以缩短工期，便于工业化生产；缺点是整体性较差，故使用时须按有关规定，进行构造加强处理。

  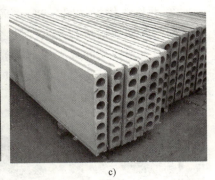

a)　　　　　　　　　　　b)　　　　　　　　　　　c)

图 2-100　预制装配式钢筋混凝土楼板
a）实心平板　b）槽形板　c）空心板

预制装配式钢筋混凝土楼板根据截面形式可分为实心平板、槽形板和空心板三类。

3）装配整体式钢筋混凝土楼板：装配整体式钢筋混凝土楼板是将楼板中的部分构件在工程预制，运到现场安装后，再以整体浇筑其余部分的办法连接而成的楼板。它具有现浇与预制楼板的双重优越性。常见的装配整体式钢筋混凝土楼板为预制薄板叠合楼板（图 2-101），即在预制薄板安装好后，再在上面浇筑 30~50mm 厚的钢筋混凝土面层，既加强了楼板层的整体刚度，又提高了楼板的强度，还能节约模板，缩短工期。

 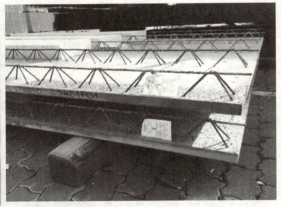

图 2-101　预制薄板叠合楼板

3. 压型钢板组合楼板

压型钢板组合楼板（图 2-102）是在钢筋混凝土楼板基础上发展起来的，这种组合体系利用凹凸相间的压型薄钢板作为衬板，与混凝土浇筑在一起而形成钢衬板组合楼板，既提高了楼板的强度和刚度，又加快了施工进度。此类楼板近年来主要用于大空间、高层民用建筑和大跨度工业厂房中。

4. 木楼板

木楼板（图 2-103）是我国传统的做法，采用木梁承重，上做木地板，下做板条抹灰顶棚。木楼板具有自重轻、构造简单等优点，但耐火性、耐久性、隔声能力较差，为节约木材，目前已经很少采用。

图 2-102　压型钢板组合楼板

图 2-103　木楼板

2.5.4　顶棚层构造

顶棚又称天花板，是楼板的最下面部分。一般建筑都要求顶棚表面光洁、美观；对某些有特殊要求的房间，还应具有隔声、防火、保温、隔热、管道辐射等功能。顶棚的构造形式有两种：直接式顶棚和悬吊式顶棚。

1. 直接式顶棚

直接式顶棚是直接在钢筋混凝土楼板下表面喷浆、抹灰或粘贴墙纸、装饰吸声板、木板条等装修材料的一种构造方法（图 2-104）。

2. 悬吊式顶棚

悬吊式顶棚（通常叫吊顶）即悬吊在房屋屋顶或楼板结构下的顶棚。吊顶具有保温、隔热、隔声、吸声的作用，也是电气、通风空调、通信和防火、报警管线设备等工程的隐蔽层。

吊顶一般由吊筋、龙骨和面板组成。吊筋与楼板层相连，主龙骨与吊筋相连，次龙骨与主龙骨相连，面层一般设在次龙骨下面。根据面层材料的不同，吊顶主要有：石膏板吊顶、矿棉板吊顶、铝扣板吊顶、彩绘玻璃吊顶、铝蜂窝穿孔吸声板吊顶等（图 2-105）。

吊顶构造应符合下列要求。

1）吊顶与主体结构吊挂应有安全构造措施；高大厅堂管线较多的吊顶内，应留有检修空间，并根据需要设置检修走道和便于进入吊顶的人孔，且应符合有关防火及安全要求。

2）当吊顶内管线较多，而空间有限不能进入检修时，可采用便于拆卸的装配式吊顶板

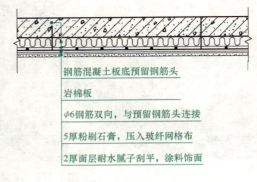

钢筋混凝土板底预留钢筋头
岩棉板
φ6钢筋双向，与预留钢筋头连接
5厚粉刷石膏，压入玻纤网格布
2厚面层耐水腻子刮平，涂料饰面

a)

刷素水泥浆一道
8厚1:3水泥砂浆
5厚1:2水泥砂浆
胶粘剂
12厚装饰吸声板

b)

图 2-104 直接式顶棚
a）涂料顶棚（带保温） b）装饰吸声板顶棚

或在需要部位设置检修手孔。

3）吊顶内敷设有上下水管时，应采取防止产生冷凝水的措施。

4）潮湿房间的吊顶，应采用防水材料和防结露、滴水的措施；钢筋混凝土顶板宜采用现浇板。

2.5.5 附加层构造

附加层是为了满足房间的特殊使用功能要求而设置的，常见的有防水楼地层、保温楼地层、隔声楼地层等。

1. 防水楼地层

建筑物中的厨房、卫生间等较易积水，处理不当容易发生渗水。对防水要求较高的房间，为防止墙体受潮，通常在墙体四周设素混凝土翻边，高度不宜小于150mm。然后在垫层或结构层与面层之间设防水层。防水层沿四周墙体翻高不小于250mm，水平方向在门口处向外延伸300mm宽，如图 2-106 所示。地面应设朝向排水沟或地漏的排泄坡面，坡度不小于1%。排泄坡面较长时，宜设排水沟，纵向坡度不宜小于0.5%。

模块 2　建筑构造

图 2-105　悬吊式顶棚
a）石膏板吊顶　b）彩绘玻璃吊顶　c）铝扣板吊顶　d）吊顶构造示意

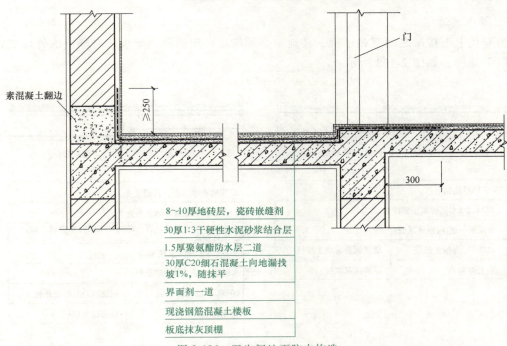

图 2-106　卫生间地面防水构造

2. 保温楼地层

楼地层应满足一定的保温要求，有利于建筑节能。楼面的保温做法一般有以下两种：

1）在楼盖上做保温层：保温材料常用高密度聚苯板、轻集料混凝土、膨胀珍珠岩制品等，如图 2-107a 所示。

2）在楼盖下做保温层：可将保温层固定在楼板底，然后再抹灰，如图 2-107b 所示。

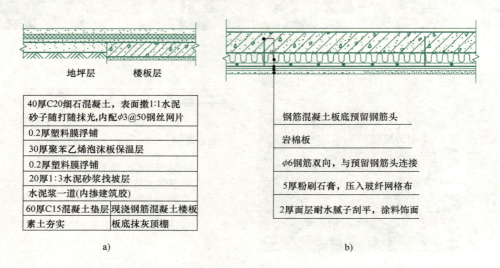

图 2-107　保温楼地层构造
a）在楼盖上做保温层　b）在楼盖下做保温层

3. 隔声楼地层

为避免上下楼层之间互相干扰，楼地层必须满足一定的隔声要求。对隔声的处理措施通常有以下几种，如图 2-108 所示。

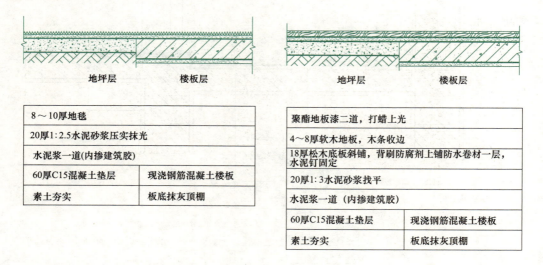

图 2-108　隔声楼地层构造

1）采用弹性面层。对面层处理，在面层上铺设弹性材料，如地毯等。

2）采用弹性垫层。在楼板结构层与面层之间铺设弹性垫层材料，如软木板、矿棉毡等。

3）设吊顶。在楼面下做吊顶，利用隔绝空气的措施阻止声音传播。

4. 楼地层其他要求

1）建筑物的底层地面标高应高出室外地面 150mm；当有生产、使用的特殊要求或建筑物预期较大沉降量等其他原因时，可适当增加室内外高差，如图 2-109a 所示。

2）当生产和使用要求不允许混凝土类面层开裂时，宜在混凝土地面下 20mm 处配置直径为 4mm、间距为 150~200mm 的钢筋网，如图 2-109b 所示。

图 2-109 楼地层其他要求
a）一层出入口高差 b）现浇楼面板配筋 c）楼面变形缝 d）设备平台挡水边

3）变形缝的构造应考虑到在其产生位移或变形时，不受阻、不被破坏，并不破坏地面；材料选择应分别按不同要求采取防火、防水、保温、防虫害、防油渗等措施，如图 2-109c 所示。

4）有水或其他液体流淌的楼层地面孔洞四周和平台临空边缘，应设置翻边或贴地遮挡，高度不宜小于 100mm，如图 2-109d 所示。

2.5.6 阳台与雨篷

阳台和雨篷是建筑物上常见的附属构件。阳台是指附设于建筑物外墙，设有栏杆或栏板，可供人活动的空间。雨篷是指建筑物入口处和顶层阳台上部，用以遮挡雨水和保护外门免受雨水侵蚀的水平构件。

1. 阳台

阳台是人们在多、高层建筑中接触室外的平台，人们可在其上休息、晾晒衣物、眺望风景等。

（1）阳台的类型

阳台按照使用要求不同可分为生活阳台和服务阳台。生活阳台一般与主卧室或客厅相连，尽量朝南向布置；服务阳台一般与厨房或卫生间等相连，可以朝北或朝向较差的方向。根据阳台与建筑物外墙的关系，阳台可分为凸阳台、凹阳台和半凸半凹阳台三类（图2-110）。根据阳台的围护结构，阳台可分为封闭阳台与开敞阳台。

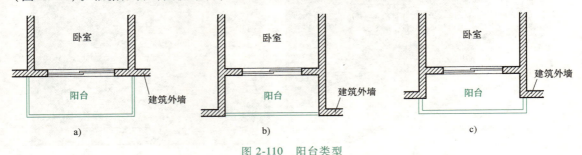

图 2-110 阳台类型
a）凸阳台 b）凹阳台 c）半凸半凹阳台

（2）阳台的结构形式

按照阳台荷载传给竖向承重结构的方式不同，可以将阳台分为板式和梁式两种。

板式阳台（图2-111a）是室内楼板的延伸，板底平整，适用于跨度较小的阳台。

梁式阳台（图2-111b）常用横向梁延伸来承担阳台板重量。这种结构形式能在阳台外

图 2-111 阳台结构形式
a）开敞阳台（板式） b）封闭阳台（梁式）

侧板底看到凸出的挑梁。为了美观，通常在梁头设置封边梁，使阳台外形更为简洁。

（3）阳台的细部构造

阳台是室内与室外之间的过渡空间，在城市居住生活中发挥着越来越重要的作用。设计时应考虑以下要求。

1）安全性要求。阳台防护栏杆（以下简称护栏，如图 2-112 所示）的形式有实体、空花和混合式。栏杆应以坚固、耐久的材料制作，并能承受荷载规范规定的水平荷载，常用材料有玻璃、钢筋混凝土和金属栏杆等。

阳台的护栏保障了人们的使用安全，根据规范要求，阳台、外廊、室内回廊、中庭、内天井、上人屋面及楼梯等处的临空部位应设置防护栏杆（栏板），并应符合下列规定。

① 栏杆（栏板）应以坚固、耐久的材料制作，应安装牢固，并应能承受相应的水平荷载。

② 栏杆（栏板）垂直高度不应小于 1.10m。栏杆（栏板）高度应按所在楼地面或屋面至扶手顶面的垂直高度计算；如底面有宽度大于或等于 0.22m，且高度不大于 0.45m 的可踏部位，应按可踏部位顶面至扶手顶面的垂直高度计算。

③ 楼梯、阳台、平台、走道和中庭等临空部位的玻璃栏板应采用夹层玻璃。

④ 公共场所的临空且下部有人员活动部位的栏杆（栏板），在地面以上 0.10m 高度范围内不应留空。

托儿所、幼儿园建筑比较特殊，外廊、室内回廊、内天井、阳台、上人屋面、平台、看台及室外楼梯等临空处应设置防护栏杆，且净高不应小于 1.30m。护栏离地面 0.1m 高度范围内不宜留空。

有少年儿童专用活动场所的护栏必须采取防止攀爬的构造；当采用垂直杆件作护栏时，其杆件净间距不应大于 0.11m；住宅建筑栏杆的垂直杆件间净距不应大于 0.11m；托儿所、幼儿园的杆件净距离不应大于 0.09m。

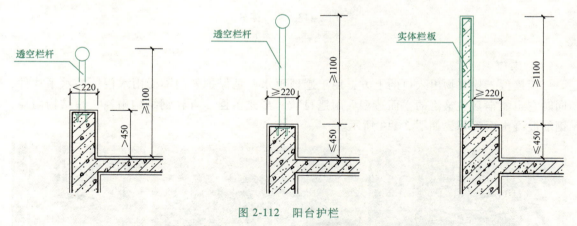

图 2-112　阳台护栏

注：1. 护栏、可踏面定义详见 2.3.3 中窗台防护高度规定中注释。
　　2. 临空高度指相邻开敞空间有高差时，上下楼地层之间的垂直距离。

2）功能要求。为了保证阳台的使用方便及环境良好，阳台设计要充分考虑尺度，阳台宽度多与房屋开间一致，深度一般为 1.2~1.8m。有些建筑物中为了方便主人休闲娱乐，使阳台的空间更大，深度设计到 2.4m。

此外，还要考虑阳台的防水设计。阳台是积水较多的地方，晾衣、浇花均有很多滴水。

阳台地面若不作防水处理，阳台裂缝时容易漏水，对下层住户造成影响，所以规定阳台应作防水处理。

3）阳台的排水。阳台地面的设计标高应比室内低 30~50mm，在阳台边角设排水口，并将阳台地面做成 1%~2% 的坡度坡向排水口。若阳台立面为镂空栏杆，则应在阳台板周边板面上用砖或混凝土做 150mm 高挡水翻边，以防雨水自由落下。阳台排水可组织排往雨水管，也可通过预埋直径为 40~50mm 的管道将水直接排向室外。有组织的排水显然更美观、舒适，符合人性化使用要求，如图 2-113 所示。

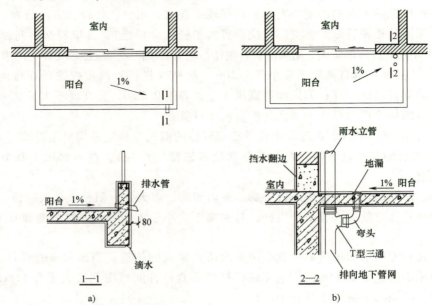

图 2-113 阳台排水
a）水舌排水 b）雨水管排水

2. 雨篷

雨篷位于建筑物出入口的上方，用于遮挡雨水，是保护外门不受雨水侵蚀的水平构件，同时它也能丰富建筑物的立面造型。雨篷材质、形式多样，有轻钢结构雨篷、膜结构雨篷、钢筋混凝土雨篷等，如图 2-114 所示。

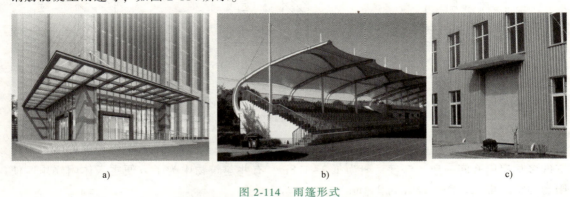

图 2-114 雨篷形式
a）钢结构雨篷 b）膜结构雨篷 c）钢筋混凝土雨篷

雨篷一般由雨篷板和雨篷梁组成。为防止雨篷发生倾覆,常将雨篷与过梁或圈梁整浇在一起,雨篷的悬挑长度由建筑要求决定,当悬挑长度较小时,可采用悬板式,一般挑出长度≤1.5m。当挑出长度较大时,可采用挑梁式。为防止雨水渗入室内,梁面必须高出雨篷板面一定高度,如图 2-115 所示。板面用防水砂浆抹面,并向排水口做 1% 的坡度,防水砂浆应顺墙上卷至少 300mm。

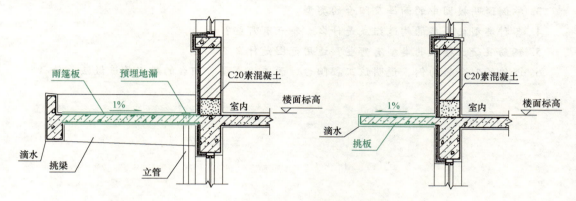

图 2-115　钢筋混凝土雨篷

小　结

子　项	知识要点	能力要点
楼地层概述	作用:分隔空间,承受荷载,具有一定的强度和刚度,还具有一定的隔声、隔热、保温、防火功能 组成:楼面层(面层、结构层、附加层及顶棚层等);地坪层(面层、垫层、基层、附加层) 设计要求:安全性要求,功能性要求,经济性要求	能掌握地面层、楼面层的基本构造组成 掌握楼地层设计要求,能简单设计楼地层
楼地层的构造	面层:整体浇筑地面、块材地面、卷材地面、木地面和涂料地面等 结构层:钢筋混凝土楼板、压型钢板组合楼板、木楼板等多种类型 顶棚层:直接式顶棚和悬吊式顶棚 附加层:防水楼地层、保温楼地层、隔声楼地层等	能根据结构类型选择合适的楼板 能根据建筑物房间的功能、特点选择合适的楼地层装修做法、顶棚装修做法
楼地层其他要求	楼地层防水:设置防水层、高差、排水坡等 楼地层的受力要求 楼地层变形缝要求等	能熟练识读楼地层防潮、防水、保温与隔声构造图
阳台与雨篷	阳台是指附设于建筑物外墙,设有栏杆或栏板,可供人活动的空间。雨篷是指建筑物入口处和顶层阳台上部用以遮挡雨水和保护外门免受雨水侵蚀的水平构件 阳台和雨篷的类型、结构形式、细部构造 阳台的安全防护要求	能区分各种类型的阳台及雨篷 能正确设计阳台的防护构造 会设计阳台排水构造

思考与拓展题

1. 以你的宿舍楼为例,说明楼地层分别有哪些构造层次?它们分别采用什么材料装修?
2. 举例说明教室的楼板属于哪一类楼板?传力有什么特点?
3. 举例说明校园中的雨篷及阳台的类型。
4. 各种类型楼地层的构造组成是什么?特点有哪些?
5. 钢筋混凝土楼板的类型有哪些?适用范围是什么?
6. 以你的宿舍楼为例,说明该工程阳台、雨篷的类型。阳台的排水构造做法是什么?

2.6 屋 顶

知识目标：掌握屋顶的类型和作用、设计要求；重点掌握屋面的构造做法，防水、排水设计。
能力目标：1. 能对一般的平屋顶进行排水设计。
2. 能熟练识读屋面节点详图。
3. 会根据建筑造型选择合适的屋面。
学习重点：屋面防水构造及排水设计。

2.6.1 屋顶概述

1. 屋顶的作用

屋顶是建筑物顶部起遮盖作用的围护构件，同时承受自重、风雨雪以及屋顶检修施工等各种荷载，将它们通过墙柱传给基础。

2. 屋顶的类型

屋顶按照外形和坡度不同，分为如下三类。

（1）平屋顶

平屋顶是指屋面坡度小于 10% 的屋顶，常用坡度为 2%～5%。由于屋面外观简洁、平整，因此屋顶上可以开发利用，如作为活动场所、露台、屋顶花园、游泳池等。平屋顶常见的形式如图 2-116a、b、c、d 所示。

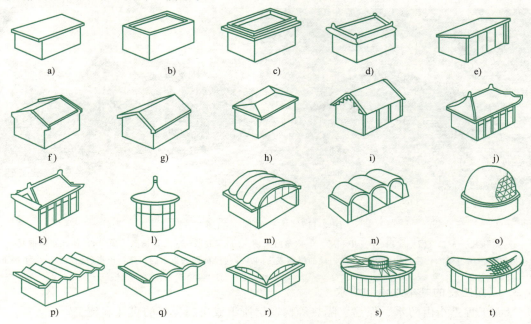

图 2-116 屋顶的类型

a）挑檐屋顶 b）女儿墙屋顶 c）挑檐女儿墙屋顶 d）盝顶 e）单坡顶 f）硬山两坡顶 g）悬山两坡顶 h）四坡顶 i）卷棚顶 j）庑殿顶 k）歇山顶 l）圆攒尖顶 m）双曲拱屋顶 n）砖石拱屋顶 o）球形网壳屋顶 p）V形网壳屋顶 q）筒壳屋顶 r）扁壳屋顶 s）车轮形悬索屋顶 t）鞍形悬索屋顶

（2）坡屋顶

坡屋顶是指屋面坡度不小于10%的屋顶。坡屋顶由于坡度大，因此防、排水性能好，在民用建筑中应用较为广泛。坡屋顶常见的形式如图2-116e~n所示。

（3）其他形式的屋顶

随着建筑业的不断发展，对大空间的不断需求，出现许多新型屋面结构形式，如网壳屋顶、悬索屋顶等，如图2-116o~t所示。这类屋顶造型具有特色，屋顶外形比较丰富，多用于大跨度的公共建筑。

中国古建筑屋顶形制丰富，装饰精美。例如故宫建筑屋顶包含了庑殿顶、歇山顶、攒尖顶、卷棚顶、硬山顶等多种形式，如图2-117所示。

a)

b)

c)

d)

图2-117 古建筑屋顶的形式

a）太和殿——二重檐庑殿顶 b）中和殿——四角攒尖顶 c）保和殿——二重檐歇山顶 d）体元殿后抱厦

注：抱厦指中国古代木构建筑中沿房屋外柱出挑的门廊或房间，即房屋前面加出来的门廊，也指后面毗连着的小房子。

3. 屋面工程的基本术语和要求

屋面工程是指由防水、保温、隔热等构造层所组成房屋顶部的设计和施工。

（1）基本术语

1）隔汽层：阻止室内水蒸气渗透到保温层内的构造层。

2）保温层：减少屋面热交换作用的构造层。

3）防水层：能够隔绝水而不使水向建筑物内部渗透的构造层。

4) 隔离层：消除相邻两种材料之间黏结力、机械咬合力、化学反应等不利影响的构造层。

5) 保护层：对防水层或保温层起防护作用的构造层。

6) 附加层：在易渗透及易破损部位设置的卷材或涂膜加强层。

7) 倒置式屋面：将保温层设置在防水层之上的屋面。

（2）防水等级

屋面工程应具有良好的排水功能和阻止水侵入建筑物内的作用。屋面工程防水设计工作年限不应低于 20 年。工程防水等级应依据工程类别（表 2-12 和表 2-13）及工程防水使用环境类别（表 2-14）划分为一级、二级、三级（表 2-15）。一级防水所对应的防水等级最高，二级防水次之，三级防水最低。防水等级是一种等级分类法，是为了便于制订目标、指导并评判防水工程的实施所采用的指标。

表 2-12 工程防水类别

工程类型		工程防水类别		
		甲类	乙类	丙类
建筑工程	屋面工程	民用建筑和对渗漏敏感的工业建筑屋面	除甲类和丙类以外的建筑屋面	对渗漏不敏感的工业建筑屋面

表 2-13 不同工程类型与工程防水类别对应关系

工程类型		工程防水类别		
		甲类	乙类	丙类
建筑工程	民用建筑	公共建筑和居住建筑的屋面、外墙和室内工程；有人员活动的民用建筑地下室及对渗漏敏感的建筑地下工程，如地下车库、旅馆、宿舍、超市、图书馆、教室、博物馆、展厅、医疗设施、实验室、设备机房、金库、音乐厅、连接通道等	亭、台、楼、榭等园林建筑屋面及外墙工程；对渗漏不敏感的地下应急避难场所	渗漏水不会影响正常使用和造成经济损失的开敞式车库、车棚、料仓等建筑物屋面、外墙及地下工程
	工业建筑	机械、航空、航天、电子、信息、纺织、轻工、医药、化工、船舶、钢铁、水泥、能源等行业，对渗漏敏感的工业建筑屋面、外墙、室内工程和地下工程；存储物品价值高、遇水容易发生危险的仓库	铸造、锻造、机械加工等对渗漏不敏感的工业建筑和配套建筑屋面、外墙及地下工程；价值低、无次生灾害的仓库屋面及外墙工程	渗漏水不会影响正常使用和造成经济损失的工业厂房或库房屋面、外墙及地下工程

表 2-14 工程防水使用环境类别划分

工程类型		工程防水使用环境类别		
		Ⅰ类	Ⅱ类	Ⅲ类
建筑工程	屋面工程	年降水量 P≥1300mm	400mm≤年降水量 P<1300mm	年降水量 P<400mm

表 2-15 工程防水等级的划分

工程防水使用环境类别	工程防水类别		
	甲类	乙类	丙类
Ⅰ类	一级	一级	二级
Ⅱ类	一级	二级	三级
Ⅲ类	二级	三级	三级

（3）基本构造层次

屋面的基本构造层次宜符合表 2-16 的要求。设计人员可根据建筑物的性质、使用功能、气候条件等因素进行组合。

表 2-16 屋面基本构造层次

屋面类型	基本构造层次（自上而下）
卷材、涂膜屋面	保护层、隔离层、防水层、找平层、保温层、找平层、找坡层、结构层
	保护层、保温层、防水层、找平层、找坡层、结构层
	种植隔热层、保护层、耐根穿刺防水层、防水层、找平层、保温层、找平层、找坡层、结构层
	架空隔热层、防水层、找平层、保温层、找平层、找坡层、结构层
	蓄水隔热层、隔离层、防水层、找平层、保温层、找平层、找坡层、结构层
瓦屋面	块瓦、挂瓦条、顺水条、持钉层、防水层或防水垫层、保温层、结构层
	沥青瓦、持钉层、防水层或防水垫层、保温层、结构层
金属板屋面	压型金属板、防水垫层、保温层、承托网、支承结构
	上层压型金属板、防水垫层、保温层、底层压型金属板、支承结构
	金属面绝热夹芯板、支承结构

（4）保温隔热要求

屋顶作为最上层的外围护构件，为了保持室内正常温度，节约能源，必须在屋面上采取保温或隔热的措施。冬季保温减少建筑物的热损失和防止结露，夏季隔热降低建筑物对太阳辐射热的吸收。

（5）强度和刚度要求

屋顶必须具有足够的强度和刚度、耐火性等，其防水、排水、保温、隔热的功能才能保障。

（6）建筑美观要求

屋顶的造型对建筑物整体有较大的影响，因此屋面工程要充分考虑建筑外形美观和使用的要求。

4. 屋面排水坡度

（1）坡度的形成及要求

1）材料找坡。屋顶坡度由垫坡材料形成，一般用于坡度较小的屋面，常用坡度为2%。垫坡材料一般选用质轻、价廉的材料，不宜太厚，避免增加屋面荷载，如图2-118a所示。

2）结构找坡。根据屋顶排水坡度把屋面结构层设置成倾斜而形成的坡度，适用于房屋进深较大的建筑。混凝土结构层宜采用结构找坡，坡度不应小于3%。这种找坡不需要外加找坡层，构造简单，缺点是室内的顶棚是倾斜的，如图2-118b所示。

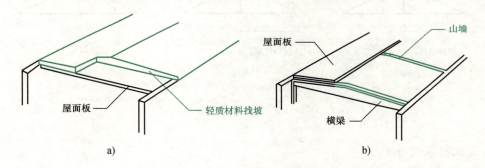

图 2-118 屋顶坡度的形成

a）材料找坡 b）结构找坡

3）坡度要求。屋面排水坡度应根据屋顶结构形式、屋面基层类别、防水构造形式、材料性能及使用环境等条件确定，并应符合表2-17的规定。

表 2-17 屋面排水坡度

屋面类型		屋面排水坡度（%）
平屋面		≥2
瓦屋面	块瓦	≥30
	波形瓦	≥20
	沥青瓦	≥20
	金属瓦	≥20
金属屋面	压型金属板、金属夹芯板	≥5
	单层防水卷材金属屋面	≥2
种植屋面		≥2
玻璃采光顶		≥5

(2) 影响坡度的因素

1) 防水材料的影响。防水材料尺寸较小，接缝必然多，容易产生缝隙漏水，因此屋面应有较大的排水坡度，以便将水迅速排除。防水材料覆盖面积越大，整体性越好，接缝越少而严密，则屋面坡度可以小一些。

2) 降雨量大小的影响。降雨量大的地区，为了尽快排除屋面雨水，减少水压力防止渗漏，屋面的坡度应适当加大；反之，屋顶排水坡度则宜小一些。

3) 建筑造型与功能的影响。结构选型的不同，造型需求的不同，决定建筑屋顶坡度大还是小。如上人屋面，则选择平屋面形式，坡度平缓较为合适；英伦风格建筑则具有典型的多重人字形坡屋顶。悬索结构建筑的屋顶还可以形成反坡。

(3) 坡度的表示方法

屋顶常用的坡度表示方法有百分率法、斜率法和角度法，如图2-119所示。平屋顶多采用百分率法表示，坡屋顶多采用斜率法表示，角度法应用较少。

图 2-119 屋顶坡度表示方法

5. 屋面排水设计

(1) 排水设计基本要求

1) 屋面排水方式的选择，应根据建筑物屋顶形式、气候条件、使用功能等因素确定。做好防排结合。

2) 屋面排水方式。屋面上位于檐口部位的排水沟叫檐沟，位于屋面中间的排水沟叫天沟。屋面排水方式可分为有组织排水和无组织排水。

有组织排水就是屋面雨水有组织地流经天沟、檐沟、雨水口、雨水管等，系统地将屋面上的雨水排出。有组织排水又可分为内排水和外排水或内外排水相结合的方式。内排水是指屋面雨水通过天沟由设置于建筑物内部的雨水管排入地下雨水管网，如高层建筑、多跨及汇水面积较大的屋面等，如图2-120a所示。外排水是指屋面雨水通过檐沟、雨水口由设置于

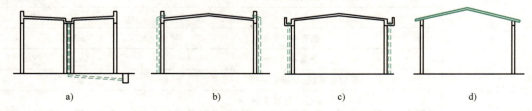

图 2-120 屋面排水方式
a) 内排水　b) 女儿墙内檐沟外排水　c) 女儿墙挑檐沟外排水　d) 无组织排水

建筑物外部的雨水管直接排到室外地面上，如图 2-120b 所示为女儿墙内檐沟外排水，即在设有女儿墙的屋面上，女儿墙的里面设内檐沟，排水管设在外墙外面，将雨水口穿过女儿墙进入落水管来排除雨水。图 2-120c 所示为挑檐沟外排水，即屋顶上的檐沟为外挑的时候，通过檐沟内的纵坡将雨水引至雨水口，进入落水管来排除雨水。

无组织排水又称自由落水，是指屋顶雨水从檐口或者通过简易泄水措施，直接落下到室外地面的一种排水方式，如图 2-120d 所示。一般的低层住宅建筑，一般中、小型的低层建筑物或檐高不大于 10m 的屋面可采用无组织排水，其他情况下都应采取有组织排水。

（2）屋面排水组织设计

1）确定排水坡面的数目（分坡）。一般情况下，平屋顶临街建筑屋面宽度小于 12m 时，可采用单坡排水；大于 12m 时，应采用双坡排水。坡屋顶应结合建筑造型要求选择单坡、双坡或四坡排水。

2）划分排水区的面积。排水区的面积是指屋面水平投影的面积。每一根雨水管的屋面最大汇水面积不宜大于 200m^2。划分排水区的目的在于合理地布置雨水管。

3）确定屋面排水沟形式及尺寸。屋面排水沟有檐沟和天沟。设置排水沟的目的是汇集屋面雨水，并将屋面雨水有组织地迅速排除。根据屋顶类型的不同，排水沟有多种做法，如图 2-121 所示为平屋顶挑檐沟外排水做法。

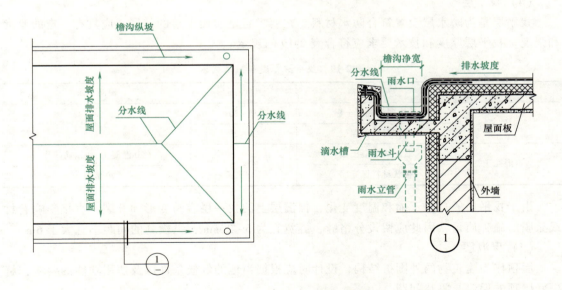

图 2-121 平屋顶挑檐沟外排水

4）确定雨水管规格及间距。雨水管的内径一般不宜小于 75mm，常用管径 100mm；雨水立管间距一般在 18~24m 之间，雨水管的位置应在实墙面处，便于安装固定。

2.6.2 平屋顶的屋面构造

1. 平屋面的构造组成及要求

平屋面工程的防水做法应符合表 2-18 的规定。

表 2-18 平屋面工程的防水做法

防水等级	防水做法	防水层	
		防水卷材	防水涂料
一级	不应少于 3 道	卷材防水层不应少于 1 道	
二级	不应少于 2 道	卷材防水层不应少于 1 道	
三级	不应少于 1 道	任选	

平屋面设计时主要要解决防、排水，保温隔热，承重等的问题。平屋面一般由顶棚层、结构层、找坡层、找平层、保温层、防水层、隔离层和保护层组成。

（1）顶棚层

顶棚层指的是屋面结构板下面得室内顶棚，有直接式顶棚和悬吊式顶棚。

（2）结构层

通常为现浇钢筋混凝土屋面板。

（3）找坡层

屋面找坡层的作用主要是为了快速排水和不积水。混凝土结构层宜采用结构找坡，坡度不应小于 3%；当采用材料找坡时，宜采用质量轻、吸水率低和有一定强度的材料，坡度宜为 2%。材料找坡通常在结构层上采用轻质混凝土垫坡，最薄处不小于 30mm 厚。

（4）找平层

找平层是为防水层设置符合防水材料工艺要求且坚实而平整的基层，应具有一定的厚度和强度。找平层厚度和技术要求应符合表 2-19 的规定。

表 2-19 找平层厚度和技术要求

找平层分类	适用的基层	厚度/mm	设防要求
水泥砂浆	整体现浇混凝土板	15~20	1:2.5 水泥砂浆
	整体材料保温层	20~25	
细石混凝土	装配式混凝土板	30~35	C20 混凝土，加钢筋网片
	板状材料保温层		C20 混凝土

由于找平层的自身干缩和温度变化，保温层上的找平层容易变形和开裂，直接影响卷材或涂膜的施工质量，因此应留设分格缝，缝宽宜为 5~20mm，纵横缝的间距不宜大于 6m。

（5）保温层

屋顶作为建筑物的外围护结构，设计时应根据当地的气候条件以及使用功能的要求，解决好屋顶的保温与隔热问题。

1）保温材料。保温材料应采用吸水率低、表观密度和导热系数较小且有一定强度的材料，按形状可分为以下三种类型。

① 散料类：常用颗粒状、纤维状材料，如炉渣、矿渣、岩棉、矿棉等。

② 整体类：是指以散料作骨料，掺入一定量的胶结材料，现场浇筑而成，如水泥炉渣、水泥膨胀珍珠岩等。

③ 板块类：是指利用骨料和胶结材料由工厂制作而成的板块状材料，如加气混凝土砌块、泡沫混凝土砌块等。

保温层应根据屋面所需传热系数或热阻选择轻质、高效的保温材料。保温层及其保温材料应符合表 2-20 的规定。保温层厚度应根据所在地区现行建筑节能设计标准，经计算确定。

表 2-20 保温层及其保温材料

保温层	保温材料
板状材料保温层	聚苯乙烯泡沫塑料、硬质聚氨酯泡沫塑料、膨胀珍珠岩制品、泡沫玻璃制品、加气混凝土砌块、泡沫混凝土砌块
纤维材料保温层	玻璃棉制品、岩棉、矿渣棉制品
整体材料保温层	喷涂硬泡聚氨酯、现浇泡沫混凝土、水泥炉渣、水泥膨胀珍珠岩

2）保温层的设置。根据保温层与防水层在屋面构造中的相对位置，保温屋面有非倒置式保温屋面和倒置式保温屋面两种。

① 非倒置式保温屋面：将保温层设在结构层之上、防水层之下而形成封闭式保温层，也叫内置式保温，如图 2-122a 所示。

② 倒置式保温屋面：将保温层设在防水层之上，形成敞露式保温层，也叫外置式保温，如图 2-122b 所示。倒置式保温屋面的防水等级通常为一级，屋面的坡度宜为 3%，以便更迅速排水，使保温层不易被破坏。

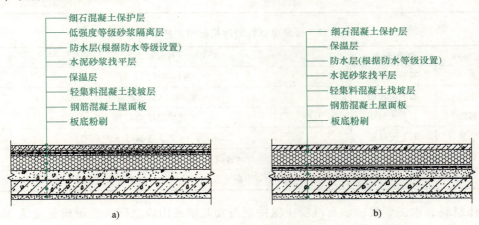

图 2-122 平屋面构造组成
a）非倒置式保温屋面 b）倒置式保温屋面

3）隔汽层的设置。当严寒及寒冷地区屋面结构冷凝界面内侧实际具有的蒸汽渗透阻小于所需值，或其他地区室内湿气有可能透过屋面结构层进入保温层时，应设置隔汽层。隔汽层应选用气密性、水密性好的材料，设置在结构层上、保温层下。

（6）防水层

平屋面主要采用卷材、涂膜类防水层。产品的外观质量和品种、型号应符合国家现行有关材料标准的规定。每道卷材防水层最小厚度应符合表 2-21 的规定。

反应型高分子类防水涂料、聚合物乳液类防水涂料和水性聚合物沥青类防水涂料等的防水层最小厚度不应小于 1.5mm，热熔施工橡胶沥青类防水涂料的防水层最小厚度不应小于 2.0mm。当热熔施工橡胶沥青类防水涂料与防水卷材配套使用作为一道防水层时，其厚度不应小于 1.5mm。

(7) 保护层和隔离层

上人屋面保护层可采用块体材料、细石混凝土等材料，不上人屋面保护层可采用浅色涂料、铝箔、矿物粒料、水泥砂浆等材料。保护层材料的适用范围和技术要求应符合表 2-22 的规定。

表 2-21 卷材防水层最小厚度

防水卷材类型		卷材防水层最小厚度/mm
聚合物改性沥青类防水卷材	热熔法施工聚合物改性防水卷材	3.0
	热沥青黏结和胶粘法施工聚合物改性防水卷材	3.0
	预铺反粘防水卷材（聚酯胎类）	4.0
	自粘聚合物改性防水卷材（含湿铺） 聚酯胎类	3.0
	自粘聚合物改性防水卷材（含湿铺） 无胎类及高分子膜基	1.5
合成高分子类防水卷材	均质型、带纤维背衬型、织物内增强型	1.2
	双面复合型	主体片材芯材 0.5
	预铺反粘防水卷材 塑料类	1.2
	预铺反粘防水卷材 橡胶类	1.5
	塑料防水板	1.2

表 2-22 保护层材料的适用范围和技术要求

保护层材料	适用范围	技术要求
浅色涂料	不上人屋面	丙烯酸反射涂料
铝箔	不上人屋面	0.05mm 厚铝箔反射膜
矿物颗粒	不上人屋面	不透明的矿物粒料
水泥砂浆	不上人屋面	20mm 厚 1:2.5 或 M15 水泥砂浆
块体材料	上人屋面	地砖或 30mm 厚 C20 细石混凝土预制块
细石混凝土	上人屋面	40mm 厚 C20 细石混凝土或 30mm 厚 C20 细混凝土内配 φ4@100 双向钢筋网片

块体材料、水泥砂浆、细石混凝土保护层与女儿墙或山墙之间，应预留宽度为 30mm 的缝隙，缝内宜填塞聚苯乙烯泡沫塑料，并应用密封材料嵌填。块体材料、水泥砂浆、细石混凝土保护层与卷材、涂膜防水层之间，还应设置隔离层。隔离层材料的适用范围和技术要求宜符合表 2-23 的规定。

表 2-23 隔离层材料的适用范围和技术要求

隔离层材料	适用范围	技术要求
塑料膜	块体材料、水泥砂浆保护层	0.4mm 厚聚乙烯膜或 3mm 厚发泡聚乙烯膜
土工布	块体材料、水泥砂浆保护层	200g/m² 聚酯无纺布
卷材	块体材料、水泥砂浆保护层	石油沥青卷材一层
低强度等级砂浆	细石混凝土保护层	10mm 厚黏土砂浆 石灰膏:砂:黏土=1:2.4:3.6
		10mm 厚石灰砂浆,石灰膏:砂=1:4
		5mm 厚掺有纤维的石灰砂浆

2. 平屋面的隔热

屋面隔热层设计应根据地域、气候、屋面形式、建筑环境、使用功能等条件，采取通风、蓄水、种植、反射等隔热措施。

1）通风隔热。在屋顶中设置通风间层，使上层表面起着遮挡阳光的作用，利用风压和热压作用把间层中的热空气不断带走，以减少传到室内的热量，从而达到隔热降温的目的。通风隔热屋面一般有架空通风隔热屋面和顶棚通风隔热屋面两种做法，如图 2-123a 所示。

2）蓄水隔热。在屋顶蓄积一层水，利用水蒸发时需要大量的汽化热，从而大量消耗晒到屋面的太阳辐射热，以减少屋顶吸收的热能，从而达到降温隔热的目的。结合功能需求，可以做成屋面泳池的形式，如图 2-123b 所示。

3）种植隔热。在屋顶上种植植物，利用植被遮挡阳光以及植被光合作用时吸收热量，从而达到降温隔热的目的，如图 2-123c 所示。

4）反射隔热。在屋面上刷浅色涂料或铺浅色砾石等，利用材料的颜色和光滑度对热辐射的反射作用，将一部分热量反射回去，从而达到降温的目的，如图 2-123d 所示。

图 2-123 平屋面的隔热措施
a）通风隔热屋面 b）蓄水隔热屋面（屋顶泳池） c）种植隔热屋面 d）反射隔热屋面

3. 平屋面的细部构造

屋面细部构造应包括檐口、檐沟和天沟、女儿墙和山墙、雨水口、伸出屋面管道、屋面出入口、泛水构造等。

(1) 檐口

檐口指屋面与外墙墙身的交接部位，又称屋檐，作用是排除屋面雨水和保护墙身。卷材防水屋面檐口 800mm 范围内的卷材应满粘，卷材收头应采用金属压条钉压，并应用密封材料封严，如图 2-124a 所示。涂膜防水屋面檐口的涂膜收头，应用防水涂料多遍涂刷。檐口外侧下端均应做鹰嘴和滴水槽，如图 2-124b 所示。

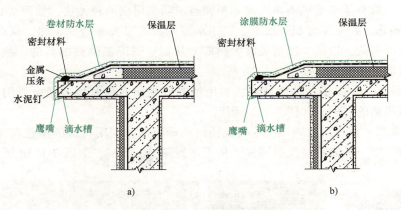

图 2-124 平屋面檐口构造

a) 卷材防水屋面檐口　b) 涂膜防水屋面檐口

(2) 檐沟和天沟

檐沟是指檐口处用于排除雨水的流水沟。天沟是指屋面上用于排除雨水的流水沟。卷材或涂膜防水屋面檐沟（天沟）的防水构造（图 2-125），应符合下列规定。

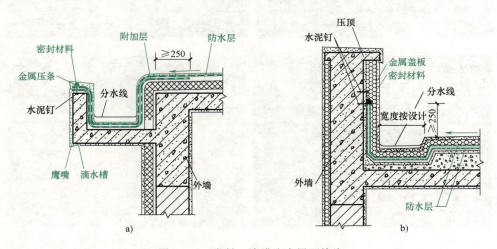

图 2-125 卷材、涂膜防水屋面檐沟

a) 卷材、涂膜防水屋面外挑檐沟　b) 卷材、涂膜防水屋面内檐沟

1) 檐沟和天沟的防水层下应增设附加层，附加层伸入屋面的宽度不应小于 250mm。

2) 檐沟防水层和附加层应由沟底翻上至外侧顶部，卷材收头应用金属压条钉压，并应用密封材料封严，涂膜收头应用防水涂料多遍涂刷。

3) 檐沟外侧下端应做鹰嘴或滴水槽。

4)檐沟外侧高于屋面结构板时,应设置溢水口。

(3) 女儿墙和山墙

女儿墙的防水构造(图 2-126),应符合下列规定。

1)女儿墙压顶可采用混凝土或金属制品。压顶向内排水坡度不应小于 5%,压顶内侧下端应作滴水处理。

2)女儿墙泛水处的防水层下应增设附加层,附加层在平面和立面的宽度均不应小于 250mm。

3)低女儿墙泛水处的防水层可直接铺贴或涂刷至压顶下,卷材收头应用金属压条钉压固定,并应用密封材料封严;涂膜收头应用防水涂料多遍涂刷,如图 2-126a 所示。

4)高女儿墙泛水处的防水层泛水高度不应小于 250mm,防水层收头应符合第 3)条规定;泛水上部的墙体应作防水处理,如图 2-126b 所示。

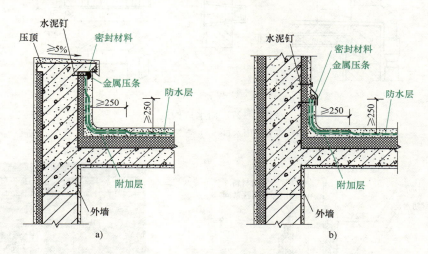

图 2-126 平屋面女儿墙泛水
a) 低女儿墙泛水 b) 高女儿墙泛水

> 注:1. 泛水指为防止水平楼面或水平屋面与垂直墙面接缝处的渗漏,由水平面沿垂直面向上翻起的防水构造。
> 2. 女儿墙是建筑物屋顶四周围的矮墙,主要作用除维护安全外,还可防止屋顶雨水漫流。

(4) 雨水口

雨水口是屋面雨水排至雨水管的连接构件,分为直管式雨水口和弯管式雨水口两种。雨水口在构造上要求排水通畅、防止渗漏水、防止堵塞。直管式雨水口为防止其周边漏水,应加铺一层卷材并贴入连接管内至少 100mm,雨水口上用定型铸铁罩或铅丝球盖住,用油膏嵌缝。弯管式雨水口穿过女儿墙预留孔洞内,屋面防水层应铺入雨水口内壁四周不小于 100mm,并安装铸铁箅子以防杂物堵塞雨水口,如图 2-127 所示。

(5) 伸出屋面管道

伸出屋面管道的防水构造(图 2-128),应符合下列规定。

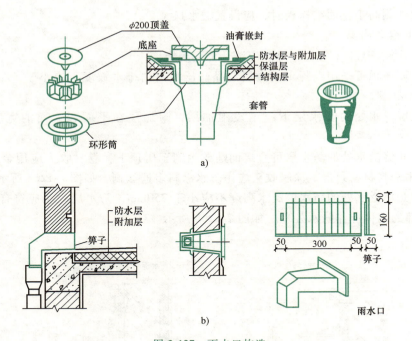

图 2-127 雨水口构造
a）直管式雨水口　b）弯管式雨水口

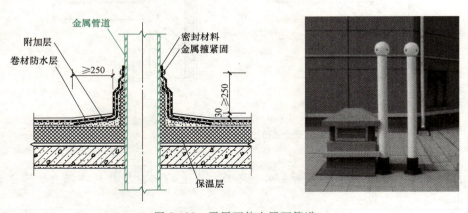

图 2-128 平屋面伸出屋面管道

1）管道周围的找平层应抹出高度不小于 30mm 的排水坡。

2）管道泛水处的防水层下应增设附加层，附加层在平面和立面的宽度均不应小于 250mm。

3）管道泛水处的防水层泛水高度不应小于 250mm。

4）卷材收头应用金属箍紧固和密封材料封严，涂膜收头应用防水涂料多遍涂刷。

（6）屋面出入口

屋面出入口（图 2-129）有垂直出入口和水平出入口两种，构造应符合下列规定。

1）屋面水平出入口泛水处应增设附加层和护墙，附加层在平面上的宽度不应小于 250mm；防水层收头应压在混凝土踏步下，如图 2-129a 所示。

2）屋面垂直出入口泛水处应增设附加层，附加层在平面和立面的宽度均不应小于 250mm；防水层收头应在混凝土压顶圈下，如图 2-129b 所示。

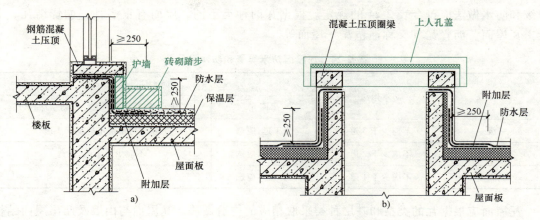

图 2-129 平屋面出入口
a）水平出入口 b）垂直出入口

2.6.3 坡屋顶的构造

坡屋顶一般由承重结构层和防水层两部分组成，必要时还有保温层、隔热层等。

1. 坡屋顶的承重结构

坡屋顶中常用的承重结构有墙承重和框架承重，如图 2-130 所示。

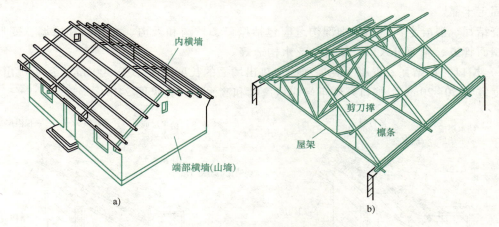

图 2-130 坡屋顶的承重结构
a）墙承重 b）框架承重

（1）墙承重

墙承重是指按屋顶坡度把横墙上部砌成三角形，檩条直接搁置在横墙上，承受屋面重量。这种承重方式做法简单、经济，房间之间隔声、防火较好；但平面布局受限制。

墙承重适用于房屋开间较小的建筑物，如宿舍、住宅等。

（2）框架承重

框架承重是指屋面荷载通过屋面板传递给框架梁，再传递给框架柱。

框架承重适用于较大空间的建筑，如会堂、食堂、展览馆等。

2. 坡屋顶的屋面构造

坡屋顶常用的屋面防水材料为各种瓦材及与瓦材配合使用的各种防水材料。瓦屋面防水等级和防水做法应符合表 2-24 的规定。根据瓦的种类不同,屋面有很多种,如烧结瓦、混凝土瓦屋面、沥青瓦(又称油毡瓦)屋面等。

表 2-24 瓦屋面防水等级和防水做法

防水等级	防水做法	防水层		
		屋面瓦	防水卷材	防水涂料
一级	不应少于 3 道	为 1 道,应选	卷材防水层不应少于 1 道	
二级	不应少于 2 道	为 1 道,应选	不应少于 1 道,任选	
三级	不应少于 1 道	为 1 道,应选	—	

瓦屋面应根据瓦的类型和基层种类采取相应的构造做法。瓦屋面与山墙及凸出屋面结构的交接处,均应做不小于 250mm 高的泛水处理;在大风及抗震设防地区或屋面坡度大于 100% 时,瓦片应采取固定加强措施。细石混凝土找平层中钢筋网片应与钢筋混凝土屋面板预埋钢筋头连接。

(1) 烧结瓦、混凝土瓦屋面构造

烧结瓦、混凝土瓦屋面的坡度不应小于 30%。采用的木质基层、顺水条、挂瓦条,均应作防腐、防火和防蛀处理;采用的金属顺水条、挂瓦条,均应作防锈蚀处理。瓦与屋面基层应固定牢靠。

烧结瓦、混凝土瓦屋面的细部构造应包括檐口、檐沟和天沟、女儿墙和山墙、变形缝、伸出屋面管道、屋面出入口、屋脊、泛水构造等。

1) 檐口。烧结瓦、混凝土瓦屋面檐口挑出墙面的长度不宜小于 300mm;瓦头挑出檐口的长度宜为 50~70mm,檐口外侧下端应做鹰嘴和滴水槽,详见图 2-131。

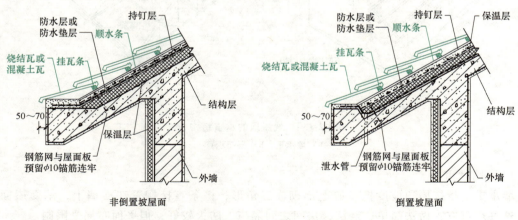

图 2-131 烧结瓦、混凝土瓦屋面檐口

2) 檐沟和天沟。烧结瓦、混凝土瓦屋面瓦头伸入檐沟、天沟内的长度宜为 50~70mm;檐沟和天沟防水层下应增设附加层,附加层伸入屋面的宽度不应小于 500mm;檐沟防水层和附加层应由沟底翻上至外侧顶部,卷材收头应用金属压条钉压,并应用密封材料封严;檐

沟外侧下端应做鹰嘴和滴水槽,详见图2-132。

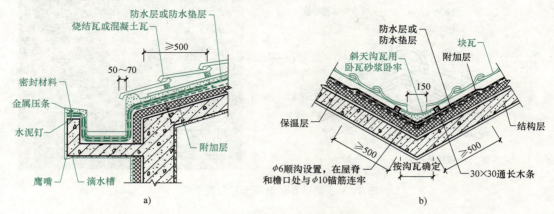

图 2-132 烧结瓦、混凝土瓦屋面檐沟和天沟
a) 檐沟 b) 天沟

3) 女儿墙和山墙。烧结瓦、混凝土瓦屋面山墙泛水应采用聚合物水泥砂浆抹成,侧面瓦伸入泛水的宽度不应小于 50mm;山墙泛水处的防水层下应增设附加层,附加层在平面和立面的宽度均不应小于 250mm,详见图 2-133。

4) 伸出屋面管道。泛水处的防水层或防水垫层下应增设附加层,附加层在平面和立面的宽度不应小于 250mm;泛水应采用聚合物水泥砂浆抹成;管道与屋面的交接处,应在迎水面中部抹出分水线,并应高出两侧各 30mm,详见图 2-134。

5) 屋脊。烧结瓦、混凝土瓦屋面的屋脊处应增设宽度不小于 250mm 的卷材附加层。脊瓦下端距坡面瓦的高度不宜大于 80mm,脊瓦在两坡面瓦上的搭盖宽度,每边不应小于 40mm;脊瓦与坡面之间的缝隙应采用聚合物水泥砂浆填实抹平,详见图 2-135。

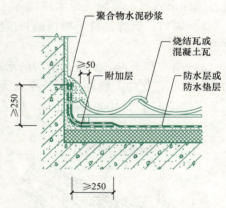

图 2-133 烧结瓦、混凝土瓦屋面山墙

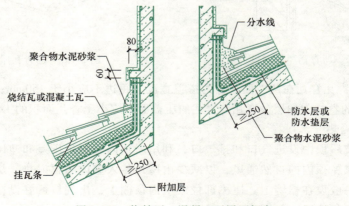

图 2-134 烧结瓦、混凝土瓦屋面烟囱

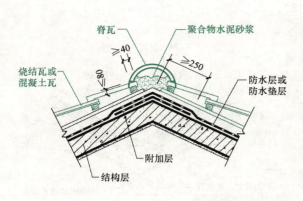 

图 2-135 烧结瓦、混凝土瓦屋面屋脊

（2）沥青瓦屋面构造

沥青瓦屋面的坡度不应小于 20%。沥青瓦应具有自粘胶带或相互搭接的连锁构造，固定方式应以钉为主、黏结为辅。每张瓦片上不得少于 4 个固定钉；在大风地区或屋面坡度大于 100% 时，每张瓦片不得少于 6 个固定钉。

沥青瓦屋面的细部构造应包括檐口、檐沟和天沟、女儿墙和山墙、变形缝、伸出屋面管道、屋面出入口、屋脊、泛水构造等。

1）檐口。沥青瓦挑出檐口的长度宜为 10~20mm；檐口外侧下端应做鹰嘴和滴水槽，详见图 2-136。

2）檐沟和天沟。沥青瓦檐沟防水层下应增设附加层，附加层伸入屋面的宽度不应小于 500mm；沥青瓦伸入檐沟内的长度宜为 10~20mm；天沟采用搭接式或编织式铺设时，沥青瓦下应增设不小于 1000mm 宽的附加层，详见图 2-137。

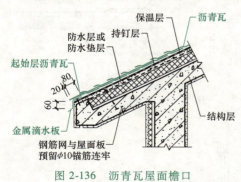 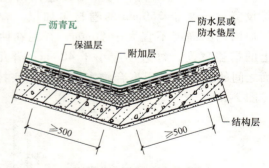

图 2-136 沥青瓦屋面檐口　　图 2-137 沥青瓦屋面天沟

3）屋脊。沥青瓦脊瓦在两坡面瓦上的搭盖宽度，每边不应小于 150mm；屋脊处应增设宽度不小于 250mm 的卷材附加层。脊瓦与脊瓦的压盖面不应小于脊瓦面积的 1/2，详见图 2-138。

3. 坡屋顶的隔热

炎热地区在坡屋顶中设进气口和排气口，利用屋顶内外的热压差和迎风面的压力差，组织空气对流，形成屋顶内的自然通风，以减少由屋顶传入室内的辐射热，从而达到隔热降温的目的。进气口一般设在檐墙上、屋檐部位或室内顶棚上；出气口最好设在屋脊处，以增大高差，有利加速空气流通，如图 2-139 所示。

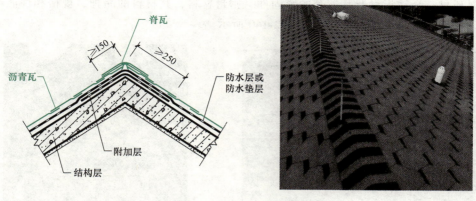

图 2-138 沥青瓦屋面屋脊

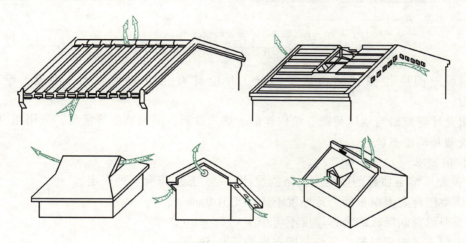

图 2-139 坡屋顶的隔热

2.6.4 金属板屋面的构造

1. 防水等级

金属板屋面防水等级和防水做法应符合表 2-25 的规定。

表 2-25 金属板屋面防水等级和防水做法

防水等级	防水做法	防水层	
		金属板	防水卷材
一级	不应少于 2 道	为 1 道,应选	不应少于 1 道,厚度不应小于 1.5mm
二级	不应少于 2 道	为 1 道,应选	不应少于 1 道
三级	不应少于 1 道	为 1 道,应选	—

当在屋面金属板基层上采用聚氯乙烯防水卷材（PVC）、热塑性聚烯烃防水卷材（TPO）、三元乙丙防水卷材（EPDM）等外露型防水卷材单层使用时，防水卷材的厚度，一级防水不应小于 1.8mm，二级防水不应小于 1.5mm，三级防水不应小于 1.2mm。

2. 材料及性能要求

金属板屋面可按建筑设计要求，选用镀层钢板、涂层钢板、铝合金板、不锈钢板和钛锌板等金属板材。金属板材及其配套的紧固件、密封材料，其材料的品种、规格和性能等应符合现行国家有关材料标准的规定，如图 2-140 所示。

 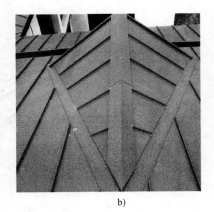

图 2-140　金属板屋面
a）彩钢瓦屋面　b）铝镁锰屋面

金属板屋面应按围护结构进行设计，并应具有相应的承载力、刚度、稳定性和变形能力。

屋面设计应根据当地风荷载、结构体形、热工性能、屋面坡度等情况，采用相应的压型金属板板型及构造系统。

3. 构造要求

1）屋面压型金属板的厚度应由结构设计确定，且应符合下列规定。

① 压型铝合金面层板的公称厚度不应小于 0.9mm。

② 压型钢板面层板的公称厚度不应小于 0.6mm。

③ 压型不锈钢面层板的公称厚度不应小于 0.5mm。

2）压型金属板采用咬口锁边连接时，屋面的排水坡度不宜小于 5%，如图 2-141 所示；压型金属板采用紧固件连接时，屋面的排水坡度不宜小于 10%，如图 2-142 所示。

 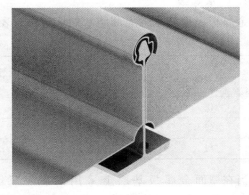

图 2-141　咬口锁边金属屋面

3）金属檐沟、天沟的伸缩缝间距不宜大于 30m；内檐沟及内天沟应设置溢流口或溢流系统，沟内宜按 0.5% 找坡。

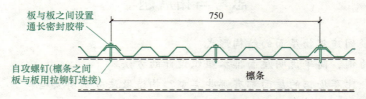

图 2-142 紧固件连接金属屋面

4) 金属板的伸缩变形除应满足咬口锁边连接或紧固件连接的要求外,还应满足檩条、檐口及天沟等的使用要求,且金属板最大伸缩变形量不应超过 100mm。

5) 金属板在主体结构的变形缝处宜断开,变形缝上部应加扣带伸缩的金属盖板。

小 结

子 项	知识要点	能力要点
屋顶的作用和形式	屋顶作用:建筑物顶部围护承重构件,承受自重、风雨雪以及屋顶检修施工等的各种荷载 屋顶形式:根据坡度及造型不同分为平屋顶、坡屋顶、其他形式屋顶	能区分不同类型的屋顶,并熟悉各自的特点
屋面工程基本要求	屋面工程基本术语:隔汽层、保温层、防水层、隔离层、保护层、附加层 屋面防水等级:根据工程类别和环境类别分为一级、二级、三级 几种屋面基本构造层次:卷材涂膜屋面、瓦屋面、金属板屋面 屋面保温隔热要求、强度刚度要求	能理解屋面工程术语;能根据工程项目特点确定屋面防水等级要求;能确定屋面构造层次要求
屋顶的排水	1. 排水坡度的形成:材料找坡、结构找坡 2. 排水方式:无组织排水、有组织排水 3. 排水组织设计步骤 (1) 确定排水坡面的数目(分坡) (2) 划分排水区 (3) 确定天沟形式及尺寸 (4) 确定雨水管规格及间距	会进行屋面排水组织设计

（续）

子　项	知 识 要 点	能 力 要 点
平屋面、坡屋面屋顶的构造	平、坡屋面工程的防水做法要求、基本构造组成的各材料要求；屋面的通风隔热措施 平屋顶的细部构造主要是檐口、檐沟和天沟、女儿墙和山墙、泛水、雨水口、出屋面管道、分仓缝等的构造 各种瓦屋面的细部构造有檐口、檐沟和天沟、女儿墙和山墙、屋脊、泛水和雨水口等	能看懂平、坡屋面工程的节点构造图，掌握构造要点
金属板屋面构造	金属板屋面工程的防水做法要求、材料及性能要求、基本构造要求	能看懂金属板屋面工程的节点构造图，掌握构造要点

思考与拓展题

1. 举例说明校园建筑物屋面的结构形式。
2. 以教学楼为例，简单说明屋面排水组织设计的方法。
3. 北京奥运会比赛场馆的屋面都有哪些类型？构造做法分别有哪些？
4. 常用的屋面防水材料有哪些？
5. 各种类型屋面的适用范围、特点是什么？
6. 屋面排水组织设计的要点是什么？设计步骤如何？
7. 平屋面隔热设计的主要措施有哪些？试举例说明。

2.7 楼　　梯

知识目标：掌握楼梯的组成及分类；掌握钢筋混凝土楼梯的构造要求；掌握室外台阶与坡道的构造；掌握栏杆、扶手的尺寸要求；了解电梯和自动扶梯、自动人行道的组成原理、基本形式等。

能力目标：1. 能认识不同结构类型的现浇钢筋混凝土楼梯的特点，会读楼梯构造详图。
2. 能熟记楼梯各组成部分的尺寸要求，能对楼梯各细部作相应的构造处理。

学习重点：现浇钢筋混凝土楼梯的形式，楼梯的尺度，楼梯的构造设计及踏步、栏杆、扶手等细部构造。

2.7.1 楼梯概述

1. 作用

楼梯是由连续行走的梯级、休息平台和维护安全的栏杆（或栏板）、扶手以及相应的支托结构组成的建筑部件。其作用是联系楼层之间垂直交通及人员安全疏散。设置楼梯的专用空间称为楼梯间。

2. 设计要求

楼梯是建筑物的主要组成部分，在设计中要求楼梯坚固、耐久、安全、防火；要有足够的通行宽度和疏散能力，做到上下通行方便，便于搬运家具物品。

3. 类型

楼梯的类型是根据其使用要求、建筑功能、建筑平面和空间特点及楼梯在建筑中的位置等因素确定的。楼梯的分类一般有以下几种。

1）按楼梯的材料分类，有钢筋混凝土楼梯、钢楼梯、木楼梯和其他材料楼梯。
2）按楼梯所处的位置分类，有室内楼梯、室外楼梯。
3）按楼梯的使用性质分类，有主要楼梯、辅助楼梯。
4）按楼梯的结构形式分类，有板式楼梯、梁式楼梯、悬挑楼梯等。
5）按楼梯的空间形式分类，有单跑楼梯、双跑楼梯、三跑楼梯、螺旋楼梯等（图 2-143）。
6）按楼梯间平面的消防形式分类，有开敞式楼梯间、封闭楼梯间、防烟楼梯间（图 2-144）。

开敞楼梯间：直接与楼层相连的楼梯间。

封闭楼梯间：用建筑构配件分隔，能防止烟和热气进入的楼梯间。

防烟楼梯间：在楼梯间入口处设有防烟前室，或设有专供排烟用的阳台、凹廊等，且通向前室和楼梯间的门均为乙级防火门的楼梯间。消防等级越高对楼梯间的要求就越高。

2.7.2 楼梯的组成和尺度

1. 楼梯的组成

楼梯一般由梯段、楼梯平台、栏杆（或栏板）和扶手组成，如图 2-145 所示。

（1）梯段

设有踏步供层间上下行走的通道段落称为梯段。梯段是楼梯的主要使用和承重部分，由

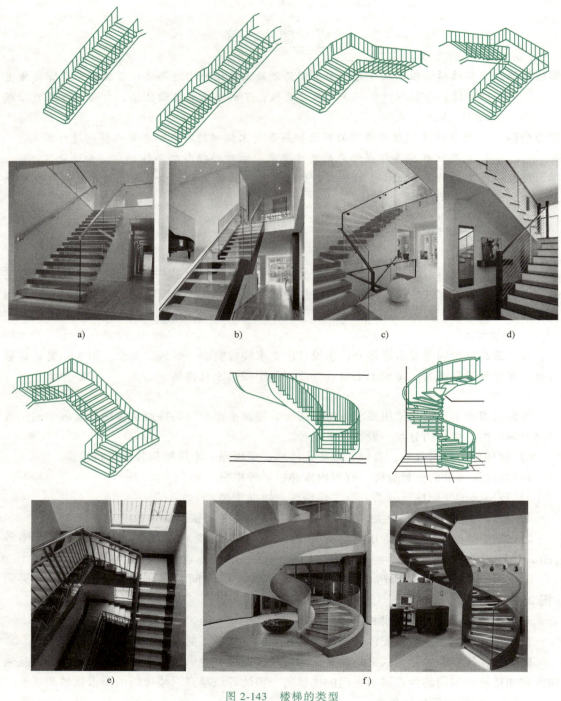

图 2-143 楼梯的类型

a）直跑楼梯（单跑） b）直跑楼梯（双跑） c）折角楼梯
d）双跑楼梯（双跑并列） e）三跑楼梯 f）螺旋楼梯

若干个踏步组成。踏步的高宽比形成了梯段的坡度，坡度决定了梯段占用的建筑面积，以及行人行走时是否舒适。

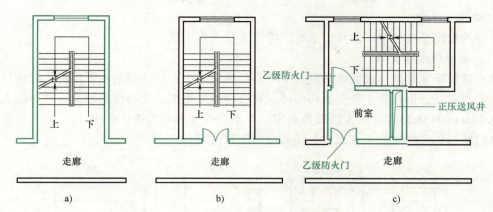

图 2-144 楼梯间的消防形式
a) 开敞楼梯间 b) 封闭楼梯间 c) 防烟楼梯间

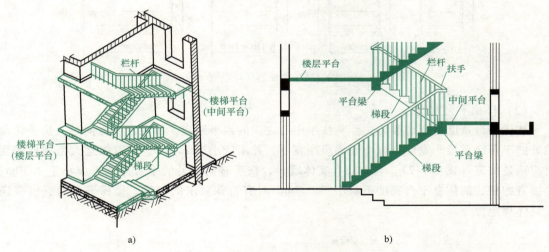

图 2-145 楼梯的组成
a) 楼梯组成空间示意图 b) 楼梯局部剖面图

（2）楼梯平台

楼梯平台是指梯段与楼面连接的水平段或连接两个梯段之间的水平段，供楼梯转折或使用者略作休息之用。

（3）楼梯梯井

楼梯两梯段之间的间隙称为梯井，其作用是方便施工，宽度根据使用和空间效果而确定不同的取值。为了安全，宽度宜小，一般为 60~200mm。建筑内的公共疏散楼梯，其两梯段及扶手间的水平净距不宜小于 150mm。当少年儿童专用活动场所的公共楼梯井净宽大于 0.20m 时，应采取防止少年儿童坠落的措施。

（4）栏杆和扶手

栏杆和扶手是楼梯的安全设施，一般设置在梯段和平台的临空边缘。对它的首要要求是安全牢固，由于楼梯栏杆和扶手是具有较强装饰作用的构件，所以根据不同建筑类型对其材料、形式、色彩等有较高要求。

2. 楼梯的尺度

楼梯的尺度涉及梯段、踏步、平台、净空高度等多个尺寸。

（1）楼梯梯段净宽

楼梯梯段净宽是指墙面装饰面至扶手中心线或扶手中心线之间的水平距离。除应符合防火规范的规定外，供日常主要交通用的楼梯梯段净宽应根据建筑物使用特征，按每股人流宽度为 0.55m+(0~0.15) m 的人流股数确定，并不应少于两股人流。0~0.15m 为人流在行进中人体的摆幅，公共建筑人流众多的场所应取上限值（图 2-146）。

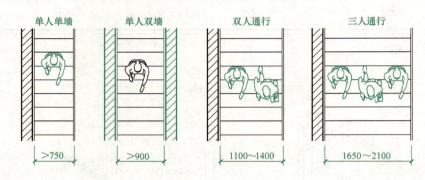

图 2-146 楼梯的梯段净宽

（2）楼梯平台宽度

楼梯平台宽度是指墙面装饰面至扶手中心之间的水平距离。梯段改变方向时，扶手转向端处的平台净宽最小宽度不应小于梯段净宽度，并不应小于 1.20m；当有搬运大型物件需要时应适量加宽（图 2-147）。当中间有实体墙时，扶手转向端处的平台净宽不应小于 1.30m。连续直跑楼梯的休息平台宽度不应小于 0.9m。对有特殊要求的建筑，楼梯平台的宽度应满足具体规定。

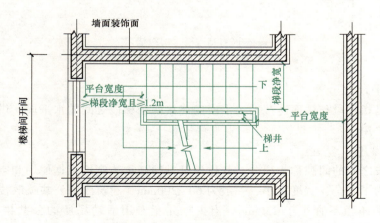

图 2-147 楼梯的梯段、平台、梯井

当楼梯平台有凸出物或其他障碍物影响通行宽度时，楼梯平台宽度应从凸出部分或其他障碍物外缘算起。通常在设计中，以梯段净宽为直径作半圆，如图 2-148 中虚线所示。在半圆范围内没有凸出物即可满足要求。

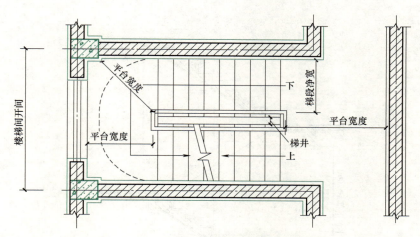

图 2-148 框架梁、柱凸出在楼梯间平面图

当框架梁底距楼梯平台地面高度小于 2.00m 时，如设置与框架梁内侧面平齐的平台栏杆（板）等，楼梯平台的净宽应从栏杆（板）内侧算起（图 2-149）。

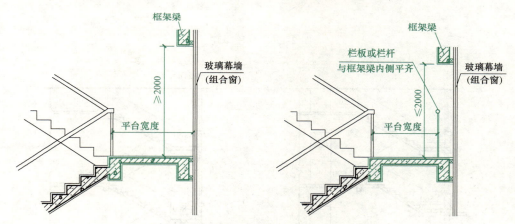

图 2-149 楼梯休息平台与框架梁的关系

公共楼梯正对（向上、向下）梯段设置的楼梯间门距踏步边缘的距离不应小于 0.60m。

（3）楼梯的净空高度

公共楼梯休息平台上部及下部过道处的净高不应小于 2.00m，梯段净高不应小于 2.20m。梯段净高为自踏步装饰面前缘（包括最低和最高一级踏步前缘线以外 0.30m 范围内）量至上方凸出物装饰面下缘间的垂直高度，如图 2-150 所示。

当底层楼梯平台下设置楼梯间入口时，为使平台净高满足要求，常采用以下几种处理方法。

1）增加底层第一梯段的踏步数量，以此增大入口处中间平台的高度，如图 2-151a 所示。

2）利用室内外地面高差降低楼梯间底层地面的标高，如图 2-151b 所示。

3）将上述两种方法结合，如图 2-151c 所示。

4）将底层楼梯做成直跑梯段，直接进入二层，如图 2-151d 所示。

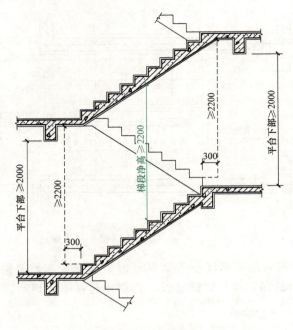

图 2-150 梯段净高

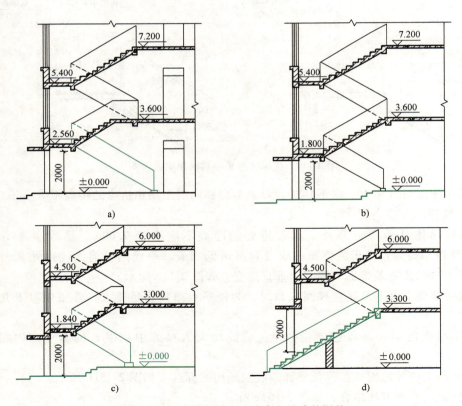

图 2-151 楼梯底层入口处净空尺寸的调整

（4）楼梯的坡度

楼梯的坡度是指梯段的坡度，即梯段的倾斜角度。梯段坡度的大小直接影响到楼梯的正常使用，梯段坡度过大会造成行走吃力，过小会加大楼梯间进深尺寸。所以，在确定楼梯坡度时，应综合考虑使用和经济因素。

一般楼梯的坡度范围在 23°～45°，适宜的坡度为 30°左右，如图 2-152 所示。坡度过小时，可做成坡道；坡度过大时，可做成爬梯。

（5）踏步尺寸

楼梯踏步的尺寸决定着楼梯段的坡度，因此必须选择合适的踏步高度和宽度。踏步的高度与人们的步距有关，宽度应与人脚长度相适应；当踏步宽度不能保证时，常采用出挑踏步面的方法，使得在梯段长度不变情况下增加踏步面宽，如图 2-153 所示。

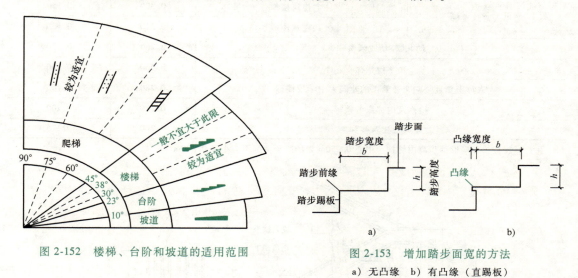

图 2-152　楼梯、台阶和坡道的适用范围

图 2-153　增加踏步面宽的方法
a）无凸缘　b）有凸缘（直踢板）

步距是按水平跨步距离公式（$2r+g$）计算的，成人和儿童、男性和女性、青壮年和老年人均有所不同。一般在 560～630mm 范围内，少年儿童在 560mm 左右，成人平均在 600mm 左右。

$$2r+g = 560\sim630\text{mm}$$

式中　r——踏步高度（mm）；

　　　g——踏步宽度（mm）。

公共楼梯踏步的最小宽度和最大高度应符合表 2-26 的规定。螺旋楼梯和扇形踏步离内侧扶手中心 0.250m 处的踏步宽度不应小于 0.220m。每个梯段的踏步高度、宽度应一致，相邻梯段踏步高度差不应大于 0.01m，且踏步面应采取防滑措施。其他建筑楼梯踏步最小宽度和最大高度应符合表 2-27 的规定。

（6）楼梯栏杆扶手的高度

室内楼梯扶手的高度自踏步前缘线量起不宜小于 900mm。室内楼梯水平休息平台处及室外楼梯临空侧栏杆（栏板）、上下楼层开口部位等处的开敞楼梯的梯段栏杆（栏板）其防护高度不应小于 1100mm。栏杆（栏板）高度应按所在楼地面或屋面至扶手顶面的垂直高度计算；如底面有宽度大于或等于 0.22m，且高度不大于 0.45m 的可踏部位，应按可踏部位顶

表 2-26 楼梯踏步最小宽度和最大高度 （单位：m）

楼梯类别	最小宽度	最大高度
以楼梯作为主要垂直交通的公共建筑、非住宅类居住建筑的楼梯	0.26	0.165
住宅建筑公共楼梯，以电梯作为主要垂直交通的多层公共建筑和高层建筑裙房的楼梯	0.26	0.175
以电梯作为主要垂直交通的高层和超高层建筑楼梯	0.25	0.180

注：表中公共建筑及非住宅类居住建筑不包括托儿所、幼儿园、中小学及老年人照料设施。

表 2-27 其他建筑楼梯踏步最小宽度和最大高度 （单位：m）

楼梯类别		最小宽度	最大高度
老年人建筑楼梯	住宅建筑楼梯	0.300	0.150
	公共建筑楼梯	0.320	0.130
幼儿园、幼儿园楼梯		0.260	0.130
小学校楼梯		0.260	0.150
人员密集且竖向交通繁忙的建筑大中学校楼梯		0.280	0.165
检修及内部服务楼梯		0.220	0.200
其他建筑楼梯		0.260	0.175

注：螺旋楼梯和扇形踏步离内侧扶手中心 0.250m 处的踏步宽度不应小于 0.220m。

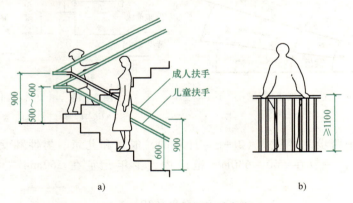

图 2-154 楼梯栏杆扶手高度
a) 梯段处 b) 顶层平台处安全栏杆

面至扶手顶面的垂直高度计算，如图 2-154 所示。

幼儿建筑楼梯除设成人扶手外，并应在靠墙一侧设幼儿扶手，其高度不应大于 600mm。幼儿使用的楼梯，当楼梯井净宽度大于 0.11m 时，必须采取防止幼儿攀滑措施。楼梯栏杆应采取不易攀爬的构造，当采用垂直杆件做栏杆时，其杆件净距不应大于 0.09m。

少年儿童专用活动场所的公共楼梯，梯井净宽大于 0.20m 时，应采取防止少年儿童坠落的措施。楼梯栏杆应采取不易攀登的构造，当采用垂直杆件做栏杆时，其杆件净距不应大于 0.11m（图 2-155）。

2.7.3 钢筋混凝土楼梯

钢筋混凝土与木材和钢材相比具有较好的耐火性、耐久性，因此在民用建筑中大量采用

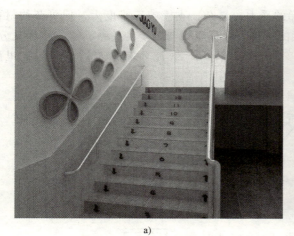 

图 2-155 楼梯栏杆扶手
a）幼儿园室内楼梯　b）中小学室内楼梯

钢筋混凝土楼梯。按施工方法不同，钢筋混凝土楼梯分为现浇钢筋混凝土楼梯和预制装配式钢筋混凝土楼梯两大类。目前均在建筑中广泛应用。

1. 现浇钢筋混凝土楼梯

现浇钢筋混凝土楼梯构造的特点是整体性好、刚度大、尺寸灵活、形式多样、抗震性能好，不需要大型起重设备，但施工工序多、工期较长。按传力与结构形式的不同，现浇钢筋混凝土楼梯可分为板式楼梯和梁式楼梯两种。

（1）板式楼梯

板式楼梯的梯段相当于一块斜放的现浇板，平台梁是支座，如图 2-156a 所示。其荷载传力路线是：荷载→梯段板→平台梁→墙体（柱）基础。

板式楼梯受力简单，底面平整，易于支模和施工。由于梯段板的厚度与梯段跨度成正比，跨度较大的梯段会使梯段厚度加大而不经济，因此板式楼梯一般适用于梯段水平投影长度不太大的情况。有时为了保证平台过道处的净空高度，可以在板式楼梯的局部取消平台梁，形成折板楼梯，如图 2-156b 所示，此时梯段板的跨度为梯段水平投影长度与平台深度之和。

（2）梁式楼梯

梁式楼梯的踏步板两侧设有斜梁，平台梁是斜梁的支座，如图 2-157 所示。其荷载传力路线是：荷载→踏步板→斜梁→平台梁→墙体（柱）基础。

梁式楼梯也可在梯段的一侧布置斜梁，踏步一端搁置在斜梁上，另一端直接搁置在承重墙上；有时梁式楼梯的斜梁设置在梯段的中部，形成踏步板两侧

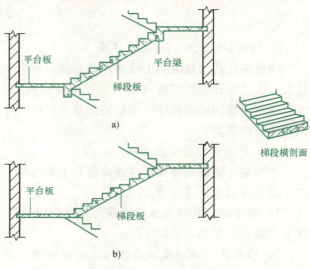

图 2-156 现浇板式楼梯

悬挑的状态，如图 2-157a 所示。梁式楼梯的受力较复杂，支模施工难度大，但可节约材料、减轻自重。梁式楼梯多用于梯段跨度较大的楼梯。根据斜梁与踏步的关系，梁式楼梯又分为明步和暗步两种形式。明步是踏步外露，如图 2-157b 所示；暗步是踏步被斜梁包在里面，如图 2-157c 所示。

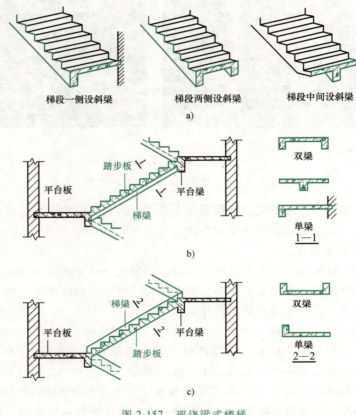

图 2-157 现浇梁式楼梯
a）斜梁的设置 b）明步楼梯 c）暗步楼梯

2. 预制装配式钢筋混凝土楼梯

预制装配式钢筋混凝土楼梯安装方便，不需要参与整体结构抗震，受力特点明确，但自重大。需要先在预制厂或施工现场预制楼梯构件，然后在现场进行装配，建造成本相对较高。按照组成楼梯的构件尺寸和装配程度，可以分为小型构件装配式、中型构件装配式和大型构件装配式等。

（1）小型构件装配式楼梯

小型构件装配式楼梯是将踏步板和承重结构分开预制，将踏步板作为基本构件，有梁承式、墙承式和悬挑式三种。

1）梁承式。预制梁承式楼梯，是将预制的踏步支撑在预制梁上，形成梯段，斜梁支撑在平台梁上，如图 2-158 所示。

2）墙承式。预制墙承式楼梯，是将预制的踏步板在施工过程中按顺序直接搁置在墙上，形成梯段，如图 2-159 所示。

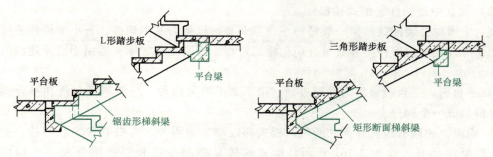

图 2-158 预制梁承式楼梯

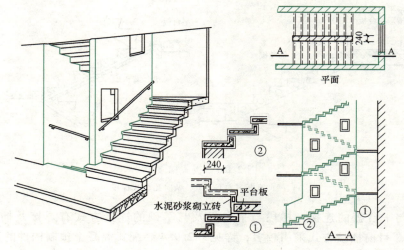

图 2-159 预制墙承式楼梯

3）悬挑式。预制悬挑式楼梯，是将预制的踏步一端固定在墙上，一端悬挑，形成悬臂构件，全部重量通过踏步传递到墙体，踏步的悬挑长度一般不超过 1500mm，如图 2-160 所示。

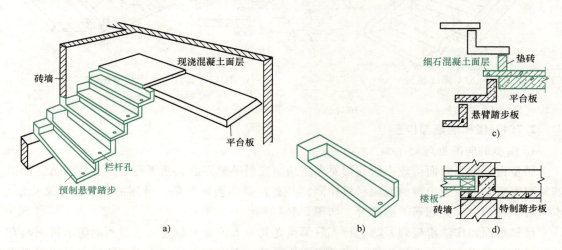

图 2-160 预制悬挑踏步楼梯

a）悬臂踏步楼梯示意 b）踏步构件 c）平台转换处剖面 d）遇楼板处构件

（2）大、中型构件装配式楼梯

大、中型构件装配式楼梯一般是将平台梁和楼梯段作为基本构件，与小型构件装配式楼梯相比，可以减少构件种类和数量，简化施工过程、提高工作效率，适用于成片建设的大量性建筑。

1）平台板。平台板通常为槽形板，有带梁和不带梁两种。一般将平台板和平台梁组合在一起预制成一个构件。

2）梯段。梯段有板式和梁式两种。板式梯段踏步为明步，有空心和实心两种，空心板有横向和纵向抽孔，如图 2-161 所示。梁式梯段是把踏步板和斜梁组合成一个构件，如图 2-162 所示。

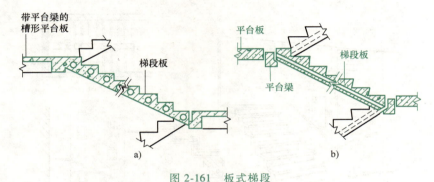

图 2-161 板式梯段

a）横向孔板式梯段 b）纵向孔板式梯段

3）梯段与平台板的连接。梯段与平台板及与基础的连接方式有焊接及插接两种，如图 2-163 所示。目前插接方式采用较多，详见"2.9.4 装配式混凝土预制构件的连接"。

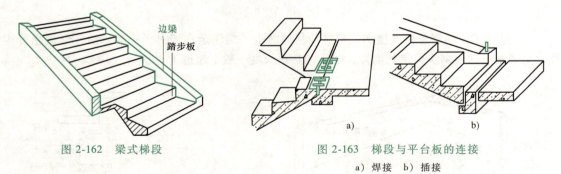

图 2-162 梁式梯段

图 2-163 梯段与平台板的连接

a）焊接 b）插接

2.7.4 楼梯的细部构造

1. 踏步的防滑处理

踏步由踏面和踢面构成。按使用要求，踏面应当平整耐磨、便于行走、容易清洁。踏面的材料一般与门厅或走道的地面材料相同，并有较强的装饰效果，常用的有水泥砂浆面层、水磨石、花岗岩、大理石、缸砖等，如图 2-164 所示。

楼梯踏面需作防滑处理，防止行人跌倒，尤其是人流量大的建筑。常用的防滑措施是在踏步口作防滑措施，如面层割槽，或者嵌入金属条、橡胶条、马赛克等。防滑条所用材料应比踏步面层材料更耐磨，其表面较为粗糙或者有凹凸线条等，如图 2-165 所示。

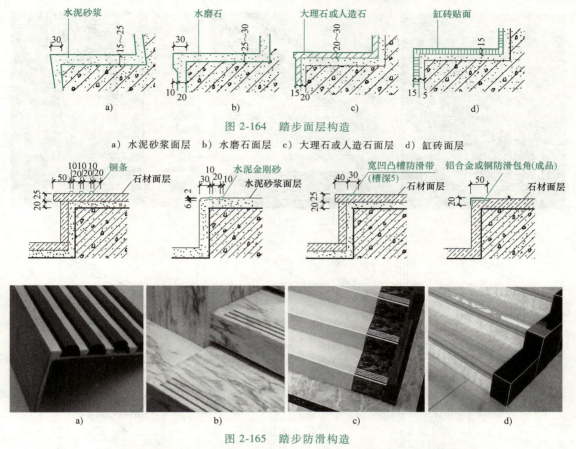

图 2-164 踏步面层构造

a）水泥砂浆面层　b）水磨石面层　c）大理石或人造石面层　d）缸砖面层

图 2-165 踏步防滑构造

a）铜条防滑条　b）金刚砂防滑条　c）石材铲扣防滑条　d）金属防滑条

2. 栏杆、栏板

栏杆和栏板是楼梯中保护行人上下安全的围护措施。栏杆多采用金属材料制作，如方钢、圆钢、钢管或扁钢等，并焊接或铆接成各种图案，也有采用铸铁花饰，既起防护作用，又有装饰作用，如图 2-166 所示。栏板采用钢筋混凝土、木板、有机玻璃、钢化玻璃等材料制作，如图 2-167 所示。

图 2-166 栏杆形式

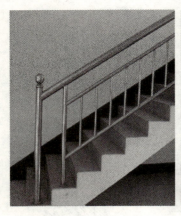

图 2-166 栏杆形式（续）

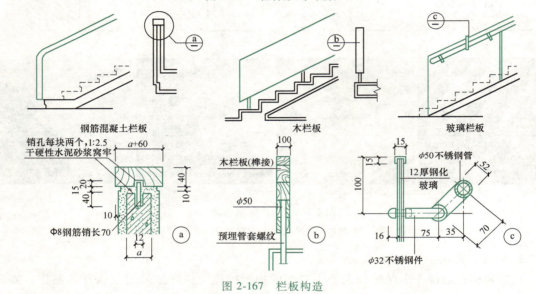

图 2-167 栏板构造

栏杆与踏步的连接方式有预留孔洞用砂浆或细石混凝土填实锚接、预埋件焊接和膨胀螺栓连接等，如图 2-168 所示。

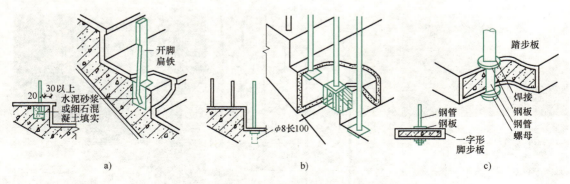

图 2-168 栏杆与踏步的连接
a）锚接 b）预埋件焊接 c）膨胀螺栓连接

3. 扶手

楼梯扶手按材料分有硬木、金属型材、工程塑料等。扶手形式及扶手与栏杆的连接构造，如图 2-169 所示；靠墙扶手的连接如图 2-170 所示；扶手与墙或柱的连接构造如图 2-171 所示。

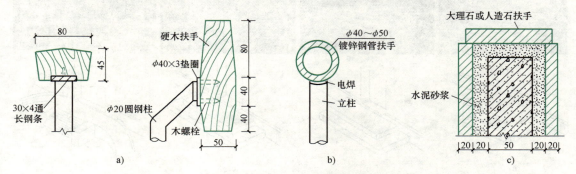

图 2-169 扶手形式及扶手与栏杆的连接
a）硬木扶手 b）钢管扶手 c）天然石材或人造石材扶手

2.7.5 台阶与坡道

台阶与坡道主要用于建筑物出入口，是联系标高不同地面的交通构件。

1. 台阶

台阶指在室外或室内的地坪或楼层不同标高处设置的供人行走的阶梯。台阶的形式与建筑物的功能、基地环境相适应。常用的台阶有单面踏步、两面踏步、三面踏步或与花池相连接等，如图 2-172 所示。

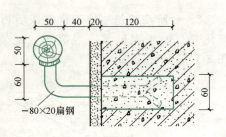

图 2-170 靠墙扶手的连接

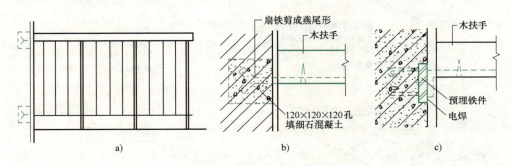

图 2-171 扶手与墙或柱的连接
a）栏杆立面 b）栏杆扶手与砖墙连接 c）与钢筋混凝土连接

台阶的构造要求如下：

1）建筑物主入口的室外台阶踏步宽度不应小于 0.30m，踏步高度不应大于 0.15m。

2）台阶踏步数不应少于 2 级，当踏步数不足 2 级时，应按人行坡道设置。

3）当台阶坡道总高度达到或超过 0.70m 时，应在临空面采取防护措施。台阶的铺装面层应采取防滑措施。

4）台阶顶部平台一般应比门洞口每边至少宽出 500mm，平台深度一般不应小于 1000mm，并比室内地面低 20~50mm，向外做出 1% 的排水坡度。

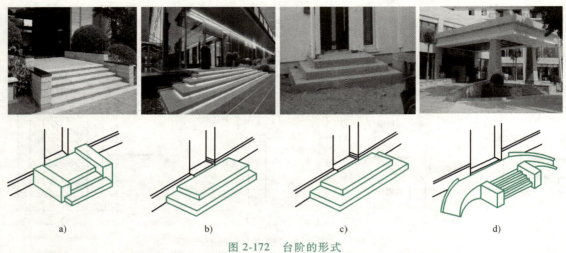

图 2-172 台阶的形式

a）单面踏步 b）双面踏步 c）三面踏步 d）坡道踏步结合式样

5）台阶在建筑主体工程完成后再进行施工，台阶的面材应考虑防水、防滑、抗冻、抗风化等，如水泥砂浆、混凝土、地砖、天然石材等。台阶按构造有实铺和空铺两种，如图 2-173 所示。

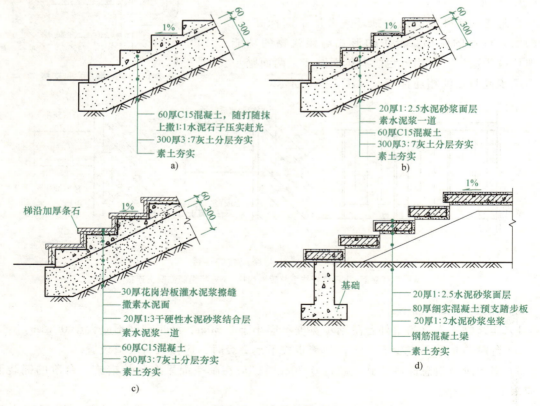

图 2-173 台阶的构造

a）混凝土台阶 b）水泥砂浆台阶 c）石材台阶 d）空铺混凝土台阶

2. 坡道

坡道指连接不同标高的楼面、地面，供人行或车行的斜坡式交通道。坡道的形式与建筑物的功能、基地环境相适应，常用形式如图 2-174 所示。

图 2-174 坡道的形式
a) 无障碍坡道　b) 非机动车坡道　c) 车库出入口坡道　d) 室外通道坡道

坡道的构造要求如下：

1) 室内坡道坡度不宜大于 1∶8，室外坡道坡度不宜大于 1∶10。

2) 室内坡道水平投影长度超过 15m 时，宜设休息平台，平台宽度应根据使用功能或设备尺寸所需缓冲空间而定。

3) 供轮椅使用的坡道应符合现行国家标准《无障碍设计规范》(GB 50763—2012) 及《建筑与市政工程无障碍通用规范》(GB 55019—2022) 的有关规定；通常根据坡道高差，坡度在 1∶10 至 1∶20 之间。

4) 机动车和非机动车使用的坡道应符合现行行业标准《车库建筑设计规范》(JGJ 100—2015) 的有关规定。

5) 人行坡道应采取防滑措施；人行坡道总高度达到或超过 0.70m 时，应在临空面采取防护措施。常用坡道构造如图 2-175 所示。

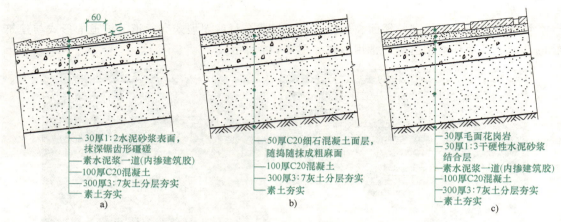

图 2-175 坡道的构造

a) 水泥礓磋面层坡道　b) 细石混凝土面层坡道　c) 石材面层坡道

2.7.6 电梯及其他

1. 电梯

电梯是高层建筑进行垂直交通的工具。考虑到电梯的构造，它不应作为安全疏散出口，任何建筑都应按防火规范规定的安全疏散距离设置疏散楼梯。

（1）电梯的类型

电梯根据使用性质可以分为客梯、货梯、消防电梯、观光电梯；根据拖动方式可以分为交流电梯、直流电梯、液压电梯；根据消防要求分为普通电梯、消防电梯，如图 2-176 所示。

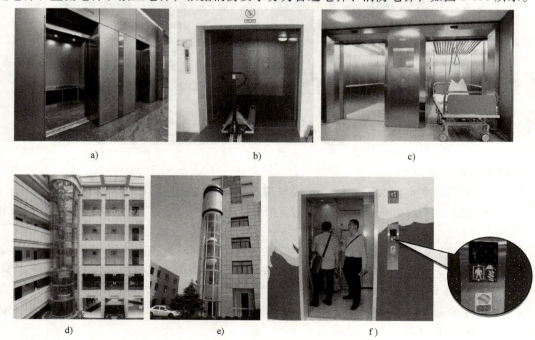

图 2-176 电梯类型

a) 客梯　b) 货梯　c) 医用电梯　d) 室内观光电梯　e) 室外观光电梯　f) 消防电梯

（2）电梯的组成

电梯由轿厢、电梯井道和运载设备三部分组成，如图 2-177 所示。

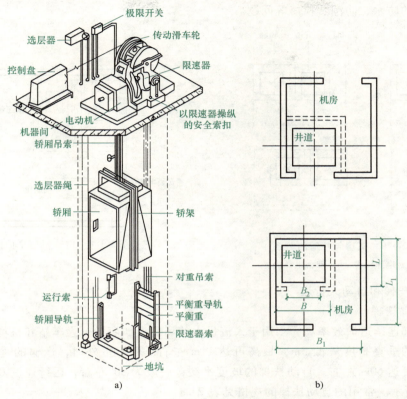

图 2-177 电梯的组成

a）电梯井道 b）井道平面

（3）电梯井道的构造要求

1）防火。电梯井道是建筑中的垂直通道，极易引起火灾的蔓延，因此井道四周应为防火结构。井道多数为现浇钢筋混凝土材料，也可以用砖砌筑，但应采取加固措施，电梯井道内不允许布置无关的管线。电梯层门的耐火完整性不应低于 2 小时。

2）隔声。电梯运行时产生振动和噪声，一般在机房机座下设弹性垫层隔振；在机房与井道间设高为 1.5m 左右的隔声层，如图 2-178 所示。

3）通风。在地坑与井道中部和顶部，分别设置面积不小于 300mm×600mm 的通风孔，

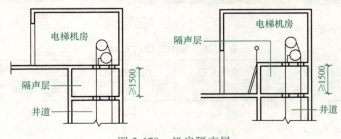

图 2-178 机房隔声层

解决井道内的排烟和空气流通问题。

电梯机房与井道的关系如图 2-179 所示，电梯机房平面图如图 2-180 所示。另外，还要解决好井道的防水、防潮、检修等问题。

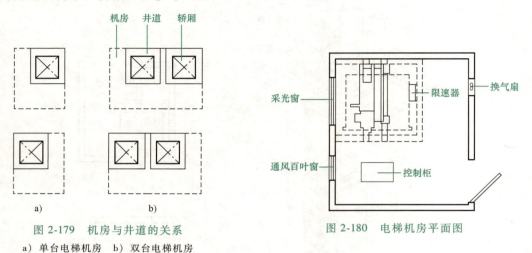

图 2-179　机房与井道的关系
a) 单台电梯机房　b) 双台电梯机房

图 2-180　电梯机房平面图

2. 自动扶梯和自动人行道

（1）自动扶梯

自动扶梯连续运输效率高，多用于人流量大的场所，如商场、火车站和机场等。用于室内时，运输的垂直高度最低 3m，最高可达 11m 左右；用于室外时，运输的垂直高度最低 3.5m，最高可达 60m 左右。自动扶梯的坡度平缓，一般为 30°左右，运行速度 0.5~0.7m/s，如图 2-181 所示。常用的自动扶梯的规格见表 2-28。

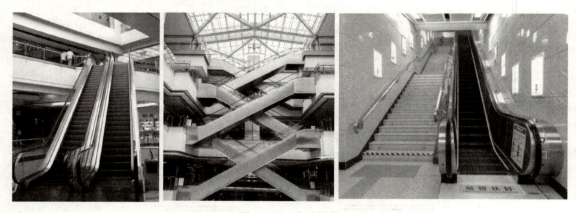

图 2-181　自动扶梯

表 2-28　自动扶梯的规格

梯型	输送能力/(人/h)	提升高度/m	速度/(m/s)	扶梯宽度	
				净宽 B/mm	外宽 B_1/mm
单人梯	5000	3~10	0.5	600	1350
双人梯	8000	3~8.5	0.5	1500	1750

自动扶梯有正反两个运行方向,它由悬挂在楼板下面的电动机牵动踏步板与扶手同步运行。自动扶梯的组成如图 2-182 所示。

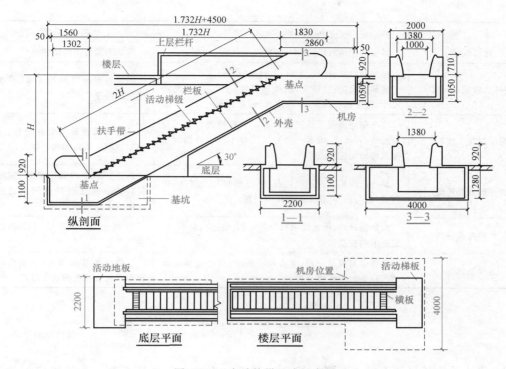

图 2-182 自动扶梯组成示意图

(2) 自动人行道

自动人行道即为在水平或微倾斜方向连续运送人员的输送机。自动人行道的最大倾斜角小于或等于 12°,适用于大型交通建筑,常用于车站、码头、商场、机场、展览馆和体育馆等人流集中的地方。自动人行道的结构与自动扶梯相似,主要由活动路面和扶手两部分组成,如图 2-183 所示。

图 2-183 自动人行道

小　　结

子　项	知识要点	能力要点
楼梯概述	楼梯的作用、设计要求、类型	辨认不同类型的楼梯
楼梯的组成和尺度	楼梯的组成：梯段、平台、平台梁、栏杆、扶手 楼梯的尺度：梯段宽度、楼梯坡度、平台宽度、踏步尺寸、扶手栏杆高度、净空高度、梯井宽度	明确各组成之间的关系，掌握楼梯主要尺度
钢筋混凝土楼梯	现浇钢筋混凝土板式楼梯和梁式楼梯的构造及受力路线；梁承式、墙承式和悬挑式等小型构件预制装配式楼梯构造特点	分清板式楼梯与梁式楼梯，了解预制装配式楼梯的构造特点
楼梯的细部构造	踏步防滑构造；栏杆、栏板、扶手的材料及尺度；栏杆、栏板与踏步、扶手的连接与做法	能进行踏步的防滑处理，能根据材料的不同处理好各细部之间的连接
台阶与坡道	台阶的材料、构造要求和构造做法；坡道的材料、构造要求和构造做法	掌握台阶、坡道的尺度和构造做法
电梯及其他	电梯的组成及原理、主要构造要求；自动扶梯和自动人行道的主要构造要求	了解电梯基本构造；了解自动扶梯和自动人行道的基本形式

思考与拓展题

1. 你认识的楼梯还有哪些类型？指出校园内的几种主要楼梯类型，并说明它们的使用情况。
2. 各种类型楼梯的适用范围、特点是什么？
3. 楼梯的组成有哪些？结构类型如何？
4. 楼梯各组成部分的要求有哪些？
5. 根据现场教学的认识，说明楼梯的施工顺序和方法。
6. 举例自动扶梯和自动人行道的应用场景。

2.8 变 形 缝

知识目标：掌握变形缝的作用、类型和设置要求，掌握变形缝在基础、楼地面、墙面及屋面的构造处理。

能力目标：1. 能掌握变形缝的设置原则，能处理建筑各部位变形缝的基本构造做法。
2. 能根据建筑的特征辨认各种类型变形缝。

学习重点：变形缝的设置原则及构造处理方法。

2.8.1 变形缝概述

建筑物由于受温度变化、地基不均匀沉降、地震等外界因素的影响，结构内部将产生附加的应力和变形，如不采取措施或措施不当，会导致建筑物开裂、碰撞甚至破坏倒塌。为避免和减少这些不利影响，在建筑物变形敏感的部位，设计时就预先将结构断开，预留缝隙，使建筑物各部分能自由变形，互相之间不受约束，避免建筑物的整体破坏。这种预留的构造缝隙称为结构变形缝。结构变形缝（以下简称变形缝）可分为伸缩缝、沉降缝、防震缝三种。

2.8.2 变形缝的作用、类型和设置要求

1. 伸缩缝

（1）伸缩缝的作用

建筑构件因温度和湿度等的变化会产生胀缩变形，当建筑物长度超过一定范围时，建筑构件就会由此产生开裂或破坏。为此通常在建筑物适当的部位设置具有一定宽度的缝隙，保证温度影响下结构在水平方向自由收缩而不破坏。

（2）伸缩缝的设置

伸缩缝是将基础以上的建筑构件，如墙体、楼板层、屋顶等全部断开，以保证各自独立能在水平方向自由收缩。基础部分因受温度变化影响较小，故不需断开。伸缩缝的宽度一般为 20~40mm，通常采用 30mm。

伸缩缝的设置间距与结构类型、结构材料、施工方法以及建筑所处环境等因素有关。砌体结构和钢筋混凝土结构的伸缩缝最大设置间距见表 2-29、表 2-30。

表 2-29　砌体结构伸缩缝的最大间距　　　　　　　　　（单位：m）

屋盖或楼盖类型		间距
整体式或装配整体式钢筋混凝土结构	有保温层或隔热层的屋盖、楼盖	50
	无保温层或隔热层的屋盖	40
装配式无檩体系钢筋混凝土结构	有保温层或隔热层的屋盖、楼盖	60
	无保温层或隔热层的屋盖	50
装配式有檩体系钢筋混凝土结构	有保温层或隔热层的屋盖、楼盖	75
	无保温层或隔热层的屋盖	60
瓦材屋盖、木屋盖或楼盖、轻钢屋盖		100

（3）伸缩缝的结构构造

在砖混结构中，若伸缩缝设置在墙体处，可采用单墙承重方案，如图 2-184a 所示；也可以采用双墙承重方案，如图 2-184b 所示。

表 2-30　钢筋混凝土结构伸缩缝的最大间距　　　　　　　　　　（单位：m）

结　构　类　别		室内或土中	露天
排架结构	装配式	100	70
框架结构	装配式	75	50
	现浇式	55	35
剪力墙结构	装配式	65	40
	现浇式	45	30
挡土墙、地下室墙壁等类结构	装配式	40	30
	现浇式	30	20

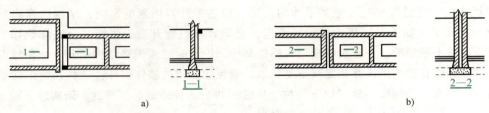

图 2-184　砖混结构伸缩缝的设置
a）单墙承重方案　b）双墙承重方案

在框架结构中，最简单的方法是将楼层的中部断开，也可采用双柱、简支梁和悬挑的办法，如图 2-185 所示。

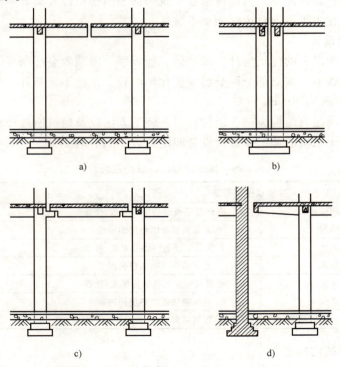

图 2-185　框架结构变形缝的设置
a）中部断开　b）双柱　c）简支梁　d）悬挑

2. 沉降缝

（1）沉降缝的作用

如果同一建筑物存在地质条件不同、各部分的高差和荷载差异较大以及结构形式不同等现象，建筑物就会发生不均匀沉降而产生裂缝，严重时会导致建筑物结构构件破坏。为此，在适当的位置设置缝隙将建筑物分隔成相对独立的单元，使之可以沿竖向自由沉降，以避免不均匀沉降引起的破坏。

（2）沉降缝的设置

1) 建筑平面的转折部位。
2) 高度差异或荷载差异较大处。
3) 长度比过大的砌体承重结构或钢筋混凝土框架结构的适当部位。
4) 当建筑物建造在不同的地基上又难以保证均匀沉降时。
5) 当同一建筑物相邻部分的基础形式、宽度和埋置深度相差悬殊时。
6) 原有建筑物和新建、扩建和建筑物毗连处。
7) 当建筑物体型比较复杂，连接部位又比较薄弱时。

当建筑物设置沉降缝时，沉降缝应有足够的宽度，随地基情况和房屋的高度不同而定，其宽度一般≥50mm，具体可按表2-31选用。

表2-31 房屋沉降缝的宽度

房屋层数	沉降缝宽度/mm
二至三层	50~80
四至五层	80~120
五层以上	不小于120

（3）沉降缝的结构构造

基础的处理有双墙偏心基础、双墙基础交叉排列和悬挑基础等形式，如图2-186所示。

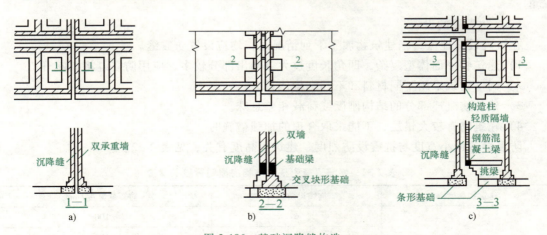

图2-186 基础沉降缝构造

a）双墙　b）双墙基础交叉排列　c）悬挑基础

屋顶沉降缝应充分考虑不均匀沉降对屋面泛水的影响。

地下室沉降缝的处理重点，是做好地下室墙身及底板的防水，一般是在沉降缝处预埋止水带。止水带有塑料止水带、橡胶止水带和金属止水带等，如图2-187a、b、c所示。沉降缝按构造有内埋式和可卸式两种，如图2-187d、e所示。

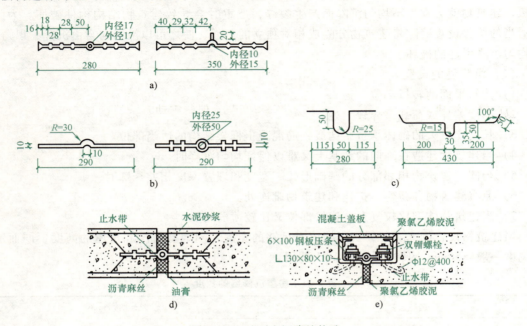

图2-187 地下室沉降缝构造

a）塑料止水带 b）橡胶止水带 c）金属止水带 d）内埋式 e）可卸式

3. 防震缝

（1）防震缝的作用

防震缝是为防止建筑物在地震力作用下震动、摇摆，引起变形裂缝、造成破坏而设置的。

（2）防震缝的设置

在抗震设防地区，当建筑物属于下列情况时，均应设置防震缝。

1）建筑物平面体型复杂，凹角长度过大或凸出部分较多，应用防震缝将其断开。

2）同一建筑采用不同材料和不同结构体系时。

3）建筑物毗连部分的结构刚度或荷载相差悬殊。

4）建筑物有较大错层，不能采取合理的加强措施时。

防震缝的最小宽度与抗震设防烈度、建筑物高度有关，见表2-32。

表2-32 钢筋混凝土框架结构房屋防震缝的宽度

建筑物高度/m	抗震设防烈度	防震缝宽度/mm
$H \leqslant 15$	6	100
	7	100
	8	100
	9	100

（续）

建筑物高度/m	抗震设防烈度	防震缝宽度/mm
$H>15$	6	高度每增加 5m，缝宽增加 20mm
	7	高度每增加 4m，缝宽增加 20mm
	8	高度每增加 3m，缝宽增加 20mm
	9	高度每增加 2m，缝宽增加 20mm

（3）防震缝的结构构造

防震缝应沿建筑物全高设置，一般基础可不断开，但与震动有关的建筑各相连部分的刚度差别很大时，也须将基础分开。在抗震设防区，沉降缝和伸缩缝须满足防震缝要求。防震缝的宽度较大，所以应充分考虑盖缝条的牢固性和对变形的适应能力，作好防水和防风处理。

4．三缝合一

变形缝的设置使得建筑物的施工更为复杂，若处理不当，建筑物的使用功能（如渗漏）和观感质量也存在很多负面效应，且增加了工程造价。为此，设置变形缝要非常慎重。为方便起见，有很多建筑物对这三种变形缝进行了综合考虑和布置，使之兼具上述三种功能，即三缝合一。

根据变形缝特点，三缝合一即缝宽按照防震缝宽度处理，基础按沉降缝断开。

2.8.3　变形缝的构造

变形缝的设置，实际上是将一个建筑物从结构上划分成几个独立的单元。但从建筑物的角度来看，它们仍然是一个整体。为了防止风、雨、空气、灰尘等侵入室内，影响建筑物的正常使用和耐久性，同时也为了建筑的美观，必须对变形缝进行覆盖、装修处理。这些处理必须保证变形缝两侧结构单元的水平方向和垂直方向的相对位移和变形不受到限制。

（1）墙体变形缝

根据墙体厚度不同，墙体变形缝可做成错口缝、企口缝、平缝三种，如图 2-188 所示。

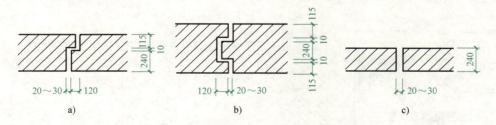

图 2-188　砖墙伸缩缝的截面形式
a）错口缝　b）企口缝　c）平缝

为防止外界通过变形缝对墙体及室内环境的侵蚀，需对变形缝进行构造处理，以达到防水、保温、防风等要求。外墙缝内一般用止水带、有弹性的保温材料填塞，缝口用镀锌铁皮、彩色钢板等材料作盖缝止水处理，如图 2-189a 所示。内墙用具有装饰性的金属板或木板条盖缝，如图 2-189b 所示。

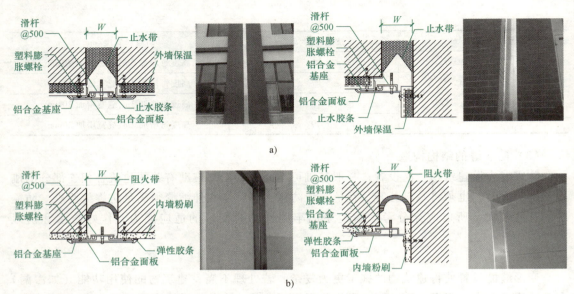

图 2-189 金属盖板型墙体变形缝（适用于伸缩缝、沉降缝）
a）外墙变形缝　b）内墙变形缝

墙体防震缝旨在预防水平地震波对建筑物的破坏作用，缝宽比较宽，且不应做成错口缝或企口缝，如图 2-190 所示。

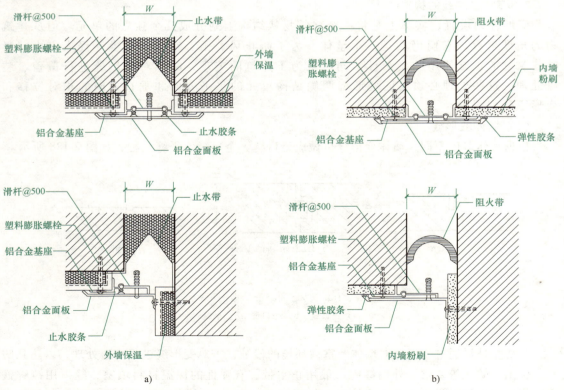

图 2-190 金属盖板型墙体变形缝（适用于伸缩缝、沉降缝、防震缝）
a）外墙变形缝　b）内墙变形缝

（2）楼地层变形缝

楼地层变形缝的位置、缝宽、应与墙体、屋面变形缝一致。

楼地层的变形缝内一般需设置止水带、阻火带等，以满足使用要求，上铺活动盖板作盖缝处理。顶棚处用木板条、金属盖板等作盖缝处理，如图 2-191 所示。

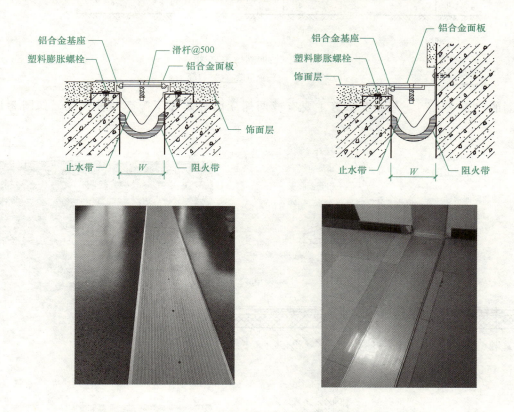

图 2-191　金属盖板型楼地面变形缝（适用于伸缩缝、沉降缝、防震缝）

构造变形缝属于结构变形缝。有时候为了防止材料的收缩、膨胀而引起的开裂变形等问题，也需要预先设置变形缝，称为材料变形缝。例如在楼地面构造要求中，底层地面的混凝土垫层，应设置纵向缩缝、横向缩缝，并应符合下列要求。

1）纵向缩缝应采用平头缝或企口缝，其间距可采用 3~6m，如图 2-192a、b 所示。

2）纵向缩缝采用企口缝时，垫层的构造厚度不宜小于 150mm，企口拆模时的混凝土抗压强度不宜低于 3MPa。

3）横向缩缝宜采用假缝，其间距可采用 6~12m，如图 2-192c 所示；高温季节施工的地面，假缝间距宜采用 6m。假缝的宽度宜为 5~20mm，高度宜为垫层厚度的 1/3；缝内应填水泥砂浆或膨胀型砂浆。当纵向缩缝为企口缝时，横向缩缝应做假缝。

4）平头缝和企口缝的缝间不得放置隔离材料，必须彼此紧贴。

（3）屋面变形缝

屋面变形缝的位置、缝宽应与墙体、楼地层的变形缝一致，构造处理原则是既不能限制屋面由于各种原因导致的变形，又要严防雨水从伸缩缝处渗入室内（变形缝部位往往是屋

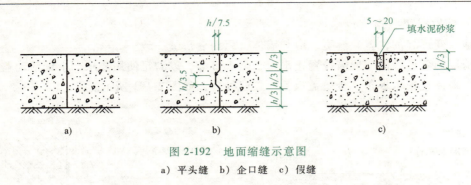

图 2-192 地面缩缝示意图
a）平头缝 b）企口缝 c）假缝

面渗漏的"重灾区"）。屋面变形缝主要有缝两侧屋面等高和不等高两种情况，如图 2-193 所示。

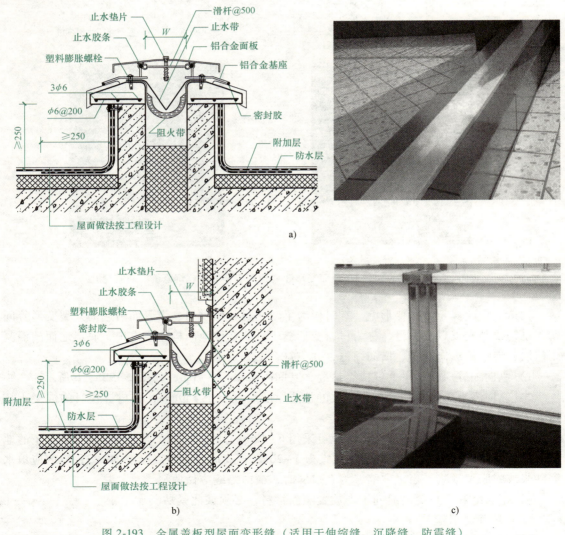

图 2-193 金属盖板型屋面变形缝（适用于伸缩缝、沉降缝、防震缝）
a）等高屋面变形缝 b）高低错落屋面变形缝 c）女儿墙变形缝

上人屋面的防水层上应设置保护层,采用刚性保护层时宜设置材料变形缝,即分格缝。设置一定数量的分格缝可将单块保护水层的面积减小,从而减少其伸缩和翘曲变形,可有效地防止和限制裂缝的产生,如图 2-194 所示。

采用块体材料作保护层时,分格缝纵横间距不应大于 10m,分割缝宽度宜为 20mm,并应用密封材料嵌实。

采用水泥砂浆作保护层时,表面应抹平压光,并应设表面分格缝,分格面积宜为 1m²。

采用细石混凝土作保护层时,表面应抹平压光,并应设分格缝,纵横间距不应大于 6m,分格缝宽度宜为 10~20mm,并应用密封材料嵌实。

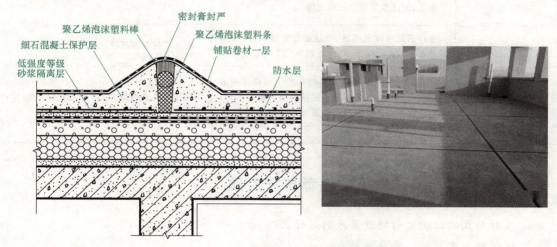

图 2-194　屋面分格缝(细石混凝土保护层)

2.8.4　变形缝的其他相关规定

1) 变形缝应根据建筑使用要求合理设置,并应采取防水、防火、保温、隔声等构造措施,各种措施应具有防老化、防腐蚀和防脱落等性能;变形缝内的填充材料和变形缝的构造基层应采用不燃材料。

2) 变形缝设置应能保障建筑物在产生位移或变形时不受阻,且不产生破坏。

3) 变形缝处防水:厕所、卫生间、盥洗室和浴室等防水设防区域不应跨越变形缝;配电间及其他严禁有漏水的房间不应跨越变形缝;屋面雨水天沟、檐沟不得跨越变形缝,变形缝处应采取与工程特点相适应的防水加强构造措施。门开启时不跨越变形缝。

4) 变形缝处防火:防火分区设置在建筑变形缝附近时,防火门应设置在楼层较多一侧,并应保证防火门开启时不跨越变形缝。

小　　结

子　项	知识要点	能力要点
变形缝概述	结构变形缝设置的原理 结构变形缝的三种基本形式:伸缩缝、沉降缝、防震缝	能理解变形缝设置的原理

（续）

子　项	知识要点	能力要点
变形缝的作用、类型和设置要求	伸缩缝是温度变形缝，构造要求是必须保证建筑构件能在水平方向自由变形；沉降缝是为防止因建筑物各部分不均匀沉降引起的破坏而设置的变形缝，构造要求是必须保证建筑构件能在垂直方向自由变形；防震缝是为防止地震作用引起建筑物的破坏而设置的变形缝，构造及要求与伸缩缝相似"三缝合一"是对这三种变形缝进行了综合考虑和布置，使之兼具上述三种功能	掌握伸缩缝、沉降缝、防震缝的作用、设置要求、结构构造；掌握"三缝合一"的设置原理
变形缝的构造	各种形式墙体变形缝、楼地面变形缝、屋面变形缝的基本构造及防水、防火处理	能处理建筑各部位变形缝的构造
变形缝的其他相关规定	变形缝设置应能保障建筑物在产生位移或变形时不受阻、不破坏；防水设防区域不应跨越变形缝；配电间及其他严禁有漏水的房间不应跨越变形缝；门开启时不跨越变形缝	能正确处理特殊部位变形缝的防火、防水等构造

思考与拓展题

1. 各种形式的结构变形缝设置原则是什么？
2. 道路的施工为什么要分块？
3. 在学校里找一找，看有没有建筑采用变形缝。如果有，那么你看到的变形缝属于哪一种？说明该变形缝的构造做法、材料。

2.9 装配式混凝土建筑

知识目标：1. 理解装配式建筑的定义、基本特征和分类。
2. 掌握装配式混凝土结构的定义和分类。
3. 了解装配式混凝土结构的常用预制构件。
4. 掌握装配式混凝土预制构件的连接方式和连接构造。

能力目标：1. 能分清装配式建筑和装配式结构的区别。
2. 能认识常用装配式混凝土结构用预制构件。
3. 能根据预制构件类型选择正确的连接方式和构造。

学习重点：1. 装配式混凝土结构的分类。
2. 套筒灌浆连接构造。
3. 预制构件的连接构造。

2.9.1 装配式建筑概述

装配式建筑作为国家发展战略，是传统建筑向产业化转型的新型产业。推进装配式建筑发展是工程建设领域推进生态文明建设、落实绿色循环低碳发展理念的重要举措，是提高工程质量和施工安全水平、提升建筑品质的重要手段，是推动建造方式转变、加快建筑业转型升级的重要途径。

1. 装配式建筑的定义

关于装配式建筑的定义，国家相关规范、标准给出了定义。

《装配式混凝土建筑技术标准》（GB/T 51231—2016）：结构系统、外围护系统、设备与管线系统、内装系统的主要部分采用预制部品部件集成的建筑叫装配式建筑。它以装配化建造方式为基础，统筹策划、设计、生产和施工等，实现建筑结构系统、外围护系统、设备与管线系统、内装系统一体化的过程。

《装配式建筑评价标准》（GB/T 51129—2017）：装配式建筑是由预制部品部件在工地装配而成的建筑。

2. 装配式建筑的基本特征

标准化设计、工业化生产、装配化施工、一体化装修、信息化管理。

3. 装配式建筑的分类

装配式建筑按照结构材料的不同，可以分为装配式混凝土结构（图 2-195）、装配式钢结构（图 2-196）、装配式木结构（图 2-197）。

2.9.2 装配式混凝土结构概述

1. 装配式混凝土结构的定义

由预制混凝土构件通过可靠的连接方式装配而成的混凝土结构称为装配式混凝土结构。在建筑工程中，简称为装配式建筑；在结构工程中，简称为装配式结构（图 2-198）。

2. 装配式混凝土结构的分类

（1）按照结构体系分

装配式混凝土结构按照结构体系分为装配式混凝土框架结构、装配式混凝土剪力墙结

图 2-195 装配式混凝土结构工程
示例——上海宝业中心

图 2-196 装配式钢结构工程
示例——罗湖四季花语北区工程

图 2-197 装配式木结构工程示例——都江堰向峨小学

构、装配式混凝土框架-剪力墙结构、装配式混凝土框架-核心筒结构、装配式混凝土部分框支剪力墙结构等。

装配式混凝土框架结构的主要受力结构由线型杆件——梁和柱所构成，其中全部或部分框架柱、框架梁采用预制构件，其他构件（如外围护墙板、楼板、楼梯、阳台等）可选择预制；高层装配整体式框架结构的首层柱宜采用现浇混凝土。

装配式混凝土剪力墙结构中，由剪力墙承担全部的水平和竖向荷载，全部或部分剪力墙采用预制墙板，其他构件（如外围护墙板、楼板、楼梯、阳台等）可选择预制；高层装配整体式结构的底部加强区的剪力墙宜采用现浇混凝土。

装配式混凝土框架-剪力墙结构的竖向构件由框架柱和剪力墙组成，其中全部或部分剪力墙、框架柱采用预制构件（一般这类结构中剪力墙全现浇）。

装配式混凝土框架-核心筒结构的结构平面中央集中布置剪力墙围合成的薄壁核心筒，承担大部分水平力，周边布置较大柱距的框架柱，其中全部或部分剪力墙、框架柱采用预制构件（一般这类结构中核心筒剪力墙全现浇）。

装配式混凝土部分框支剪力墙结构的部分剪力墙不落地，由转换构件承接传力。带转换层装配整体式部分框支剪力墙结构中，底部框支层不宜超过2层，且框支层及相邻上一层应采用现浇结构，转换梁和转换柱宜现浇。

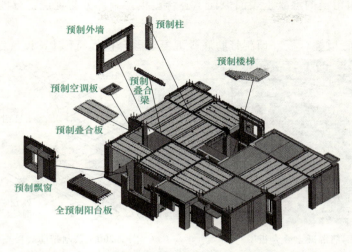

图 2-198 装配式混凝土结构和结构用预制构件

（2）按照连接方式分

装配式混凝土结构按照连接方式分为装配整体式混凝土结构和全预制装配式混凝土结构。

装配整体式混凝土结构是由预制混凝土构件通过可靠的连接方式进行连接并与现场后浇混凝土、水泥基灌浆料形成整体的装配式混凝土结构，简称为装配整体式结构。当采取可靠的构造措施及施工方法，保证装配整体式钢筋混凝土结构中，预制构件之间或者预制构件与现浇构件之间的节点或接缝的承载力、刚度和延性不低于现浇钢筋混凝土结构，使装配整体式钢筋混凝土结构的整体性能与现浇钢筋混凝土结构基本相同，此类装配整体式结构称为等同现浇装配式混凝土结构，简称等同现浇装配式结构。

全预制装配式混凝土结构是由预制混凝土构件通过干法连接（螺栓连接、焊接等）在现场装配形成的混凝土结构。

3. 推广装配式混凝土结构的意义

装配式混凝土结构把传统建造方式中的大量现场作业工作转移到工厂进行，即把楼板、楼梯、阳台、墙板等构件在工厂制作好运输到施工现场，通过可靠的连接方式在现场进行装配安装施工。装配式混凝土结构具有节约材料、节能环保减少碳排放、提高施工效率、缩短工期、节省劳动力并改善劳动条件、提高冬季施工质量等优点。

推广装配式混凝土结构是建筑业转型升级的重要举措，也是推动新型建筑工业化措施中的重要一环。

2.9.3 装配式混凝土结构的常用预制构件

1. 预制水平构件

（1）预制楼板

1）桁架钢筋混凝土叠合板。预制混凝土钢筋桁架叠合板属于半预制构件，下部为预制混凝土板，外露部分为桁架钢筋。预制混凝土叠合板的预制部分最小厚度不宜小于6cm，叠合楼板在工地安装到位后应进行二次浇筑，从而成为整体实心楼板。钢筋桁架的主要作用是将后浇筑的混凝土层与预制底板形成整体，并在制作和安装过程中提供刚度。伸出预制混凝土层的钢筋桁架和粗糙的混凝土表面保证了叠合楼板预制部分与现浇部分能有效地结合成整体（图2-199）。

2）预制带肋底板叠合板。预制带肋底板混凝土叠合楼板简称PK板（图2-200）。

图2-199 桁架钢筋混凝土叠合板

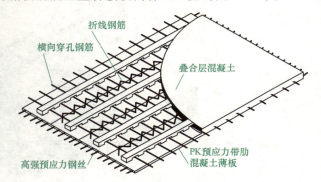

图2-200 预制带肋底板叠合板

PK预应力混凝土叠合板的预制构件为倒T形带肋预制薄板。由于设置了板肋，因此预制构件在运输及施工过程中不易折断，且可有效控制预应力反拱值。试验结果表明，叠合后的双向楼板具有整体性、抗裂性好，刚度大，承载力高等优点。预制薄板板肋上预留长方形孔，孔内设置横向钢筋后形成双向受力楼板，同时叠合层混凝土浇筑后，肋上孔洞内混凝土可形成"销栓抗剪"效应，大大增强了叠合楼板的整体性。此外，预留孔洞还可方便布置楼板内的预埋管线。

3）预应力混凝土空心板。当板跨度较大，叠合板的板厚要超过180mm时，宜采用预应力混凝土空心板（图2-201），以减轻自重，方便施工。

（2）预制混凝土叠合梁

预制混凝土叠合梁（图2-202）是由预制混凝土底梁和后浇混凝土组成，分两阶段成型的整体受力水平结构受力构件。其下半部分在工厂预制，上半部分在工地叠合浇筑混凝土。

图2-201 预应力混凝土空心板

图2-202 预制混凝土叠合梁

（3）预制混凝土楼梯

预制混凝土楼梯（图2-203）在工厂制作后在现场吊装就位，成型美观，并且没有现场浇筑混凝土的工序，免除了现场支模作业，是合理高效的全预制构件。

（4）预制混凝土阳台板

预制混凝土阳台板（图 2-204）包括叠合板式阳台、全预制板式阳台和全预制梁式阳台。预制阳台成型质量高，简化现场施工程序，节约施工时间。

图 2-203　预制混凝土楼梯

图 2-204　预制混凝土阳台板

（5）预制混凝土空调板

预制混凝土空调板（图 2-205）通常采用预制实心混凝土板，板顶预留钢筋通常与预制叠合板的现浇层相连。

2. 预制竖向构件

（1）预制混凝土柱

预制混凝土柱（图 2-206）是建筑物的主要竖向结构受力构件，一般采用矩形截面。

图 2-205　预制混凝土空调板

图 2-206　预制混凝土柱

（2）预制混凝土墙板

1）预制混凝土外墙板。预制混凝土外墙板（图 2-207）要考虑承重、保温、防水等功能，目前一般都制作成由内叶墙板、保温层和外叶墙板三部分组成的夹心保温外墙板形式。

内叶墙板为预制混凝土墙，主要分为无洞口、一个窗洞、一个门洞和两个窗洞等常见类型，中间夹有保温层。外叶墙板为钢筋混凝土保护层，设计时作为荷载通过拉结件与承重内叶墙板可靠连接。

2）预制混凝土内墙板。与预制混凝土外墙板类似，预制混凝土内墙板是指在工厂预制成的混凝土剪力墙构件。预制混凝土剪力墙内墙板侧面在施工现场通过预留钢筋与现浇剪力墙边缘构件连接，底部通过钢筋灌浆套筒与下层预制剪力墙预留钢筋相连。预制混凝土内墙板主要有无洞口内墙、固定门垛内墙、中间门洞内墙和刀把内墙等主要形式。

3）预制混凝土实心墙板和叠合墙板。需要指出的是，从墙板制作方式的角度区分，混凝土墙板可以分为实心墙板（图2-208）和叠合墙板（图2-209），其中叠合墙板是指一侧或两侧均为预制混凝土墙板，在另一侧或中间部位现浇混凝土从而形成共同受力的混凝土墙板构件。

图2-207　预制混凝土　　　　图2-208　预制混凝土　　　　图2-209　夹心保温双
　　　　外墙板　　　　　　　　　　　实心墙板　　　　　　　　　面叠合墙板

3. 其他预制构件

1）预制混凝土外墙挂板。预制混凝土外墙挂板（图2-210）不是剪力墙，适用于钢筋混凝土框架结构、框架-剪力墙结构、钢结构等结构体系，主要起围护、保温、防水和装饰作用，一般做成夹心保温外墙板形式。预制混凝土外墙挂板与主体结构的连接采用柔性连接构造，分成点支承和线支承两种连接方式。

2）预制混凝土飘窗。预制混凝土飘窗（图2-211）有时做成带飘窗的预制外墙形式。

图2-210　预制混凝土外墙挂板　　　　　　图2-211　预制混凝土飘窗

3）预制混凝土女儿墙。预制混凝土女儿墙（图2-212）包括夹芯保温式女儿墙和非保温式女儿墙，女儿墙可以是单独的预制构件，也可以是顶层的墙板向上延伸，把顶层外墙与女儿墙预制为一个构件。

2.9.4　装配式混凝土预制构件的连接

1. 根据使用材料不同分类

（1）套筒灌浆连接

套筒灌浆连接是在金属套筒中插入单根带肋钢筋，并注入微膨胀灌浆料，灌浆料在套筒筒壁与钢筋之间形成挤压力，在带肋钢筋的粗糙表面产生较大的摩擦力，实现传力的钢筋对接方式；接头形式主要有全灌浆钢筋套筒接头和半灌浆钢筋套筒接头（图2-213）。

1）全灌浆钢筋套筒接头：套筒两端的钢筋均采用灌浆连接，两端钢筋均为带肋钢筋。

2）半灌浆钢筋套筒接头：一端钢筋用灌浆连接，另一端用机械连接的接头形式。

图 2-212　预制混凝土女儿墙

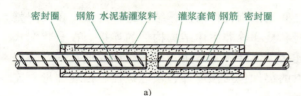
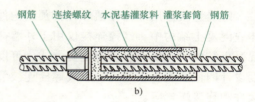

图 2-213　钢筋灌浆套筒剖面

a）全灌浆钢筋套筒接头　b）半灌浆钢筋套筒接头

（2）浆锚搭接连接

将需要连接的带肋钢筋插入预制构件的预留孔道里，预留孔道内壁是螺旋形，孔道壁可以是螺旋箍筋，也可以是浆锚孔用金属波纹管。钢筋插入孔道后，与预埋在孔道壁内的构件中的受力钢筋形成有距离搭接，并在孔道内注入微膨胀灌浆料，锚固插入钢筋（图2-214）。

（3）焊接连接

通过闪光对焊和电渣压力焊等方式将钢筋进行连接（图2-215）。

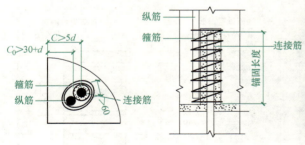

图 2-214　钢筋浆锚搭接　　　　　　　　图 2-215　钢筋焊接连接

（4）绑扎连接

钢筋绑扎连接多见于装配整体式结构中叠合板的叠合层中钢筋的搭接（图2-216）。

（5）机械连接

机械连接是用机械方法（螺纹法、挤压法），将两根钢筋伸出的纵向受力钢筋连接在一起，运用于装配整体式结构中的纵向钢筋连接（图2-217）。

图 2-216 钢筋绑扎连接

图 2-217 钢筋机械连接

（6）螺栓连接

螺栓连接是用螺栓和预埋件将预制构件之间或预制构件与主体结构进行连接。在装配整体式混凝土结构中，螺栓连接仅用于外墙挂板和楼梯等非主体结构构件的连接。在全装配式混凝土结构中，螺栓连接为主要方式，可以连接主体结构，适用非抗震设计或低抗震设防烈度设计的低层或多层建筑。组成螺栓连接节点的部件包括预埋件、预埋螺栓、预埋螺母、连接件和连接螺栓等。

（7）构件搭接连接

预制构件的搭接，例如将梁搭接在柱帽上，次梁搭接在主梁上，或楼板搭接在梁上，用于全装配式混凝土结构，在搭接节点处可设置限位销。

（8）后浇混凝土连接

后浇混凝土是指预制构件安装后在预制构件连接区域叠合层现场浇筑的混凝土。存在后浇混凝土连接的部位或构件包括柱、梁、梁柱节点、剪力墙边缘构件、叠合楼板、叠合梁及其他（如阳台板、挑檐板等）叠合构件。

预制构件与后浇混凝土、灌浆料、坐浆材料的结合面应根据构件类型按照规范要求设置粗糙面和键槽（图 2-218）。

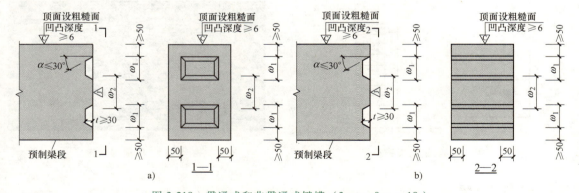

图 2-218 贯通式和非贯通式键槽（$3t \leq \omega_1 \& \omega_2 \leq 10t$）

a）梁端设不贯通截面的键槽 b）梁端设贯通截面的键槽

2. 根据施工工艺不同分类

对装配式结构而言，可靠连接是结构安全的重要保障。

（1）干法连接

主要借助于金属连接件，如螺栓连接、焊接等没有湿作业的连接方式进行预制构件之间的连接，主要适用于全装配式混凝土结构的连接或装配整体式混凝土结构中外墙挂板等非承重构件的连接。

（2）湿法连接

混凝土或水泥基浆料与钢筋结合形成的连接。常用的湿法连接有套筒灌浆、后浇混凝土连接等。在装配整体式结构中，节点及接缝处的纵向钢筋连接应该根据接头受力、工艺等要求选用套筒灌浆连接、浆锚搭接连接、焊接连接、绑扎连接和机械连接等方式。预制构件与现浇混凝土之间、预制构件之间除了纵向钢筋可靠连接之外，主要采用后浇混凝土连接。

3. 装配整体式混凝土结构常见预制构件的连接构造

（1）叠合楼盖的连接构造

装配整体式结构的楼盖宜采用叠合楼盖。

叠合板的预制层厚度不宜小于60mm，后浇混凝土叠合层的厚度不应小于60mm，实际工程考虑敷设管线的方便，叠合层厚度一般不小于70mm。叠合板根据预制板接缝构造、支座构造、长宽比等因素设计成单向板和双向板两种形式。单向板之间采用分离式接缝，接缝处紧邻预制板顶面，宜设置垂直于板缝方向的附加钢筋（图2-219）。

双向叠合板板侧的整体式接缝宜设置在叠合板的次要受力方向上，且宜避开最大弯矩截面，接缝一般采用后浇带形式（图2-220），在一定构造保证下，也可采用密拼接缝形式。叠合板支座构造见图2-221和图2-222。

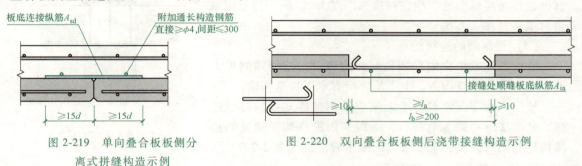

图2-219 单向叠合板板侧分离式拼缝构造示例

图2-220 双向叠合板板侧后浇带接缝构造示例

装配整体式框架结构中，当采用叠合梁时，框架梁的后浇混凝土叠合层厚度不宜小于150mm，次梁的后浇混凝土叠合层厚度不宜小于120mm。如果不满足最小厚度要求，一般会采用凹口截面预制梁形式，凹口深度不宜小于50mm，凹口边厚度不宜小于60mm（图2-223）。

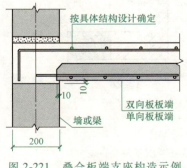

图2-221 叠合板端支座构造示例

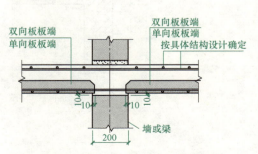

图2-222 叠合板中间支座构造示例

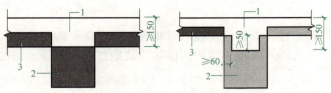

图 2-223 叠合框架梁截面示意

与叠合板类似，叠合梁在高度上分成预制层和叠合层两部分，预制层在工厂制作完成，同时根据抗震等级的要求，预留出封闭箍筋或者开口箍筋（图 2-224 和图 2-225），在工地完成叠合层浇筑。

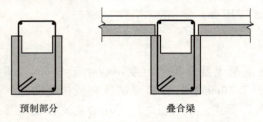

图 2-224 采用整体封闭箍筋的叠合梁　　　图 2-225 采用组合封闭箍筋的叠合梁

（2）预制柱的连接构造

采用预制柱和叠合梁的装配整体式框架中，柱底接缝宜设置在楼层标高处，柱底部接缝厚度为 20mm，并采用灌浆料填实（图 2-226）。

（3）预制墙的连接构造

装配整体式结构中采用预制剪力墙时，相邻预制剪力墙之间有竖向接缝构造，上下层之间有水平接缝构造。

楼层内相邻预制剪力墙之间应采用整体式竖向接缝连接，竖向接缝实则为后浇段，一般利用纵横墙交接处的边缘构件的阴影区域，全部采用混凝土后浇筑（图 2-227）。

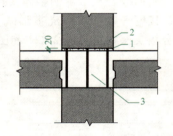

图 2-226 预制柱底接缝构造示意
1—后浇节点区混凝土上表面粗糙面
2—接缝灌浆层　3—后浇区

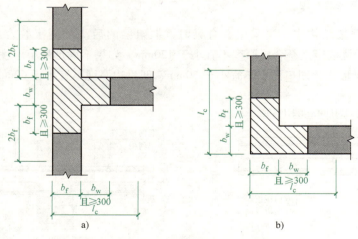

图 2-227 预制剪力墙竖向接缝后浇范围示例
a) 有翼墙　b) 转角墙

预制剪力墙水平接缝宜设置在楼面标高处,接缝厚度宜为20mm。楼层标高以下至预制剪力墙预制端顶部设置水平后浇带或者后浇圈梁,墙体竖向钢筋连接优先采用套筒灌浆连接(图2-228)。

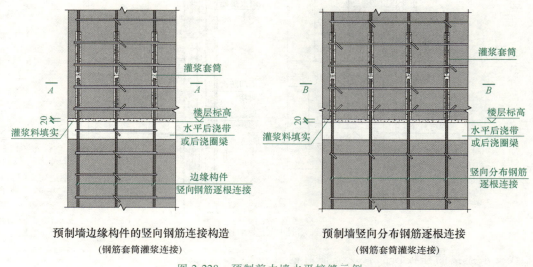

图2-228 预制剪力墙水平接缝示例

(4) 预制楼梯的连接构造

装配整体式结构中的预制楼梯梯段板支座处采用销键连接,上端支承处采用固定铰支座,下端支承处采用滑动铰支座(图2-229和图2-230),梯段板按简支计算模型考虑,不参与结构整体抗震。

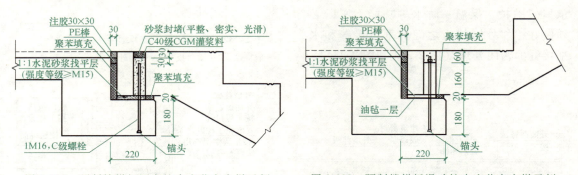

图2-229 预制楼梯板固定铰支座节点大样示例　　图2-230 预制楼梯板滑动铰支座节点大样示例

(5) 外墙挂板的连接构造

外墙挂板应采用合理的连接节点并与主体结构可靠连接,外墙挂板与主体结构宜采用柔性连接,主要有点支承和线支承两种安装方式。

点支承在挂板顶部和底部设置预埋件,通过与上下主体结构构件的预埋螺栓或连接件的连接达到固定,同时保留了外墙挂板的平动能力和转动能力。待房屋的主体结构施工完成后,再将外墙挂板安装在主体结构上;为保证外墙挂板在地震时适应主体结构的最大层间位移角,点支承的连接节点一般采用在连接件和预埋件之间设置带有长圆孔的滑移垫片,形成平面内可滑移的支座(图2-231)。

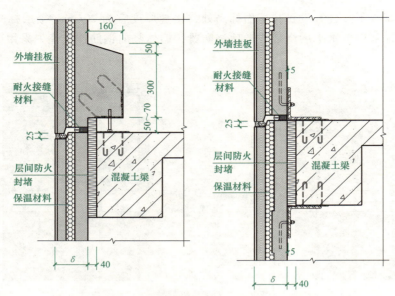

图 2-231　外墙挂板点支承连接构造示意

线支承连接的挂板顶部有现浇预留钢筋带，现场需要同步浇筑混凝土。线支承方式的预制混凝土外墙挂板顶边与主体结构之间通过现浇段连接（图 2-232）。

点支承和线支承保证了外墙挂板和主结构的可靠连接。除了承载，外墙挂板还承担了围护、保温、防水等功能，所以必须做好相邻外墙挂板之间的垂直接缝和水平接缝的密闭处理（图 2-233 和图 2-234）。

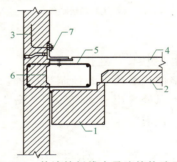

图 2-232　外墙挂板线支承连接构造示意

1—预制梁　2—预制板　3—预制外墙挂板　4—后浇混凝土　5—连接钢筋　6—剪力键槽　7—限位连接件

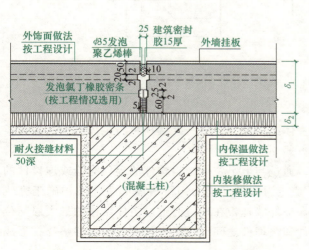

图 2-233　外墙挂板垂直接缝构造示意

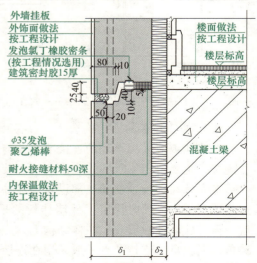

图 2-234　外墙挂板水平接缝构造示意

小　结

子　项	知识要点	能力要点
装配式建筑概述、装配式混凝土结构的分类	装配式建筑的定义 按照结构体系分：装配式混凝土框架结构、装配式混凝土剪力墙结构、装配式混凝土框架-剪力墙结构、装配式混凝土框架-核心筒结构、装配式混凝土部分框支剪力墙结构等 按照连接方式分为：装配整体式混凝土结构和全预制装配式混凝土结构	能正确判断装配式混凝土结构的类型
装配式混凝土结构的常用预制构件	水平预制构件：预制楼板、混凝土叠合梁、预制楼梯、预制阳台板 竖向预制构件：预制混凝土柱、预制墙板 其他预制构件：混凝土外墙挂板、飘窗、女儿墙等	能了解基本的预制构件及应用范围
预制构件的连接方式	套筒灌浆连接：在金属套筒中插入单根带肋钢筋，并注入微膨胀灌浆料，灌浆料在套筒筒壁与钢筋之间形成挤压力，在带肋钢筋的粗糙表面产生较大的摩擦力，实现传力的钢筋对接方式；接头形式主要有全灌浆钢筋套筒接头和半灌浆钢筋套筒接头 全灌浆钢筋套筒接头：套筒两端的钢筋均采用灌浆连接，两端钢筋均为带肋钢筋 半灌浆钢筋套筒接头：一端钢筋用灌浆连接，另一端用机械连接的接头形式	能掌握预制构件的基本连接方式
预制构件的连接工艺	干法连接：主要借助于金属连接件，如螺栓连接、焊接等的连接方式进行预制构件之间的连接 湿法连接是指混凝土或水泥基浆料与钢筋结合形成的连接	能正确理解装配式混凝土结构预制构件的干法连接和湿法连接的区别，并正确应用

思考与拓展题

1. 简述装配式建筑的定义和分类。
2. 简述装配式混凝土结构的定义和分类。
3. 指出装配式混凝土结构的常用预制构件，并描述其节点连接构造的大致要求。
4. 解释装配式混凝土结构预制构件的干法连接和湿法连接的区别和应用范围。

能力训练题

一、单选题

1. 基础承担建筑的（　　）荷载。
A. 少量　　　　　B. 部分　　　　　C. 一半　　　　　D. 全部

2. 基础埋深是指（　　）距离。
   A. 室内设计地面至基础底面　　　　B. 室外设计地面至基础底面
   C. 防潮层至基础顶面　　　　　　　D. 勒脚至基础底面
3. 基础的埋置深度一般不小于（　　）mm。
   A. 500　　　　　B. 600　　　　　C. 700　　　　　D. 800
4. 地基是（　　）受到建筑荷载作用影响的土层。
   A. 基础底面以上　　　　　　　　　B. 基础底面处
   C. 基础底面以下　　　　　　　　　D. 基础底面以下直至地球岩芯
5. 埋深不超过（　　）m 的基础称为浅基础。
   A. 4　　　　　　B. 5　　　　　　C. 6　　　　　　D. 7
6. 节能门窗中的型材普遍采用的是（　　）。
   A. 普通铝合金　　B. 断热铝合金　　C. 塑钢窗　　　　D. 钢材
7. 砌体结构塑钢门窗可采用（　　）安装。
   A. 湿法　　　　　B. 塞口　　　　　C. 埋口　　　　　D. 干法
8. 中高层住宅阳台的栏杆高度不应小于（　　）mm。
   A. 1000　　　　　B. 900　　　　　C. 1050　　　　　D. 1100
9. 低层、多层建筑阳台扶手高度不应小于（　　）mm。
   A. 900　　　　　B. 1000　　　　　C. 1050　　　　　D. 1100
10. 高层建筑阳台扶手高度不应小于（　　）mm。
    A. 900　　　　　B. 1000　　　　　C. 1050　　　　　D. 1100
11. 住宅阳台空花栏杆的竖直杆件间的净距应不大于（　　）mm。
    A. 90　　　　　　B. 100　　　　　C. 110　　　　　D. 120
12. 阳台金属扶手与栏杆（板）一般以（　　）连接。
    A. 砂浆　　　　　B. 电焊　　　　　C. 胶水　　　　　D. 混凝土
13. 现浇钢筋混凝土楼板的经济跨度在（　　）mm 之内。
    A. 1500　　　　　B. 2000　　　　　C. 2500　　　　　D. 3000
14. 在框架结构建筑中，填充在柱子之间的墙称为（　　）。
    A. 填充墙　　　　B. 框架墙　　　　C. 梁承墙　　　　D. 幕墙
15. 墙体按在建筑中的位置不同，可分为外墙和（　　）。
    A. 顶部墙　　　　B. 内墙　　　　　C. 下部墙　　　　D. 中间墙
16. 建筑较长方向的墙叫（　　）。
    A. 横墙　　　　　B. 纵墙　　　　　C. 长向墙　　　　D. 短向墙
17. 地下室按顶板标高不同分为（　　）、全地下室。
    A. 半地下室　　　B. 楼层地下室　　C. 深埋地下室　　D. 浅埋地下室
18. 圈梁纵向钢筋不宜小于（　　）Φ12。
    A. 4　　　　　　B. 6　　　　　　C. 8　　　　　　D. 10
19. 在地下水位较高地区，如地下室出现变形缝，在结构施工时，在变形缝处应设置（　　）。
    A. 止水带　　　　B. 防沉槽　　　　C. 后浇带　　　　D. 积水坑

20. 建筑构造柱施工时应做到（　　）。
A. 后砌墙　　　　　　　　　　B. 先砌墙
C. 墙柱同时施工　　　　　　　D. 墙柱施工顺序由材料供应的情况决定
21. 通常情况下，楼梯由（　　）、平台、栏杆（板）及扶手组成。
A. 踏步　　　B. 踏面　　　C. 踢面　　　D. 梯段
22. 楼梯每个梯段的踏步数应在（　　）。
A. 2~16　　　B. 3~18　　　C. 5~20　　　D. 8~20
23. 楼梯平台处最小净高一般为（　　）m。
A. 1.9　　　B. 2.0　　　C. 2.1　　　D. 2.2
24. 楼梯段净高要求不小于（　　）m。
A. 1.9　　　B. 2.0　　　C. 2.1　　　D. 2.2
25. 轮椅坡道的通行净宽不应小于（　　）m。
A. 0.8　　　B. 0.9　　　C. 1.1　　　D. 1.2
26. 平屋面排水坡度，结构找坡时不应小于（　　）%。
A. 0.5　　　B. 3　　　C. 6　　　D. 10
27. 平屋面排水坡度，材料找坡时宜为（　　）%。
A. 0.5　　　B. 2　　　C. 5　　　D. 6
28. 目前建筑中雨水管一般采用（　　）。
A. 水泥石棉管　B. 镀锌薄钢板管　C. 硬塑料管　D. 玻璃钢管
29. 屋面采用细石混凝土作为防水层保护层时，厚度不小于（　　）mm。
A. 10　　　B. 20　　　C. 30　　　D. 40
30. 屋面刚性防水层分格缝的间距不宜大于（　　）m。
A. 6　　　B. 7　　　C. 8　　　D. 9
31. 多层建筑砖砌挑窗台一般向外挑出（　　）mm。
A. 60　　　B. 90　　　C. 120　　　D. 150
32. 屋面刚性防水层的细石混凝土中需设置（　　）钢筋网。
A. $\phi2~\phi4$　B. $\phi4~\phi6$　C. $\phi6~\phi8$　D. $\phi8~\phi10$
33. 柔性防水屋面的卷材在竖直墙面的铺贴高度不应小于（　　）mm。
A. 100　　　B. 150　　　C. 200　　　D. 250
34. 墙身水平防潮层一般低于室内地坪（　　）mm处。
A. 60　　　B. 90　　　C. 120　　　D. 150
35. 建筑散水坡度一般为（　　）%。
A. 1~3　　　B. 3~5　　　C. 5~7　　　D. 7~9
36. 建筑散水出墙宽度一般不小于（　　）mm。
A. 600　　　B. 900　　　C. 1200　　　D. 1500
37. 建筑保温、隔热在本质上就是（　　）改善建筑热工性能。
A. 采取材料和构造措施　　　　B. 采用太阳能
C. 利用空调　　　　　　　　　D. 利用地热
38. 建筑遮阳板可分为水平遮阳板、竖直遮阳板、（　　）、挡板式遮阳板四种。

A. 花格遮阳板　　B. 混合遮阳板　　C. 雨篷遮阳板　　D. 阳台遮阳板

39. 墙面花岗岩饰面目前较多采用（　　）。

A. 粘贴　　　　　B. 湿挂　　　　　C. 干挂　　　　　D. 焊接

40. 公共场所的门厅、走道、室外坡道等容易受影响的地面，应采用（　　）面层。

A. 防滑　　　　　B. 防水　　　　　C. 防火　　　　　D. 防潮

二、多选题

1. 基础按照构造形式分为（　　）。

A. 条形基础　　　B. 独立基础　　　C. 筏板基础　　　D. 箱形基础

E. 桩基础

2. 基础应具有足够的（　　）。

A. 强度　　　　　B. 刚度　　　　　C. 适应变形能力　D. 耐久性

E. 柔度

3. 影响基础埋置深度的主要因素：（　　）、相邻原有建筑物基础的埋置深度。

A. 建筑物的使用要求　　　　　　　B. 基础形式

C. 工程地质和水文地质条件　　　　D. 地基土冻结深度

E. 建筑的重要性

4. 地下室一般由（　　）、门窗等组成。

A. 底板　　　　　B. 墙板　　　　　C. 顶板　　　　　D. 阳台

E. 楼梯、电梯

5. 地下室按功能分类有（　　）。

A. 普通地下室　　　　　　　　　　B. 人防地下室

C. 全埋地下室　　　　　　　　　　D. 半埋地下室

E. 车库地下室

6. 建筑中墙体的作用有（　　）。

A. 承受和传递荷载　　　　　　　　B. 指示方向

C. 围护　　　　　　　　　　　　　D. 分隔

E. 保安

7. 按所用材料不同，常见墙体可分为（　　）。

A. 砖墙　　　　　B. 砌块墙　　　　C. 混凝土墙　　　D. 钢墙

E. 石墙

8. 块材墙体砌筑时，应做到（　　）。

A. 砂浆饱满　　　　　　　　　　　B. 横平竖直

C. 砖块大小一致　　　　　　　　　D. 内外搭接

E. 竖直灰缝错开

9. 根据保温材料的位置，墙体保温系统有（　　）。

A. 外墙外保温系统　　　　　　　　B. 外墙内保温系统

C. 墙体自保温系统　　　　　　　　D. 外防水保温系统

E. 中空保温系统

10. 隔墙根据构造主要有（　　）几种类型。

A. 块材隔墙　　　　　　　　　　B. 金属隔墙
C. 轻骨架隔墙　　　　　　　　　D. 粉刷隔墙
E. 条板隔墙

11. 在多层混合结构房屋中，建筑构造柱要与（　　）进行有效的紧密连接。
A. 屋面　　　B. 楼面　　　C. 圈梁　　　D. 墙体
E. 地面

12. 按开启方向不同，门可分为（　　）、转门等几种。
A. 平开门　　　B. 保安门　　　C. 弹簧门　　　D. 推拉门
E. 折叠门

13. 门主要由（　　）组成。
A. 门槛　　　B. 门框　　　C. 亮子　　　D. 门扇
E. 五金配件

14. 楼面一般由（　　）等组成。
A. 构造层　　　B. 面层　　　C. 结构层　　　D. 顶棚
E. 附加层

15. 地面按照面层所用材料和施工方法不同，可以分为（　　）。
A. 整体浇筑地面　　　　　　　B. 块材地面
C. 卷材地面　　　　　　　　　D. 木地面
E. 涂料地面

16. 根据阳台与建筑物外墙的关系，可分为（　　）几种类型。
A. 凸阳台　　　　　　　　　　B. 挑梁阳台
C. 凹阳台　　　　　　　　　　D. 半凸半凹阳台
E. 挑板阳台

17. 屋顶主要起（　　）作用。
A. 承重　　　B. 防水　　　C. 围护　　　D. 美观
E. 保温

18. 卷材倒置式屋面基本构造层次包含有结构层及（　　）。
A. 找平层　　　B. 找坡层　　　C. 防水层　　　D. 保护层
E. 保温层

19. 下列属于坡屋顶构造组成部分的有（　　）。
A. 承重结构层　　　　　　　　B. 防水屋面层
C. 保温层　　　　　　　　　　D. 隔热层
E. 隔空层

20. 平屋面的隔热措施有（　　）。
A. 种植屋面　　　　　　　　　B. 架空屋面
C. 蓄水屋面　　　　　　　　　D. 太阳能屋面
E. 反射屋面

21. 下列属于楼梯基本组成部分的有（　　）。
A. 梯段　　　　　　　　　　　B. 楼梯平台

C. 栏杆（或栏板） D. 扶手
E. 踏步防滑条
22. 按受力分，楼梯可分为（   ）。
   A. 双向板楼梯 B. 单向板楼梯
   C. 梁板式楼梯 D. 板式楼梯
   E. 梁式楼梯
23. 按平面形式不同，楼梯可分为（   ）、转角楼梯、弧形楼梯、螺旋楼梯等多种。
   A. 单跑直楼梯 B. 双跑直楼梯
   C. 三角形楼梯 D. 双跑平行楼梯
   E. 三跑楼梯
24. 按消防形式分类，楼梯间可分为（   ）。
   A. 开敞式楼梯间 B. 封闭楼梯间
   C. 半开敞楼梯间 D. 防烟楼梯间
   E. 机械通风楼梯间
25. 建筑结构变形缝包含有（   ）。
   A. 伸缩缝 B. 分仓缝
   C. 沉降缝 D. 防震缝
   E. 材料缝
26. 底层地面的混凝土垫层，应设置（   ）。
   A. 沉降缝 B. 防震缝 C. 纵向缩缝 D. 横向缩缝
   E. 以上均设
27. 绿色建筑要求在建筑全寿命周期内，最大限度地（   ）与保护环境，同时满足建筑功能。
   A. 节能 B. 节电 C. 节地 D. 节水
   E. 节材
28. 建筑能耗主要包括（   ）等方面的能耗。
   A. 采暖空调 B. 照明 C. 家用电器 D. 建筑用材
   E. 施工用电
29. 装配式建筑的基本特征有（   ）。
   A. 标准化设计 B. 工业化生产
   C. 装配化施工 D. 一体化装修
   E. 信息化管理
30. 装配式混凝土结构常用预制构件有（   ）。
   A. 楼板 B. 叠合梁 C. 楼梯 D. 墙板
   E. 柱子

三、简答题

1. 地基与基础的区别是什么？
2. 墙面装修按材料的施工方式不同，可分为哪些？
3. 门窗保温节能的构造措施有哪些？
4. 屋面的排水方式有哪几种？
5. 电梯根据使用性质有哪几类？电梯的基本组成部分有哪些？

模块 3　建筑施工图识读

建筑施工图是用来表示新建房屋的总体布局、外部造型、内部布置、细部构造和施工要求的一套图纸。

建筑施工图识读的目的是了解新建房屋的建筑外形、平面布置、内部构造等有关内容，正确理解设计意图，按图施工。识读首先应掌握投影原理和熟悉房屋建筑构造及常用图线、图例表达方法；其次是正确掌握识图的方法和步骤，一般遵循"从下往上、从左往右；由大到小、由粗到细"的读图顺序，这个顺序比较符合读图的习惯，同时也是施工图绘制的先后次序；最后就是需要耐心细致，并联系实践反复练习，不断提高识图能力。

建筑施工图一般包括：目录、建筑总平面图、建筑设计总说明、建筑平面图、建筑立面图、建筑剖面图、建筑详图等。

通过学习，树立法治意识，严格执行工程强制性条文；树立绿色低碳理念；养成一丝不苟、精益求精的工作作风。

3.1　建筑总平面图

知识目标：1. 掌握建筑总平面图的形成及作用。
　　　　　　2. 熟悉建筑总平面图的图示内容和图示要求。
能力目标：1. 能按照制图标准和图示要求，正确绘制简单的建筑总平面图。
　　　　　　2. 能正确识读建筑总平面图，理解设计意图，按图施工。
学习重点：1. 掌握建筑总平面图的图示内容和图示要求。
　　　　　　2. 能正确识读建筑总平面图。
导入案例：××高中教学楼。

3.1.1　建筑总平面图的形成及作用

1. 建筑总平面图的形成

建筑总平面图是在新建房屋所在的建筑场地上空俯视，将场地周边和场地内的地貌和地物向水平投影面进行正投影得到的图样。

地貌是指地表的起伏形态，地物是指房屋、道路、河流、绿化等。

2. 建筑总平面图的作用

建筑总平面图主要表示整个建筑场地的总体布局，具体表达新建房屋以及周围环境（原有建筑、道路、河流、绿化等）的位置、形状等基本情况。

建筑总平面图是新建房屋施工定位、土方施工以及其他专业管线总平面图和施工总平面设计布置的依据。

新建房屋施工定位的方法有两种：一是坐标定位，根据图中标注的主要坐标值进行定位放线；二是相对尺寸定位，以原有建筑物或道路为参照，标注新建房屋与相邻的原有建筑物或道路之间的相对定位尺寸。

3.1.2 建筑总平面图的图示内容

建筑总平面图应按上北下南方向绘制。根据场地形状或布局，可向左或向右偏转，但不宜超过45°。建筑总平面图中一般包括以下内容：

1）指北针或风玫瑰图，用来表示房屋的朝向和该地区常年的风向频率。

2）用地红线、建筑红线等的位置（主要测量坐标值或定位尺寸）。

用地红线：也称用地范围线，是各类建筑工程项目用地的使用权属范围的边界线。新建建筑、绿化、道路等只能在用地红线内规划布置。本工程有代征用地面积，不参与指标计算。

建筑红线：也称建筑控制线，是规划行政主管部门在建设用地边界内，另行划定的地面以上建（构）筑物主体不得超出的界线。建筑红线一般从用地红线向内退进，退线距离根据具体要求确定。除地下室、窗井、建筑入口的台阶、坡道、雨篷等以外，建（构）筑物的主体不得凸出建筑控制线建造。建筑上部离开地面后如有出挑部分，该部分是否允许超出建筑红线，具体情况需根据当地规划要求来定。

3）主要建筑物和构筑物的平面布局，注明名称、层数、定位坐标值或定位尺寸。

4）道路交通及绿化系统（含出入口、小品、绿地等）的平面布局，其中道路、停车场、广场等注明定位坐标值或定位尺寸。

5）新建房屋首层室内地面、室外地面的绝对标高。

6）图名、图示尺寸单位、比例等。

7）主要技术经济指标：用地面积、建筑总面积、建筑基底面积、绿地面积、道路面积、容积率、建筑密度、绿地率等。

用地面积：用地范围内的土地面积。

建筑总面积：用地范围内建筑物（包括墙体）所形成的各层楼地面面积的总和。地面以上及以下建筑面积通常分列表示。

建筑基底面积：建筑物接触地面的自然层建筑外墙或结构外围水平投影面积。建筑基底面积既不是基础外轮廓范围内的面积，也不等同于底层建筑面积，不包括雨篷、外挑阳台、无永久性顶盖的架空走廊和室外楼梯等。

容积率：在一定用地及计容范围内，建筑总面积与用地面积的比值。容积率的大小反映了土地利用率的高低。一般在计算容积率时，建筑总面积只计算地上面积部分，地下面积不予考虑。

建筑密度：在一定用地范围内，建筑基底面积总和占用地面积的比例（％）。适当提高建筑密度，可以节约用地，但应保证其使用功能和日照、通风、防火、交通安全等基本需要。

绿地率：在一定用地范围内，绿地总面积占用地面积的比例（％）。

3.1.3 建筑总平面图的图示要求

1. 比例

建筑总平面图所要表示的地区范围较大，因此绘制时常用 1∶500、1∶1000、1∶2000

等小比例。在具体工程中，由于国土局及有关单位提供的地形图比例常为1∶500，故建筑总平面图的常用绘图比例是1∶500。

2. 图线

建筑总平面图应按照《总图制图标准》（GB/T 50103）的图线要求绘制。

3. 图例

由于建筑总平面图绘制采用小比例，如实反映地物存在困难，因此总图中的新建房屋、原有房屋、道路、绿化、围墙等均按照《总图制图标准》（GB/T 50103）中的图例表示。另外，也可根据实际情况采用其他图例，但必须在图中加以说明。

4. 标注

建筑总平面图中应标注两方面的内容：坐标或定位尺寸、标高。

（1）坐标或定位尺寸

坐标分为测量坐标和建筑坐标两种，可以任选一种，也可二者都标注。测量坐标是根据我国大地坐标系统上的数值标注，建筑坐标则是以建筑场地某一点为原点建立的坐标网的数值标注。测量坐标网用100m×100m或50m×50m间距的交叉十字线画成，以细实线绘制，坐标代号一般用"X、Y"表示；建筑坐标网以100m×100m或50m×50m间距的网格通长线画成，也以细实线绘制，坐标代号一般用"A、B"表示。坐标值为负数时，前面应注"-"号，为正数时，"+"号可省略。

建筑物的标注部位可选择定位轴线或外墙面。一般建筑物的坐标定位宜标注三个角点的坐标值，但如建筑物与坐标轴平行，可标注对角两个点的坐标值。

相对尺寸定位是以建筑场地的原有建筑物为参照，标注新建房屋与相邻的原有建筑物间的定位尺寸。当建筑总平面图中主要建筑物采用坐标定位时，次要建筑物也可用相对尺寸定位。

（2）标高

建筑总平面图应标注建筑物室内地坪、室外地坪等有关部位的标高。建筑总平面图中标注的标高一般为绝对标高；如标注相对标高，则应注明相对标高与绝对标高的换算关系。

总图中的坐标、标高、距离以米为单位。坐标以小数点标注三位，不足以"0"补齐；标高、距离以小数点后两位数标注，不足以"0"补齐。详图可以毫米为单位。

3.1.4　建筑总平面图识读示例

建筑总平面图主要表示整个建筑场地的总体布局，建筑总平面图的识读应按照"由大到小、由粗到细"的方法，先大致了解工程的用地规模，再逐步深化，详细了解新建房屋以及周围环境（原有建筑、道路、河流、绿化等）的位置、形状等情况。

下面以××高中教学楼进行建筑总平面图识读，图纸目录如图3-1所示。首先了解一下项目名称、工程名称、图纸数量等。接下来识读建筑总平面图（图A-1）。

1）看图名、比例、图示图例、指北针或风玫瑰图，明确基本绘制情况。本工程中绘图比例为1∶500，按上北下南方向绘制，采用规范图例表达，没有附加图例。

2）看主要技术经济指标，了解用地规模、工程规模、建筑总面积、单体面积等。

×××建筑设计研究院			图 纸 目 录		工程号	图别
						建施
项目名称	××高中				共1张	第1张
子　　项	教学楼				填写人	
					设计日期	
序号	设计图号	图　　　名		图幅	备　　注	
1	建施-00	总平面图		A2		
2	建施-01	建筑施工图设计说明(一)		A2		
3	建施-02	建筑施工图设计说明(二)		A2		
4	建施-03	建筑施工图设计说明(三)		A2		
5	建施-04	一层平面图		A2		
6	建施-05	二～四层平面图		A2		
7	建施-06	五层平面图		A2		
8	建施-07	屋顶平面图		A2		
9	建施-08	①～⑩轴立面图		A2		
10	建施-09	⑩～①轴立面图		A2		
11	建施-10	Ⓐ～Ⓔ轴立面图、Ⓔ～Ⓐ轴立面图		A2		
12	建施-11	1—1剖面图、门窗大样图		A2		
13	建施-12	1号楼梯详图(一)		A2		
14	建施-13	1号楼梯详图(二)		A2		
15	建施-14	2号楼梯详图(一)		A2		
16	建施-15	2号楼梯详图(二)		A2		
17	建施-16	节点详图(一)		A2		
18	建施-17	节点详图(二)		A2		

图 3-1 目录

3）看总体布局，了解用地范围内新建和原有建筑物、道路、场地、绿化、出入口等平面布置情况。

4）看新建工程，明确工程名称、平面规模、层数等。

5）看新建工程相邻的建筑物、道路等周边环境，明确新建工程的具体位置和定位尺寸。

6）看新建建筑一层室内地面、室外地坪、道路的绝对标高，明确室内外地面高差，了解道路控制标高和坡度。

知 识 链 接

中华人民共和国大地原点

中华人民共和国大地原点是我国大地测量坐标系统的起算点和基准点，也是中华神州的地理中心。大地原点不但在各项建设和科学技术上有重要影响，而且象征着国家的尊严。

新中国成立初期，我国使用的大地测量坐标系统是从苏联测过来的，其坐标原点是前苏联玻尔可夫天文台，这种状况与我国的建设和发展极不相称。为此20世纪70年代，我国决定建立自己独立的大地坐标系统。通过实地考察、综合分析，最后将我国的大地原点，确定在咸阳市泾阳县永乐镇石际寺村境内。如《中华人民共和国大地原点选点报告》中所述："为了使大地测量成果数据向各方面均匀推算，原点最好在我国大陆的中部。"而陕西泾阳县永乐镇石际寺村的确处在我国大陆的中部。这里距我国边界正北为880km，距东北2500km，距正东1000km，距正南1750km，距西南2250km，距正西2930km，距西北2500km。

陕西省泾阳县永乐镇石际寺村中的一座八角形塔楼就是中华人民共和国大地原点所在地。塔楼地下室中心标石上嵌装有一个直径10cm、用红色玛瑙做成的圆形原点标点。标点标石系用整块的红色玛瑙石切面制成，标石的外圈为一圆盘，有一粗一细勒金线边。勒金线圈内为文字说明，上面镌刻着"中华人民共和国大地原点"这几个隶体勒金字。标志的中部有直径约2cm、微微凸起的半球面，半球面上镌刻有一精密"十"字。这个"十"字的交点即中华人民共和国大地原点，也就是我国大地坐标系统的起算点和基准点，如图3-2所示。

图3-2 大地原点照片

小　　结

子　项	知识要点	能力要点
建筑总平面图的形成及作用	1. 建筑总平面图的形成 2. 建筑总平面图的作用	—
建筑总平面图的图示内容	1. 建筑总平面图中绘制的主要内容：指北针、用地红线、建筑红线、主要建筑物和构筑物的平面布局、道路及绿化、室内外地面绝对标高等 2. 主要技术经济指标：用地面积、建筑总面积、建筑基底面积、容积率、建筑密度等	能正确识读建筑总平面图的图示内容，理解设计意图，按图施工
建筑总平面图的图示要求	1. 建筑总平面图的常用绘制比例 2. 建筑总平面图的图线制图标准 3. 建筑总平面图的标准图例 4. 建筑总平面图中定位坐标（或定位尺寸）和标高的标注方式	能按照制图标准和图示要求，正确绘制简单的建筑总平面图

思考与拓展题

1. 除了建筑总平面图外，你还知道哪些总平面图？其作用分别是什么？
2. 了解施工现场布置总平面图的图示内容，及其与建筑总平面图的区别。

3.2 建筑设计总说明

知识目标： 1. 掌握建筑设计总说明的形成及作用。
2. 熟悉建筑设计总说明的图示内容。
能力目标： 1. 能编制简单的建筑设计总说明。
2. 能正确识读建筑设计总说明，理解设计意图，按图施工。
学习重点： 1. 掌握建筑设计总说明的图示内容。
2. 能正确识读建筑设计总说明。
导入案例： ××高中教学楼。

3.2.1 建筑设计总说明的形成及作用

1. 建筑设计总说明的形成

建筑设计总说明是用文字的形式来表达图样中无法表达清楚且带有全局性的内容，包括设计依据、工程概况、建筑材料、建筑装饰装修构造做法等，以及建筑防火、节能、无障碍和人防等专项设计说明。

2. 建筑设计总说明的作用

建筑设计总说明反映工程的总体施工要求，对施工过程具有控制和指导作用，同时也为施工人员了解设计意图提供依据。

3.2.2 建筑设计总说明的内容

建筑设计总说明中一般包含以下内容。

1）设计依据。本工程施工图设计的依据性文件、批文和相关规范。

2）工程概况。一般应包括建筑名称、建设地点、建设单位、建筑面积、建筑工程等级、结构设计工作年限、建筑层数和建筑高度、防火分类和耐火等级、人防工程防护等级、屋面防水等级、地下室防水等级、抗震设防烈度等。

3）设计标高。本工程的相对标高与绝对标高的关系。

4）材料说明及通用技术措施。一般包括室内外装修做法或用料说明。

① 室外部分：墙身防潮层、地下室防水、勒脚、散水、台阶、坡道、外墙面、屋面等，可用文字说明或部分文字说明，部分直接在图上引注或加注索引号。

② 室内部分：楼地面、踢脚板、墙裙、内墙面、顶棚等装修做法，除用文字说明外亦可用表格形式表达。

③ 门窗幕墙工程（包括玻璃、金属、石材等）及特殊屋面工程（包括金属、玻璃、膜结构等）的性能及制作要求，预埋件安装图，防火、安全、隔声构造。

④ 电梯（自动扶梯）选择及性能说明（功能、载重量、速度、停站数、提升高度等）。

⑤ 油漆涂料等用料、做法。

5）建筑防火设计、无障碍设计、节能设计、人防工程、装配式工程等各类专项设计说明。

6）其他需要说明的问题，例如对采用新技术、新材料的做法说明及对特殊建筑造型的说明。

7)门窗表。门窗尺寸、性能(防火、隔声、保温等)、用料、颜色,玻璃、五金件等的设计要求。

3.2.3 建筑设计总说明识读示例

建筑设计总说明是用文字的形式来表达带有全局性的内容,反映工程的总体施工要求。建筑设计总说明的识读没有捷径可走,必须逐行逐句阅读,了解总说明中表达的内容,同时分清主次,重点熟悉有关工程概况、设计标高、建筑构造做法等要求。

下面以××高中教学楼的建筑设计总说明(图A-2~图A-4)为例进行识图介绍。

1)了解施工图设计的依据性文件、批文和相关规范。

2)看工程概况,了解工程名称、建设地点、建筑面积、层数等。

3)看设计标高,明确本工程的相对标高与绝对标高的关系,并与建筑总平面图对照。本工程相对标高±0.00相当于绝对标高6.40。

4)看材料说明及通用技术措施,了解室内外装修做法;了解门窗、油漆等用料和做法。

5)看其他特别说明的问题,例如对采用新技术、新材料的做法说明及对特殊建筑造型的说明。

6)看构造做法表。构造做法分为屋面、楼面、地面、顶棚、内墙、外墙、踢脚、墙裙八大类,详细表达了材料与工艺要求。

7)看门窗表。门窗尺寸、性能(防火、隔声、保温等)、用料、颜色,玻璃、五金件等的设计要求。

8)看节能设计表。了解公共建筑围护部位、传热系数等,结合构造做法表和门窗表,重点关注外墙、外屋面节能构造做法。例如外窗采用隔热金属型材窗框和中透光LOW-E+12空气+6透明中空玻璃。

知 识 链 接

1. 耐火等级

耐火等级是衡量建筑物耐火程度的分级标度。民用建筑的耐火等级分为一、二、三、四级,一级最高,耐火能力最强;四级最低,耐火能力最弱。

耐火等级由建筑构件的燃烧性能和耐火极限决定,建筑构件指墙体、梁、柱、楼板、楼梯等。不同耐火等级建筑相应构件的燃烧性能和耐火极限详见表1-16。

2. 防水等级

屋面工程的防水等级分为一级、二级、三级,一级要求最高,三级要求最低,详见"2.6.1屋顶概述"。

地下工程的防水等级分为一级、二级、三级,一级要求最高,三级要求最低,详见"2.2.3地下室的防水构造"

3. 建筑层数

建筑层数应按建筑的自然层数计算,下列空间可不计入建筑层数。

1)室内顶板面高出室外设计地面的高度不大于1.5m的地下室或半地下室。

2)设置在建筑底部且室内高度不大于2.2m的自行车库、储藏室、敞开空间。

3）建筑屋顶上凸出的局部设备用房、出屋面的楼梯间等。

4. 架空层、设备层、避难层

仅有结构支撑而无外围护结构的开敞空间层称为架空层。建筑物中专为设置暖通、空调、给水排水和变配电等的设备和管道且供人员进入操作用的空间层称为设备层。建筑高度超过100m的高层建筑，为消防安全专门设置的供人们疏散避难的楼层称为避难层。

5. 建筑幕墙

由金属构架与板材组成的，不承担主体结构荷载与作用的建筑外围护结构。

6. 腻子

当墙面达不到直接涂刷乳胶漆的要求时，经常会选用腻子。腻子是平整墙体表面的厚浆状找平材料，用以清除被涂物表面高低不平的缺陷。建筑腻子按照部位可分为内墙及外墙腻子两类，按照性能主要分为掺胶腻子、耐水腻子等。耐水腻子具有粘接强度高、耐水性能优良、无粉化开裂脱落等优点，目前工程中普遍使用。

小　　结

子　　项	知识要点	能力要点
建筑设计总说明的形成及作用	1. 建筑设计总说明的形成 2. 建筑设计总说明的作用	—
建筑设计总说明的图示内容	建筑设计总说明中的主要内容：设计依据、工程概况、设计标高、材料说明及通用技术措施、建筑防火设计、节能设计等专篇	能正确识读建筑设计总说明，理解设计意图，按图施工

思考与拓展题

1. 什么叫干硬性水泥砂浆？一般应用在什么地方？
2. 请了解当地工程项目常用的节能材料，并按照构造部位归纳整理。
3. 请观察学校机房的楼面装修做法，绘制抗静电地板的楼面做法详图。

3.3 建筑平面图

知识目标：1. 掌握建筑平面图的形成及作用。
2. 熟悉建筑平面图的图示内容和图示要求。
能力目标：1. 能编制简单的建筑平面图。
2. 能正确识读建筑平面图，理解设计意图，按图施工。
学习重点：1. 掌握建筑平面图的图示内容和图示要求。
2. 能正确识读建筑平面图。
导入案例：××高中教学楼。

3.3.1 建筑平面图的形成及作用

1. 建筑平面图的形成

假想用一个水平面在窗台上方将建筑物剖开，移去上部以后，将剖切面以下部分向水平投影面进行正投影得到的图形，称为建筑平面图，简称平面图。

建筑物应每层剖切，得到的平面图以所在楼层命名，分别称为一层平面图、二层平面图、三层平面图等。当某些楼层平面布置相同时，可以只画一个平面图，称为标准层平面图。屋顶平面图是在建筑物的上空俯视，将建筑物顶部向水平投影面进行正投影得到的图形。

可以看出，除了屋顶平面图是真正意义上的平面图外，其他建筑平面图实际上属于剖面图。

2. 建筑平面图的作用

建筑平面图主要表示房屋的平面布置情况，应包括被剖切到的墙、柱、门窗等构件断面、可见的建筑构造及必要的尺寸、标高等。

屋顶平面图主要表示屋顶的形状、屋面排水组织及屋面上各构配件的布置情况。

在施工过程中，建筑平面图是进行放线、砌墙、安装门窗等工作的依据。

3.3.2 建筑平面图的图示内容

建筑平面图表达的内容如下。

1）定位轴线和轴线编号，门窗位置、编号，门的开启方向，注明房间名称或编号。

2）主要建筑构件：墙、柱、门窗、楼梯、电梯等。

3）主要建筑构造部件的位置、尺寸和做法索引，例如阳台、雨篷、台阶、坡道、散水、中庭、天窗、地沟、上人孔等。

4）主要建筑设备和固定家具的位置及相关做法索引，例如卫生器具、雨水管、水池、台、橱、柜、隔断等。

5）楼地面预留孔洞和管井。通气管道、管线竖井等位置、尺寸和做法索引，以及墙体预留洞的位置、尺寸与标高或高度等。

6）尺寸和标高标注。外墙三道尺寸：轴线总尺寸（或外包总尺寸）、轴线间尺寸、外墙细部（如门窗）定位尺寸等；室外地面标高、室内各层楼地面标高。

7）文字标注。图名、比例、房间名、门窗编号等。

8）各种符号标注。指北针、剖切线位置及编号（画在一层平面图）、详图索引符号、引出注释等。

3.3.3 建筑平面图的图示要求

1. 比例

常用比例是1∶100、1∶200、1∶50等，必要时可用比例是1∶150、1∶300等。

2. 定位轴线

定位轴线是施工定位放线的重要依据，它体现了建筑物房间开间、进深的标志尺寸。因此，凡是承重墙、柱、梁或屋架等主要承重构件，均应画上轴线以确定其位置。非承重的分隔墙、次要的承重构件等，一般不画轴线，而是注明它们与附近轴线的相关尺寸以确定其位置，但有时也可用分轴线确定其位置。

3. 图线

为使图面清楚美观、图示内容主次分明，绘图时采用粗细不同的线型来表示建筑物的各部分，加强表达效果。

1）粗实线（线宽 b）。剖切位置线；剖切到的主要建筑构造部件轮廓线，例如墙、柱等。

2）中粗实线（线宽 $0.7b$）。被剖切的次要建筑构造（包括构配件）的轮廓线、建筑构件的轮廓线等。

3）中实线（线宽 $0.5b$）。尺寸线、尺寸界线、标高符号、地面高差线、保温层线等。

4）细实线（线宽 $0.25b$）。图例填充线、家具线、纹样线等。

5）细单点长画线（线宽 $0.25b$）。中心线、定位轴线、对称线、分水线。

4. 图例

由于建筑平面图一般采用较小的比例，因此用规定的图例表示，有关图例的常用要求说明如下。

1）门。代号为M，同一类型的门编号应相同，例如 M-1、M1 等。

2）窗。代号为C，同一类型的窗编号应相同，例如 C-1、C1 等。

3）指北针。表示房屋朝向的指北针在一层平面图中画出。

4）楼梯。注意底层、中间层、顶层的画法不一样。

5）详图索引符号。在平面图中凡需另给详图的部位，均应画上索引符号。

6）剖切的表示。在一层平面图中，还应画上剖切符号，以确定剖面图的剖切位置和剖视方向。

7）材料图例。在平面图中，凡是被剖到的部分均应画出材料图例，但小比例平面图中无须画出材料图例，一般以1∶50为界。

5. 标注

建筑平面图中应标注三方面的内容：外墙尺寸、局部尺寸、主要部位标高。

（1）外墙尺寸

建筑平面图中，一般应在图形的下方和左方分别标注关于外墙的三道尺寸。最外面的一道尺寸是外包尺寸，表示建筑物的总长和总宽；中间一道尺寸是轴线之间的距离，是房间的开间和进深尺寸，最里面的一道尺寸是门窗洞口的宽度和洞间墙的尺寸。当平面图形不对称时，平面图的四周均应标注尺寸。

（2）局部尺寸

除三道尺寸外，还需注出某些局部尺寸，例如内墙厚度，内墙上门窗洞口的尺寸及其定位尺寸，台阶、花台、散水等的尺寸以及某些固定设备的定位尺寸等。

（3）主要部位标高

平面图中还需注明楼地面、台阶顶面、楼梯平台以及室外地面的标高。室外地面标高采用涂黑等腰直角三角形表示，楼地面标高采用一等腰直角三角形，斜边延长注明标高数字。

平面图中，标高以 m 为单位，且保留到小数点后三位，其余尺寸以 mm 为单位。

3.3.4 建筑平面图识读示例

建筑平面图表示房间功能和房间、柱网、墙体、门窗、楼梯等的平面布置情况，反映了建筑的功能要求。建筑平面图的识读应按照"先浅后深、先粗后细"的方法。先粗看，这只是对建筑概况的了解阶段，只需大致了解各层平面布局、房间功能等；再细看，深入了解建筑平面布置情况。

下面以××高中教学楼的建筑平面图（图 A-5~图 A-8）为例进行识图介绍。

1. 一层平面图（图 A-5）

1）查看图名、比例及指北针，确定建筑物朝向。

2）阅读轴网，了解总尺寸、开间、进深等。

3）查看平面功能布置，明确房间功能及布局、交通疏散情况，例如走廊、楼梯间、电梯间等布置。

4）查看墙体及门窗布置情况，进一步熟悉平面布局。

5）查看细部构造，熟悉台阶、散水、管道井等布置及定位。

6）查看室内外相对标高，并与建筑总平面图的绝对标高及建筑设计总说明中的标高说明对照。

7）查看剖切位置，以便建筑剖面图识读。

2. 标准层平面图（图 A-6 和图 A-7）

1）查看图名、比例。

2）阅读轴网，了解总尺寸、柱网、结构形式。

3）逐层查看房间功能、交通疏散、墙体、门窗等布置情况，并结合上下楼层，认清各层建筑功能、垂直交通布置间的相互对应关系。

4）查看细部构造，熟悉雨篷、管道井、预留孔洞等布置及定位。

5）查看各楼层标注的相对标高，明确同层楼面标高有无高差，并可了解层高。

6）因功能、造型等因素，建筑顶层可能与下面楼层的布局差别较大，例如办公楼中经常会在顶层设置屋顶花园、大空间会议室等，结构形式会有所不同，因此需要特别注意。

3. 屋顶平面图（图 A-8）

1）查看图名、比例。

2）查看屋顶平面排水情况。屋面坡度、排水方向、檐沟位置、雨水管位置及数量。值得一提的是，屋面找坡有建筑找坡和结构找坡两种形式，需要结合屋顶构造做法了解清楚。

3）查看出屋顶平面楼梯间、电梯间、水箱等位置。
4）查看屋顶平面的上人孔、通风道等预留孔洞位置。
5）查看屋顶平面变形缝、排气口、檐沟、女儿墙等构造节点位置及索引符号，需结合索引的标准图集和建筑详图才能明确构造做法。
6）查看屋顶平面标高。
7）查看出屋面的构架等布置情况。为了追求更好的建筑效果，通常屋顶平面都设置有比较复杂的构架，需结合建筑立面图仔细理解，必要时可结合效果图识读。

知 识 链 接

1. 开间和进深

中国古建筑以木材、砖瓦为主要建筑材料，四根木头圆柱围成的空间称为间。建筑的迎面间数称为开间，或称面阔，其纵深则叫进深。

《民用建筑设计术语标准》（GB/T 50504）规定，开间是建筑物纵向两个相邻的墙或柱中心线之间的距离，进深是建筑物横向两个相邻的墙或柱中心线之间的距离。

2. 消防救援口

设置在建筑外墙上，便于消防队员迅速进入建筑内部开展灭火救助行动的窗口。有外窗的建筑应自第三层起每层设置，净高度和净宽度均不应小于 1.0m，当利用门时净宽度不应小于 0.8m。每个防火分区设置数量不应少于 2 个，对应消防救援操作面范围。救援口玻璃应易破折且使用安全玻璃，并应设置易于识别的永久性明显标志。

3. 厕所、盥洗室、浴室平面布置

建筑物的厕所、盥洗室、浴室不应直接布置在餐厅、食品加工、食品贮存、医药、医疗、变配电等有严格卫生要求或防水、防潮要求用房的上层；住宅建筑卫生间不应直接布置在卧室、起居室、厨房和餐厅的上层对应位置。

4. 厕所、盥洗室、浴室、厨房楼地面要求

厕所、盥洗室、浴室、厨房等受水或经常浸湿的楼地面应采用防水、防滑类面层，且应低于相邻楼地面，并设排水坡，坡向地漏。厕浴间和有防水要求的建筑地面必须设置防水隔离层；楼层结构必须采用现浇混凝土或整块预制混凝土板，混凝土强度等级不应小于C20；楼板四周除门洞外，应做混凝土翻边，其高度不应小于150mm。

经常有水流淌的楼地面应低于相邻楼地面或设门槛等挡水设施，且应有排水措施，其楼地面应采用不吸水、易冲洗、防滑的面层材料，并应设置防水隔离层。

5. 建筑标高和结构标高

在施工图中可以看到标高有建筑标高和结构标高之分。建筑标高是指地面、楼面等完成面层装饰后的上皮表面相对标高，结构标高是指梁、板等结构构件的上皮表面（不包括装饰面层厚度）的相对标高，二者之间正好相差装饰面层的厚度。通常建筑施工图中标注建筑标高，结构施工图中标注结构标高，但是在建筑施工图中对于屋顶的标高标注一般采用结构标高。因为屋面构造做法复杂且带有一定排水坡度，建筑标高变化较多。

小 结

子　项	知 识 要 点	能 力 要 点
建筑平面图的形成及作用	1. 建筑平面图的形成 2. 建筑平面图的作用	—
建筑平面图的图示内容	1. 各层平面图中绘制的主要内容：定位轴线及编号、主要建筑构件墙体、主要建筑构造部件的位置尺寸、建筑设备和固定家具、楼地面预留孔洞和管井、尺寸和标高标注等；一层平面图还须绘制指北针、剖切线位置编号 2. 屋顶平面图绘制的主要内容：女儿墙、檐沟、坡度、坡向、雨水口、屋脊（分水线）、变形缝、屋面上人孔、凸出屋面的楼梯间等	能正确识读建筑平面图的图示内容，理解设计意图，按图施工
建筑平面图的图示要求	1. 建筑平面图的常用绘制比例 2. 建筑平面图的定位轴线 3. 建筑平面图的图线制图标准 4. 建筑平面图的标准图例：门、窗、指北针、楼梯、详图索引符号、剖切符号及材料图例 5. 建筑平面图中的标注：外墙的三道尺寸、局部尺寸、主要标高	能按照制图标准和图示要求，正确绘制简单的建筑平面图

思考与拓展题

1. 观察学校的教学楼，明确底层、标准层、顶层。如果绘制该教学楼的建筑平面图，那么最少需要绘制几张图纸？各平面图的图示内容有什么区别？
2. 为什么在建筑施工图中，屋顶平面图一般标注结构标高？

3.4 建筑立面图

知识目标：1. 掌握建筑立面图的形成及作用。
　　　　　　2. 熟悉建筑立面图的图示内容和图示要求。
能力目标：1. 能编制简单的建筑立面图。
　　　　　　2. 能结合建筑平面图，正确识读建筑立面图，理解设计意图，按图施工。
学习重点：1. 掌握建筑立面图的图示内容和图示要求。
　　　　　　2. 能正确识读建筑立面图。
导入案例：××高中教学楼。

3.4.1 建筑立面图的形成及作用

1. 建筑立面图的形成

在与建筑物立面平行的投影面上所作的正投影图，就是建筑立面图，简称立面图。

立面图的命名，有定位轴线的建筑物，宜根据两端定位轴线号编注立面图名称。无定位轴线的建筑物可按平面图各面的朝向确定名称。平面形状曲折复杂的建筑物，必要时可绘制展开立面图，图名后加注"展开"两字。

2. 建筑立面图的作用

建筑立面图主要表示建筑物的体形和外貌、立面各部分配件的形状及相互关系、立面装饰要求及构造做法等。

在施工过程中，建筑立面图是明确门窗、阳台、雨篷、檐沟等的形状及位置，外立面装饰要求等的依据。

3.4.2 建筑立面图的图示内容

建筑立面图一般应包含以下内容。

1）两端定位轴线及编号。

2）立面外轮廓及主要建筑构件。例如室外地坪、立面外轮廓线、门窗幕墙、室外楼梯等。

3）建筑构造部件。阳台、雨篷、室外空调机搁板、檐口檐沟、屋面护栏、勒脚、台阶、坡道等。

4）建筑装饰构件、饰面分格线等。

5）尺寸和标高标注。水平方向两端轴线间尺寸，高度方向建筑总高、层高尺寸，必要的定位尺寸，如外墙留洞尺寸等；室外地面标高，各层楼地面、屋面标高，关键控制标高，如女儿墙顶标高、屋脊标高等。

6）文字标注。图名，比例，立面各部位装饰用料、色彩，平面图上表达不清的窗编号等。

7）各种符号标注。剖面图中无法表达的构造节点详图索引、引出注释等。

3.4.3 建筑立面图的图示要求

1. 比例

常用比例是 1∶100、1∶200、1∶50 等，必要时可用比例是 1∶150、1∶300 等。立面图的比例通常与平面图相同。

2. 定位轴线

一般只需标注两端定位轴线及编号，以便和平面图对照确定立面图的观看方向。

3. 图线

为使图面清楚美观、图示内容主次分明，绘图时采用粗细不同的线型来表示建筑物的各部分，加强表达效果。

1）加粗实线（线宽 $1.4b$）。室外地坪线。

2）粗实线（线宽 b）。建筑物的最外轮廓线、剖切位置线。

3）中粗实线（线宽 $0.7b$）。建筑构配件轮廓线。

4）中实线（线宽 $0.5b$）。尺寸线、尺寸界线、索引符号、标高符号、外墙面凹凸分界线。

5）细实线（线宽 $0.25b$）。图例填充线、纹样线。

6）细单点长画线（线宽 $0.25b$）。中心线、对称线、定位轴线。

4. 图例

由于建筑立面图一般采用较小的比例，因此门窗都是用规定的图例表示，门窗框都用双线绘制。在建筑立面图中一般只画出主要轮廓线及分格线。

5. 标注

建筑立面图中主要表现高度方向的尺寸，一般采用标高来标注。各标高注写在立面图的左侧或右侧且排列整齐。

标高主要注写部位为：室内外地坪、窗台、门窗洞顶面、阳台底面（或顶面）、雨篷底面（或顶面）、檐沟底面（或顶面）、女儿墙顶面、饰面分隔处等。

标高以 m 为单位且保留到小数点后三位。

3.4.4 建筑立面图识读示例

建筑物除了满足人们生产生活等物质功能的要求外，还要满足精神文化方面的需求。因此，在符合内部使用功能的基础上，建筑物的内部和外部造型都会进行艺术处理，以满足人们对建筑物美观的要求，其中建筑物的外部造型尤为重要。识读建筑立面图，必须把握这个关键点，结合建筑平面图，重点了解建筑物的体型、立面及细部处理。

下面以××高中教学楼的建筑立面图（图 A-9~图 A-11）为例进行识图介绍。

1）查看图名、比例，了解立面图的观察方位。

2）熟悉建筑立面外形。

3）查看各立面上的建筑构造部件，例如室外地坪、台阶、勒脚、门窗、阳台、雨篷、栏杆、女儿墙顶、檐口、雨水管等。需要结合建筑平面图对照识图，熟悉构造部件的形状及布置情况。

4）查看各立面上的建筑装饰构件，例如勒脚、线脚、粉刷分格线等布置情况。需要结合建筑详图识读，才能明确构造做法。

5）查看建筑立面各部位标高，明确主要建筑构件的标高情况，了解建筑物总高度。

6）阅读建筑各外立面的装饰要求说明，熟悉外立面装饰材料、色彩等做法。

知 识 链 接

1. 建筑规划高度

针对城市规划层面的建筑高度，是城市规划控制的一大要点。建筑规划高度计算应满足以下要求。

1）平屋顶建筑高度应按室外设计地坪至建筑物女儿墙顶点的高度计算；无女儿墙的建筑应按至其屋面檐口顶点的高度计算。

2）坡屋顶建筑应分别计算檐口及屋脊高度。檐口高度应按室外设计地坪至屋面檐口或坡屋面最低点的高度计算，屋脊高度应按室外设计地坪至屋脊的高度计算。

3）当同一座建筑有多种屋面形式，或多个室外设计地坪时，建筑高度应分别计算后取其中最大值。

4）机场、广播电视、电信、微波通信、气象台、卫星地面站、军事要塞等设施的技术作业控制区内及机场航线控制范围内的建筑，建筑高度应按建筑物室外设计地坪至建（构）筑物最高点计算。

5）历史建筑、历史文化名城名镇名村、历史文化街区、文物保护单位、风景名胜区、自然保护区的保护规划区内的建筑，建筑高度应按建筑物室外设计地坪至建（构）筑物最高点计算。

6）除第4）条、第5）条规定以外的建筑，屋顶设备用房及其他局部凸出屋面用房的总面积不超过屋面面积的1/4时，不应计入建筑高度。

2. 建筑消防高度

建筑消防高度是消防部门认定该建筑防火等级、便于火灾时刻及时救援的重要信息。建筑消防高度计算应满足以下要求。

1）建筑屋面为坡屋面时，建筑高度应为建筑室外设计地面至其檐口与屋脊的平均高度。

2）建筑屋面为平屋面（包括有女儿墙的平屋面）时，建筑高度应为建筑室外设计地面至其屋面面层的高度。

3）同一座建筑有多种形式的屋面时，建筑高度应按上述方法分别计算后，取其中最大值。

4）局部凸出屋顶的楼梯间、电梯机房、水箱间等辅助用房占屋顶平面面积不超过1/4者，可不计入建筑高度。

5）对于住宅建筑，设置在底部且室内高度不大于2.2m的自行车库、储藏室、敞开空间，室内外高差或建筑地下室或半地下室的顶板面高出室外设计地面的高度不大于1.5m的部分，可不计入建筑高度。

小 结

子 项	知识要点	能力要点
建筑立面图的形成及作用	1. 建筑立面图的形成 2. 建筑立面图的作用	—

(续)

子项	知识要点	能力要点
建筑立面图的图示内容	建筑立面图中绘制的主要内容：两端定位轴线及编号、立面外轮廓及主要建筑构件、建筑构造部件、建筑装饰构件、饰面分格线、高度方向尺寸和标高、平面图中表达不清的窗编号等	能结合建筑平面图，正确识读建筑立面图的图示内容，理解设计意图，按图施工
建筑立面图的图示要求	1. 建筑立面图的常用绘制比例 2. 建筑立面图的定位轴线 3. 建筑立面图的图线制图标准 4. 建筑立面图的标准图例：门、窗等 5. 建筑立面图中的标注：主要标高	能按照制图标准和图示要求，正确绘制简单的建筑立面图

思考与拓展题

1. 结合身边的居住小区住宅楼，明确外墙装饰的构造做法有几种？了解基本的构造做法。
2. 了解外墙保温新材料、新工艺、新技术在建筑工程中的应用。

3.5 建筑剖面图

知识目标：1. 掌握建筑剖面图的形成及作用。
　　　　　2. 熟悉建筑剖面图的图示内容和图示要求。
能力目标：1. 能绘制简单的建筑剖面图。
　　　　　2. 能结合建筑平面图，正确识读建筑剖面图，理解设计意图，按图施工。
学习重点：1. 掌握建筑剖面图的图示内容和图示要求。
　　　　　2. 能正确识读建筑剖面图。
导入案例：××高中教学楼。

3.5.1 建筑剖面图的形成及作用

1. 建筑剖面图的形成

假想用一个垂直于外墙轴线的铅垂剖切面将建筑物剖开，移去观察者与剖切面之间的部分，对剩余部分所作的正投影图，称为建筑剖面图，简称剖面图。

剖面图应选择能反映建筑物全貌和构造特征，以及有代表性的剖切位置，一般常取建筑物的主要部位，并且通过门窗洞口。根据建筑物的复杂程度，剖面图可以绘制一个或数个，视具体情况而定。

2. 建筑剖面图的作用

建筑剖面图主要表示房屋的内部分层情况、各层高度、楼地面和屋面以及各构配件在垂直方向上的相互关系等内容。

在施工过程中，建筑剖面图是分层，砌筑内墙，铺设楼板、屋面板等的依据。

3.5.2 建筑剖面图的图示内容

建筑剖面图中除了要画出被剖切到的部分外，还应画出投影方向能看到的部分。室内地坪以下的基础部分一般不在剖面图中表示，而在结构施工图中表示。建筑剖面图一般应包含以下内容。

1）定位轴线。剖切到的墙体轴线和编号、轴线间尺寸。

2）建筑构件。墙体、门窗幕墙、各层楼板、屋面板、梁、柱、楼梯、电梯等垂直交通构件。

3）建筑构造部件。室内外地坪、阳台、雨篷、室外空调机搁板、檐沟、屋面护栏、勒脚、台阶、坡道等。

4）建筑装饰。装饰构件、线脚等。

5）尺寸标注。水平方向轴线间尺寸、轴线总尺寸；高度方向建筑总高尺寸；层高尺寸；门窗高度、窗间墙高度、室内外高差、女儿墙高度等分尺寸。

6）标高标注。室外设计地面标高，各层楼地面、屋面标高，关键控制标高，例如女儿墙顶标高、屋脊标高等。

7）文字标注。图名、比例；房间名称等。

8）各种符号标注。节点详图索引、引出注释等。

3.5.3　建筑剖面图的图示要求

1. 比例

常用比例是 1∶100、1∶200、1∶50 等，必要时可用比例是 1∶150、1∶300 等。剖面图的比例通常与平面图、立面图相同。

2. 定位轴线

标注剖切到的两端外墙及中间内墙定位轴线及编号，以便和平面图对照确定剖面图的剖切位置及观看方向。

3. 图线

为使图面清楚美观、图示内容主次分明，绘图时采用粗细不同的线型来表示建筑物的各部分，加强表达效果。

1）加粗实线（线宽 $1.4b$）。室外地坪线。

2）粗实线（线宽 b）。剖切到的主要建筑构造部件轮廓线、剖切位置线，例如墙、梁、楼板和屋面板等。

3）中粗实线（线宽 $0.7b$）。剖切到的次要建筑构造轮廓线、建筑构配件轮廓线。

4）中粗实线（线宽 $0.5b$）。尺寸线、尺寸界线、索引符号、标高符号。

5）细实线（线宽 $0.25b$）。图例填充线、纹样线。粉刷层在 1∶100 的剖面图中不必画出，在 1∶50 或更大比例的剖面图中用细实线表示。

6）细单点长画线（线宽 $0.25b$）。中心线、对称线、定位轴线。

4. 图例

由于建筑剖面图一般采用较小的比例，因此门窗等都用规定的图例表示。另外，在剖面图中，凡是被剖到的墙、柱、梁、板等应画出材料图例。但在 1∶100、1∶200 的小比例平面图中一般不画材料图例，例如钢筋混凝土材料一般涂黑或涂红表示。

5. 标注

建筑剖面图中应标注三方面的内容：水平方向尺寸、高度方向尺寸、主要部位标高。

1）水平方向尺寸。剖切到的墙体轴线间尺寸及总尺寸。

2）高度方向尺寸。一般沿外墙标注三道尺寸线，最外面一道是建筑总高度尺寸，从室外地坪到女儿墙顶；第二道为层高尺寸；第三道为窗台高度、门窗高度、洞间墙高度、室内外高差、女儿墙高度等细部尺寸。

3）主要部位标高。室外地面，室内一层地面，各层楼面，屋面，檐沟，女儿墙顶，其他可见屋顶、构件等的标高。

3.5.4　建筑剖面图识读示例

识读建筑剖面图，必须结合建筑平面图、建筑立面图，对照剖面图与平面图、立面图之间的相互关系，建立起建筑内部和外部的空间概念。

下面以××高中教学楼的建筑剖面图（图 A-12）为例进行识图介绍。

1）查看图名与比例，与一层平面图对照，确定剖切位置及投射方向。

2）结合平面图，明确本工程的层数、层高。了解各楼层结构关系、建筑空间关系、功能关系。

3）结合建筑平面图和立面图，逐层细看剖面图，明确定位轴线、墙体、门窗等建筑构件。

4）结合平面图和立面图，逐层细看剖面图，查看细部尺寸，明确室内外地坪、阳台、雨篷、檐沟、屋顶栏杆、台阶、坡道等建筑构造部件和建筑装饰。

知 识 链 接

1. 层高

层高，系指建筑物各楼层之间以楼地面面层（完成面）计算的垂直距离。

对于平屋面，屋顶层的层高是指该层楼面面层（完成面）至平屋面的结构面层（上表面）的高度；对于坡屋面，屋顶层的层高是指该层楼面面层（完成面）至坡屋面的结构面层（上表面）与外墙外皮延长线的交点计算的垂直距离。

2. 室内净高

室内净高，系指从楼地面面层（完成面）至吊顶或楼盖、屋盖底面之间的有效使用空间的垂直距离。

当楼盖、屋盖的下悬构件或管道底面影响有效使用空间时，应按楼地面完成面至下悬构件下缘或管道底面之间的垂直距离计算。

建筑的室内净高应满足各类型功能场所空间净高的最低要求，地下室、局部夹层、公共走道、建筑避难区、架空层等有人员正常活动的场所最低处室内净高不应小于 2.00m。

小 结

子 项	知 识 要 点	能 力 要 点
建筑剖面图的形成及作用	1. 建筑剖面图的形成 2. 建筑剖面图的作用	—
建筑剖面图的图示内容	建筑剖面图中绘制的主要内容：剖切到的墙体定位轴线、剖切到的建筑构造部件、未剖切到但投影方向可见的建筑构造部件、高度方向的三道尺寸、水平方向两道尺寸、主要标高	能结合建筑平面图，正确识读建筑剖面图的图示内容，理解设计意图，按图施工
建筑剖面图的图示要求	1. 建筑剖面图的常用绘制比例 2. 建筑剖面图的定位轴线 3. 建筑剖面图的图线制图标准 4. 建筑剖面图的标准图例：门、窗等 5. 建筑剖面图中的标注：水平方向尺寸、高度方向尺寸、主要标高	能按照制图标准和图示要求，正确绘制简单的建筑剖面图

思考与拓展题

1. 注意观察学校的建筑，教学楼的层高是多少？宿舍楼的层高又是多少？
2. 你知道国家规范对住宅楼、办公楼的层高设计有什么规定吗？

3.6 建筑详图

知识目标： 1. 掌握建筑详图的形成及作用。
     2. 熟悉楼梯详图等建筑详图的图示内容和图示要求。
能力目标： 1. 能编制简单的楼梯详图。
     2. 能结合建筑设计总说明、建筑平面图、立面图、剖面图，正确识读建筑详图，理解设计意图，按图施工。
学习重点： 1. 掌握楼梯详图的图示内容和图示要求。
     2. 能结合全套建筑施工图，正确识读楼梯详图等建筑详图。
导入案例： ××高中教学楼。

3.6.1 建筑详图的形成及作用

1. 建筑详图的形成

由于建筑平、立、剖面图的比例较小，无法把细部表达清楚，因此，需要用较大比例的（1∶50、1∶20等）图样将建筑物的细部构造尺寸、材料、做法等详尽地绘制出来，该图样称为建筑详图。

建筑详图的图示方法常用局部平面图、局部立面图、局部剖面图等表示，具体视各部位情况而定。例如，楼梯详图需要绘制楼梯平面图、楼梯剖面图、踏步节点详图、栏杆节点详图等，墙身节点详图则用一个剖面图表示即可。

2. 建筑详图的作用

建筑详图主要表示建筑构配件的详细构造、所用材料、细部尺寸、有关施工要求等。

在施工过程中，建筑详图是楼梯、墙身、阳台、雨篷等施工的重要依据。

3.6.2 建筑详图的图示内容

建筑详图绘制比例，主要部位造型、局部房间详图最常用的是1∶50、1∶20，建筑物细部或构配件的节点详图最常用的是1∶20，也可采用1∶10、1∶5。

比例大于1∶50的平面图、剖面图，应画出抹灰层、保温隔热层等与楼地面、屋面的面层线，并宜画出材料图例；比例等于1∶50的平面图、剖面图，剖面图宜画出楼地面、屋面的面层线，宜绘出保温隔热层，抹灰层的面层线应根据需要确定。

建筑详图一般可分为两类：局部构造详图，例如楼梯详图、电梯详图等；建筑构件节点详图，例如墙身详图、阳台详图、雨篷详图、檐沟详图、窗套详图、装饰线脚详图等。下面以楼梯详图为例说明图示内容要求。

楼梯是建筑物垂直方向的交通通道，一般由楼梯段、楼梯平台（中间平台和楼层平台）和栏杆组成。楼梯详图一般包括楼梯平面图、楼梯剖面图、楼梯节点详图。

1. 楼梯平面图

假想用一个水平面在楼梯间每层向上第一个梯段的中部（中间平台下）剖开，移去上部以后，将剖切面以下的部分向水平投影面进行正投影得到的图样，称为楼梯平面图。

楼梯间应每层剖切，得到的平面图以所在楼层命名，分别简称为一层平面图、二层平面图、三层平面图等。当某些楼层平面布置相同时，可以只画一个平面图，称为标准层平面图。

顶层平面图是在顶层楼面栏杆上部俯视，将楼梯间顶层向水平投影面进行正投影得到的图样。

楼梯平面图表达的内容如下。

1) 定位轴线。楼梯间定位轴线和轴线编号。
2) 主要建筑构件。楼梯间墙体、承重柱、楼梯间门窗、梯段和踏步。
3) 建筑构造部件。梯段、楼梯平台（中间平台和楼层平台）、梯井、栏杆；与楼梯间相连的台阶、坡道、散水、阳台、雨篷等。
4) 尺寸标注。楼梯间开间方向两道标注尺寸：轴线间尺寸；梯井尺寸、梯段宽度尺寸。楼梯间进深方向两道标注尺寸：轴线间尺寸；梯段长度尺寸（踏步宽度×水平踏步数＝梯段长度尺寸）、楼梯平台（中间平台和楼层平台）尺寸。
5) 标高标注。室外地面标高、各楼层平台标高、中间平台标高、屋面标高等。
6) 汉字标注。梯段上下方向、图名和比例。
7) 符号标注。剖切线位置及编号（画在一层平面图）、折断符号（一层平面图、中间层平面图）、节点详图索引符号、引出注释等。

2. 楼梯剖面图

假想用一个平行于梯段方向的铅垂剖切面将楼梯间剖开，移去观察者与剖切面之间的部分，对剩余部分所作的正投影图，称为楼梯剖面图。每个楼梯间通常只绘制一个楼梯剖面图。

楼梯剖面图表达的内容如下。

1) 定位轴线。楼梯间定位轴线和轴线编号。
2) 主要建筑构件。楼梯间墙体、承重柱、楼梯间门窗、梯段和踏步、楼梯平台板（中间平台和楼层平台）、屋面板、梁（梯段梁、平台梁、过梁等）。
3) 建筑构造部件。楼梯间室内外地坪、楼梯护栏、与楼梯间相连的台阶、坡道、散水、阳台、雨篷等。
4) 尺寸标注。水平方向尺寸，包含楼梯间轴线间尺寸、梯段长度尺寸（踏步宽度×水平踏步数＝梯段长度尺寸）、楼梯平台（中间平台和楼层平台）尺寸；高度方向尺寸：梯段高度尺寸（踏步高度×垂直踢面数＝梯段高度尺寸）、层高尺寸、栏杆高度等其他细部尺寸。
5) 标高标注。室外地面标高、各楼层面标高、屋面标高、中间平台标高等。
6) 汉字标注。图名和比例。
7) 符号标注。节点详图索引符号、引出注释等。

3. 楼梯节点详图

楼梯节点详图主要有踏步节点详图、栏杆节点详图等。踏步节点详图表达踏步面层构造层次、材料、厚度、防滑条做法等。栏杆节点详图表达栏杆高度、间距、材料等做法。

3.6.3 建筑详图的图示要求

建筑详图的常用比例是1∶50、1∶20、1∶10、1∶5等，必要时可用比例是1∶2、1∶1等。一般楼梯平面图、楼梯剖面图、卫生间平面图等比例为1∶50，墙身节点详图、雨篷节点详图等比例为1∶20，栏杆节点详图比例为1∶10等，踏步节点详图比例为1∶5。

建筑详图的图线、图例、标注等图示要求按照不同图示方法，分别与建筑平面图、建筑立面图、建筑剖面图的图示要求相同。

建筑详图的尺寸标注，必须完整齐全、准确无误。需要标注构件的基本结构尺寸及面层材料尺寸等，标注细部的控制标高。

3.6.4 建筑详图识读示例

识读建筑详图，必须结合该详图有关的建筑设计总说明、建筑平面图、建筑立面图、建筑剖面图等图纸，相互对照。下面以××高中教学楼的楼梯详图（图 A-13~图 A-16）为例进行局部构造详图的识读介绍。

1）查看图名及楼梯编号，与建筑平面图对照，明确楼梯在平面图中的位置，核对走向标注是否一致。

2）查看楼梯平面图，明确楼梯间出入口；明确各梯段及楼梯平台（中间平台和楼层平台）的起始位置、梯段的踏面宽度、踏面数、梯段尺寸、梯井尺寸等。

注意，楼梯平面图各层被剖切到的梯段，均在平面图中以 45°细折断线表示其断开位置，在每一梯段处画带有箭头的指示线，并注写"上"或"下"字样。

3）与楼梯平面图对照，确定楼梯剖面图的剖切位置及投影方向。

4）查看楼梯剖面图，明确楼梯层数、高度、每层梯段数、踢面高度、踢面数及定位尺寸、净高尺寸等。

5）结合楼梯平面图、楼梯剖面图，查看踏步、栏杆等节点详图，明确构造做法。

其他详图识读也基本相同，结合建筑平面图等图纸，先明确详图所在位置，再确定细部构造做法。下面以××高中教学楼的节点详图（图 A-17 和图 A-18）为例进行局部构造详图的识读介绍。

例如识读图 A-17 中的①节点详图，首先在建施 07 屋顶平面图中找到索引符号，位于①轴处，明确是一个屋面女儿墙节点详图。再结合建施 10 中的Ⓔ~Ⓐ轴立面图、建施 02 中"屋1"的构造做法，明确屋面尺寸、标高、细部构造做法等，来仔细识图。

建筑详图是建筑施工图中绘制比例最大的图纸，表达细部构造做法，涉及部位较多，需结合建筑设计总说明、建筑平面图、立面图等一起仔细识读，才能明确建筑节点的位置，掌握节点的构造、尺寸、材料等做法要求。在掌握建筑详图的基本识读方法以后，还需要反复练习、积累经验，才能准确快速识读建筑详图，掌握设计要求。

小 结

子 项	知 识 要 点	能 力 要 点
建筑详图的形成及作用	1. 建筑详图的形成 2. 建筑详图的作用	
建筑详图的图示内容	1. 建筑详图可分为局部构造详图和建筑构件节点详图两类 2. 以楼梯详图为例，绘制内容包含：楼梯平面图、楼梯剖面图、节点详图	能结合建筑设计总说明、建筑平面图、立面图、剖面图，正确识读建筑详图的图示内容，理解设计意图，按图施工

（续）

子　项	知识要点	能力要点
建筑详图的 图示要求	1. 建筑详图的常用绘制比例 2. 建筑详图的图线制图标准 3. 建筑详图的标准图例 4. 建筑详图中的标注：尺寸和标高	能按照制图标准和图示要求，正确绘制简单的建筑详图

思考与拓展题

1. 了解有关楼梯的强制性条文内容。
2. 屋面采用倒置式做法时，保温层需要设置排汽道吗？
3. 简述附录 A 工程采用的排水组织设计方式。

模块4 基本训练

4.1 建筑施工图的绘制

4.1.1 建筑平面图的绘制

训练目的： 熟悉建筑平面图的图示内容、图示要求，掌握建筑平面图的绘制方法、绘制步骤。

能力目标： 1. 能熟练掌握建筑平面图上要表达的建筑信息及各种图例的表示方法。

2. 能按照建筑制图规范，正确绘制建筑平面图。

背景资料： 某别墅一层平面图（图4-1）。

训练工具： 图板，三角板，直尺，3号绘图纸，比例尺，2H、HB、2B铅笔，橡皮，模板，胶带纸。

训练内容： 根据建筑平面图的绘图步骤，正确绘制平面图（图4-1）。

训练步骤： 1. 选比例、定图幅，进行图面布局

2. 画底图（2H铅笔）

1) 绘制定位轴线。

2) 绘制墙身、柱断面。

3) 按照门窗图例绘制门窗。

4) 绘制楼梯，绘制台阶、散水等细部构造。

5) 标注定位轴线、尺寸、标高，注写门窗编号。

6) 注写文字，如房间名、索引符号、图名、比例等。

3. 加深加粗图线（HB、2B铅笔）

将多余线条擦除后，用HB、2B铅笔按照制图规范加深加粗线条，完成平面图的绘制。

能力评价： 根据图样绘制的完成情况，分为四个等级。

1. 优秀

1) 能在规定的时间内完成任务。

2) 图线粗细、线型、尺寸标注等符合制图规范。

3) 图例表达正确。

4) 比例正确。

5) 图样布局合理，图面整洁，线条美观。

2. 良好

1) 能在规定的时间内完成任务。

2) 图线粗细、线型、尺寸标注等符合制图规范。

3) 图例表达正确。

4) 比例正确。

5) 图样布局合理，图面较整洁。

3. 合格

1）基本上能在规定的时间内完成任务。

2）图线粗细、线型、尺寸标注等基本符合制图规范。

3）图例表达基本正确。

4）比例基本正确。

5）图样布局基本合理。

4. 不合格

1）不能在规定的时间内完成任务。

2）图线粗细、线型、尺寸标注等不符合制图规范。

3）图例表达基本不正确。

4）比例不正确。

5）图样布局不合理。

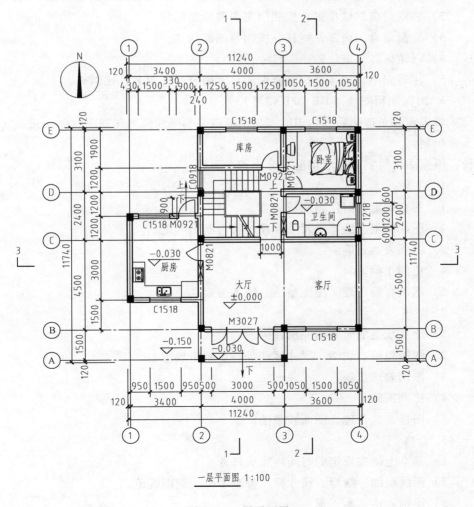

一层平面图 1:100

图 4-1　一层平面图

4.1.2 建筑立面图的绘制

训练目的: 熟悉建筑立面图的图示内容、图示要求,掌握建筑立面图的绘制方法、绘制步骤。

能力目标: 1. 能熟练掌握建筑立面图上要表达的建筑信息及各种图例的表示方法。
2. 能按照建筑制图规范,正确绘制建筑立面图。

背景资料: 某别墅南立面图(图4-2)。

训练工具: 图板,三角板,直尺,3号绘图纸,比例尺,2H、HB、2B铅笔,橡皮,模板,胶带纸。

训练内容: 根据建筑立面图的绘图步骤,正确绘制立面图(图4-2)。

训练步骤: 1. 选比例、定图幅,进行图面布局

2. 画底图(2H铅笔)

1) 绘制室外地坪线、开间轴线、层高线、外墙轮廓线、屋顶或檐口线。

2) 确定门窗洞口位置,按照门窗图例绘制门窗。

3) 绘制窗台、雨篷、栏杆、檐沟等细部构造。

4) 标注标高、定位轴线、尺寸。

5) 注写文字,如各部位装修做法、索引符号、图名、比例等。

3. 加深加粗图线(HB、2B铅笔)

将多余线条擦除后,用HB、2B铅笔按照制图规范加深加粗线条,完成立面图的绘制。

能力评价: 根据图样绘制的完成情况,分为四个等级。

1. 优秀

1) 能在规定的时间内完成任务。

2) 图线粗细、线型、尺寸标注等符合制图规范。

3) 图例表达正确。

4) 比例正确。

5) 图纸布局合理,图面整洁,线条美观。

2. 良好

1) 能在规定的时间内完成任务。

2) 图线粗细、线型、尺寸标注等符合制图规范。

3) 图例表达正确。

4) 比例正确。

5) 图样布局合理,图面较整洁。

3. 合格

1) 基本上能在规定的时间内完成任务。

2) 图线粗细、线型、尺寸标注等基本符合制图规范。

3) 图例表达基本正确。

4) 比例基本正确。

5) 图样布局基本合理。

4. 不合格

1) 不能在规定的时间内完成任务。
2) 图线粗细、线型、尺寸标注等不符合制图规范。
3) 图例表达基本不正确。
4) 比例不正确。
5) 图样布局不合理。

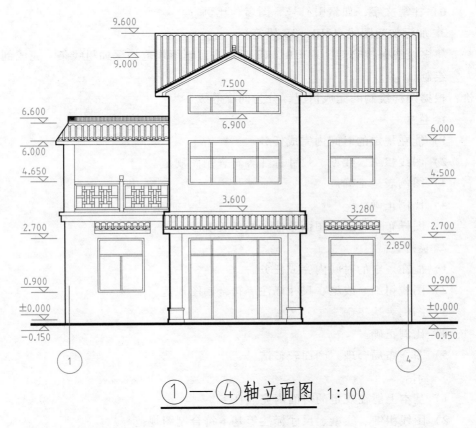

图 4-2 南立面图

4.1.3 建筑剖面图的绘制

训练目的：熟悉建筑剖面图的图示内容、图示要求，掌握建筑剖面图的绘制方法、绘制步骤。

能力目标：1. 能熟练掌握建筑剖面图上要表达的建筑信息及各种图例的表示方法。
2. 能按照建筑制图规范，正确绘制建筑剖面图。

背景资料：某别墅 2—2 剖面图（图 4-3）。

训练工具：图板，三角板，直尺，3 号绘图纸，比例尺，2H、HB、2B 铅笔，橡皮，模板，胶带纸。

训练内容：根据建筑剖面图的绘图步骤，正确绘制剖面图（图 4-3）。

训练步骤： 1. 选比例、定图幅，进行图面布局

2. 画底图（2H 铅笔）

1）绘制定位轴线、室内外地坪线、层高线。

2）绘制墙体，确定楼地面、屋面厚度并绘制。

3）确定门窗洞口位置，按照门窗图例绘制门窗。

4）绘制可见构配件及相应材料图例。

5）标注定位轴线、尺寸、标高。

6）注写文字，如索引符号、图名、比例等。

3. 加深加粗图线（HB、2B 铅笔）

将多余线条擦除后，用 HB、2B 铅笔按照制图规范加深加粗线条，完成剖面图的绘制。

能力评价： 根据图样绘制的完成情况，分为四个等级。

1. 优秀

1）能在规定的时间内完成任务。

2）图线粗细、线型、尺寸标注等符合制图规范。

3）图例表达正确。

4）比例正确。

5）图样布局合理，图面整洁，线条美观。

2. 良好

1）能在规定的时间内完成任务。

2）图线粗细、线型、尺寸标注等符合制图规范。

3）图例表达正确。

4）比例正确。

5）图样布局合理，图面较整洁。

3. 合格

1）基本上能在规定的时间内完成任务。

2）图线粗细、线型、尺寸标注等基本符合制图规范。

3）图例表达基本正确。

4）比例基本正确。

5）图样布局基本合理。

4. 不合格

1）不能在规定的时间内完成任务。

2）图线粗细、线型、尺寸标注等不符合制图规范。

3）图例表达基本不正确。

4）比例不正确。

5）图样布局不合理。

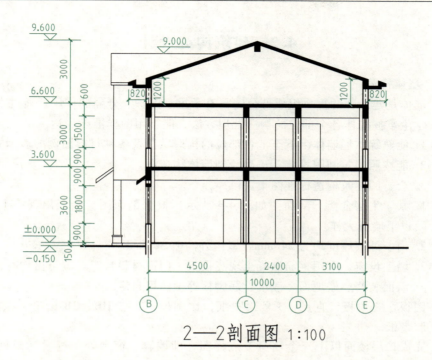

图 4-3　2—2 剖面图

4.2 建筑构造设计

4.2.1 墙体构造

训练目的： 墙体是建筑物的重要组成部分，具有承重、围护、分隔的作用。通过本训练，使学生掌握墙体各个部位的构造处理方法，能够用图样准确表达。

能力目标： 1. 能熟练掌握墙体由下至上各部位的构造做法及各种材料图例的表示方法。
2. 能按照建筑制图规范，正确绘制墙体构造图。
3. 会查阅建筑构造标准图集。

背景资料： 1. 某学生宿舍楼，剖面图如图4-4所示。根据剖面图，绘制出其中E轴线二层及以下墙身大样。
2. 内、外墙厚度均为240mm，室内外高差300mm。
3. 墙上设窗，采用钢筋混凝土现浇楼板，门窗材料自定。墙与窗均有保温要求。
4. 墙面装修、楼地面、散水、踢脚板等做法可自定。

训练工具： 图板，三角板，直尺，3号绘图纸，比例尺，2H、HB、2B铅笔，橡皮，模板，胶带纸。

训练内容： 完成二层楼面以下三个墙身节点详图，即墙脚、窗台处、过梁（或框架梁）和楼板层节点详图，比例为1∶20。要求按照顺序将节点①、②、③从下到上布置在同一条垂直线上，共用一条轴线及编号。

训练步骤： 三个墙身节点详图的绘制步骤如下。

1. 节点①外墙墙脚部分

1）绘制定位轴线及编号圆圈。

2）绘制墙身、踢脚、勒脚，应注明尺寸及构造做法，并绘出材料图例。

3）绘制水平防潮层，注明材料和做法，注明防潮层标高。

4）绘制散水和室外地面，用多层构造引出线标注其材料、厚度、做法；绘制材料图例；标注散水宽度、坡向和坡度值；标注室外地面标高；绘出并注明散水与勒脚之间的变形缝构造处理。

5）绘制室内地面构造，用多层构造引出线标注其材料、厚度、做法；绘制材料图例；标注室内地面标高。

6）绘制保温墙面内外装修的厚度及材料，注明做法。

7）标注详图编号及比例。

2. 节点②外墙窗台部位

1）绘制墙面及抹灰部分（画法同节点①）。

2）绘制室内外窗台的细部构造，表示出窗台的材料和做法；标注窗台的厚度、宽度、坡向和坡度值；标注窗台顶面标高（是否设置窗台板可自行决定）。

3）绘制窗框轮廓线，不要求绘制细部（可以参照教材或图集绘窗框，要求将窗框与窗台或窗台板的连接构造表示清楚，要求采用窗的保温做法）。

4）标注详图编号及比例。

3. 节点③外墙过梁或框架梁与楼板层构造

1) 绘制墙面及抹灰部分（画法同节点①）。
2) 绘制窗上框截面，不要求绘制细部（要求将窗框与框架梁或窗楣的连接构造表示清楚）。
3) 绘制钢筋混凝土框架梁（过梁）的细部构造，绘制材料图例，标注尺寸，标注梁底标高。
4) 绘制楼板层，用多层构造引出线标注各层材料、厚度、做法；绘制材料图例；标注楼面标高。
5) 画出楼面踢脚，画法同节点①。
6) 标注详图编号及比例。

能力评价： 根据图样绘制的完成情况，分为四个等级。

1. 优秀
1) 能在规定的时间内完成任务。
2) 各部位构造做法准确无误。
3) 材料图例表达正确。
4) 比例正确。
5) 图线粗细、线型、尺寸标注等符合制图规范。
6) 图样布局合理，图面整洁，线条美观。

2. 良好
1) 能在规定的时间内完成任务。
2) 各部位构造做法基本准确无误。
3) 材料图例表达正确。
4) 比例正确。
5) 图线粗细、线型、尺寸标注等符合制图规范。
6) 图样布局合理，图面较整洁。

3. 合格
1) 基本上能在规定的时间内完成任务。
2) 各部位构造做法基本准确。
3) 材料图例表达基本正确。
4) 比例基本正确。
5) 图线粗细、线型、尺寸标注等基本符合制图规范。
6) 图样布局基本合理。

4. 不合格
1) 不能在规定的时间内完成任务。
2) 各部位构造做法不准确。
3) 材料图例表达基本不正确。
4) 比例不正确。
5) 图线粗细、线型、尺寸标注等不符合制图规范。
6) 图样布局不合理。

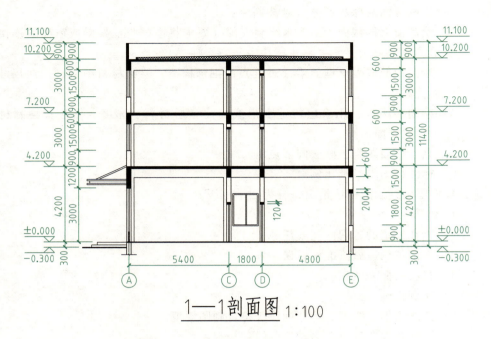

图 4-4 1—1 剖面图（某学生宿舍楼）

4.2.2 屋顶排水节点构造

训练目的：通过本练习，使学生熟练掌握屋顶细部构造，训练绘制和识读屋面施工图的能力。

能力目标：1. 能熟练掌握屋顶的构造层次和排水方式以及各种防水、保温、隔热的构造做法，女儿墙泛水及屋脊分水线、分仓缝等做法。

2. 能按照建筑制图规范，正确绘制屋顶构造图。

3. 会查阅相关的建筑标准图集。

背景资料：已知某学生宿舍楼，高6层，层高2.8m，屋顶层平面布置详图如图4-5所示，屋顶平面结构标高为16.800m，女儿墙厚度为240mm，要求采用保温屋面。

训练工具：图板，三角板，直尺，3号绘图纸，比例尺，2H、HB、2B铅笔，橡皮，模板，胶带纸。

训练内容：完成四个屋顶节点详图，即檐沟节点详图、女儿墙处泛水节点详图、雨水口节点详图、分仓缝节点详图，比例自定。

训练步骤：三个屋顶节点详图的绘制步骤如下。

1. 节点①檐沟节点详图

1）绘制定位轴线及编号圆圈。

2）绘墙身、檐沟板、屋面板、屋顶各层构造、檐口处的防水处理，以及檐沟板与屋面板、墙、圈梁或梁的关系，标注檐沟尺寸，注明檐沟饰面层的做法和防水收头的构造做法。用多层构造引出线标注檐沟及屋顶各层材料、厚度、做法；绘出材料图例；标注屋面标高。

3）在平面图上标注索引符号及编号。

4）标注详图符号及比例。

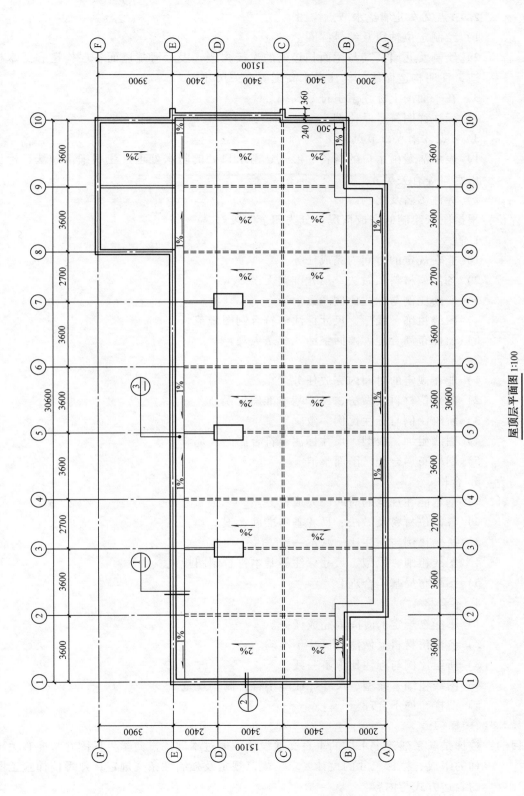

图 4-5 屋顶层平面布置详图

2. 节点②女儿墙泛水节点详图
1）绘制定位轴线及编号圆圈。
2）绘制女儿墙及其与屋面相接处的连接构造，表示清楚屋面各层构造和泛水构造，注明构造做法，标注泛水高度等有关尺寸。
3）在平面图上标注索引符号及编号。
4）标注详图符号及比例。
3. 节点③雨水口节点详图
1）表示清楚雨水口的材料、形式、雨水口处的防水处理，注明细部做法，标注雨水口等有关尺寸。
2）标注图名及比例。

能力评价： 根据图纸绘制的完成情况，分为四个等级。

1. 优秀
1）能在规定的时间内完成任务。
2）各部位材料及做法、尺寸准确无误。
3）所绘比例与标注比例一致。
4）图线粗细、线型、尺寸标注等符合制图规范。
5）图样布局合理，图面整洁，线条美观。

2. 良好
1）能在规定的时间内完成任务。
2）各部位材料及做法、尺寸基本准确无误。
3）所绘比例与标注比例一致。
4）图线粗细、线型、尺寸标注等符合制图规范。
5）图样布局合理，图面整洁。

3. 合格
1）基本能在规定的时间内完成任务。
2）各部位材料及做法、尺寸基本准确无误。
3）所绘比例与标注比例基本一致。
4）图线粗细、线型、尺寸标注等基本符合制图规范。
5）图样布局基本合理。

4. 不合格
1）不能在规定的时间内完成任务。
2）各部位材料及做法、尺寸不准确。
3）所绘比例与标注比例不一致。
4）图线粗细、线型、尺寸标注等不符合制图规范。
5）图样布局不合理。

4.2.3 楼梯构造

训练目的： 楼梯是联系建筑上下层的垂直交通设施。通过本训练，使学生巩固并掌握有关楼梯的组成、楼梯尺寸的设计要求、规范规定及强制性条文规定；熟悉楼梯施工图的表达方式与内容。

模块 4 基本训练

能力目标： 1. 能根据设计要求及建筑（有关楼梯部分）强制性条文规定，选择正确的楼梯尺寸。
2. 能按照建筑制图规范，正确绘制楼梯图。
3. 会查阅建筑楼梯标准图集。

背景资料： 已知某住宅，采用现浇钢筋混凝土板式楼梯，层高为 2.8m，楼梯开间为 2.7m，进深 5.4m，墙体均为 240mm，轴线居中。请完善并标注图 4-6、图 4-7 中尺寸，并将其抄绘至绘图纸上，在绘图纸上再绘制出楼梯踏步构造节点详图。

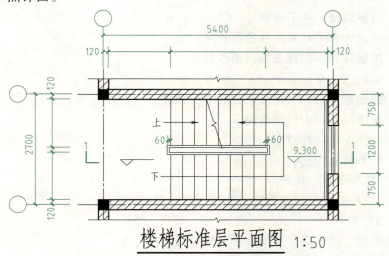

图 4-6 楼梯标准层平面图

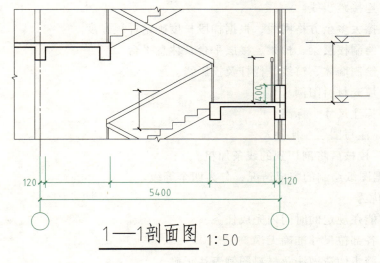

图 4-7 1—1 剖面图（某住宅楼梯）

训练工具： 图板，三角板，直尺，3 号绘图纸，比例尺，2H、HB、2B 铅笔，橡皮，模板，胶带纸。

训练内容： 1. 按补充完善的尺寸以 1∶50 的比例绘制楼梯标准层平面图。
2. 按补充完善的尺寸以 1∶50 的比例绘制楼梯局部剖面图。
3. 查阅有关标准图集，绘制踏步构造节点详图，要求绘制出栏杆与踏步的连接做法、踏步面层做法及踏步的防滑处理，绘出材料图例。绘图比例为 1∶5。

训练步骤： 先绘制平面图，再绘制剖面图，最后绘制节点详图，绘制步骤分别如下所述。

1. 平面图
1）布局，绘制轴线。
2）绘制墙线、柱子位置。
3）确定休息平台宽度和梯段长度。
4）绘制梯井、栏杆及梯段踏步数。
5）绘制门、窗。
6）绘制梯段上、下符号，标注平台标高。
7）标注尺寸、定位轴线编号。
8）标注 1—1 剖面符号。
9）填充材料图例。
10）注写图名、比例。
11）校核后将剖切到的线条加粗，并涂黑柱子。

2. 剖面图
1）布局，确定定位轴线及平台标高线。
2）确定休息平台宽度。
3）根据踏步的宽度和高度打方格网。
4）连接踏步线。
5）擦去多余方格网线，根据梯段长度确定梯板厚度。
6）绘制楼层梁、梯梁、楼层平台及休息平台。
7）绘制墙体、窗线、栏杆及投影线。
8）填充材料图例。
9）标注尺寸、标高。
10）注写图名、比例。
11）校核后将剖切到的线条加粗。

能力评价： 根据图纸绘制的完成情况，分为四个等级。

1. 优秀
1）能在规定的时间内完成任务。
2）各部位尺寸准确无误。
3）踏步构造做法及材料图例表达正确。
4）比例正确。
5）图线粗细、线型、尺寸标注等符合制图规范。
6）图样布局合理，图面整洁，线条美观。

2. 良好

1）能在规定的时间内完成任务。

2）各部位尺寸基本准确。

3）踏步构造做法及材料图例表达基本正确。

4）比例正确。

5）图线粗细、线型、尺寸标注等符合制图规范。

6）图样布局合理，图面较整洁。

3. 合格

1）基本上能在规定的时间内完成任务。

2）各部位尺寸基本准确。

3）踏步构造做法及材料图例表达基本正确。

4）比例基本正确。

5）图线粗细、线型、尺寸标注等基本符合制图规范。

6）图样布局基本合理。

4. 不合格

1）不能在规定的时间内完成任务。

2）各部位尺寸基本不准确。

3）踏步构造做法及材料图例表达不正确。

4）比例不正确。

5）图线粗细、线型、尺寸标注等不符合制图规范。

知 识 链 接

1）梯段宽度：每股人流宽度为 550mm+（0~150）mm，一般不应少于两股人流。住宅最小宽度为 1100mm。

2）楼梯常见坡度：23°~45°，适宜的坡度为 30°左右。

3）踢面高度与踏面宽度之和与人的跨步长度有关。按以下公式计算踏步尺寸：$2h+b=600~620$mm

4）常用住宅楼梯踏步最小宽度和最大高度：$b \geqslant 260$mm，$h \leqslant 175$mm。

5）平台宽度：中间平台应不小于梯段宽度，并不得小于 1.2m，以保证能通行和梯段同样股数的人流。楼层平台应区别不同的楼梯形式而定，但不小于中间平台梯段宽度。

6）梯井宽度：60mm≤住宅梯井宽度≤110mm。

4.3 建筑施工图识读

训练目的： 训练学生运用投影原理，建筑制图和建筑构造知识正确识读建筑施工图，培养学生理解并实施建筑施工图的能力。
能力目标： 能正确识读建筑施工图，理解设计意图，按图施工。
背景资料： 某培训中心1号培训楼建筑施工图（图B-1~图B-18，见附录B）。
训练工具： 铅笔、橡皮。
训练内容： 识读"某培训中心1号培训楼"施工图，完成下述50个单项选择题，将正确选项填在相应的答题表中。
能力评价： 根据单项选择题的完成情况，按照总分值评判，分为四个等级。

1) 优秀：　90~100分。
2) 良好：　75~89分。
3) 合格：　60~74分。
4) 不合格：60分以下。

4.3.1 建筑总平面图识读（单项选择题，共5题，每题2分，共10分）

答题表　　　　　　　　　　　　　　　　　　合计得分：

试题序号	1	2	3	4	5
答案					

1. 关于本工程绿化表述错误的是（　　）。
A. 绿地率指在一定用地范围内，各类绿地总面积占该用地总面积的比率（%）
B. 绿地面积 880.26m^2
C. 未设置屋面绿化
D. 绿地面积和建筑密度成正比

2. 关于本工程总图消防的说法正确的是（　　）。
A. 消防车道环通，可到达各建筑　　　　　B. 设置消防回车场地
C. 消防车道净空高度不应小于 4.0m　　　D. 消防车道宽度为 6m

3. 关于本工程总图说法正确的是（　　）。
A. 容积率是用地面积与总建筑面积的比值
B. 室外场地设计标高为 5.500m
C. 室内外高差为 0.45m
D. 图中所注建筑物定位点坐标为外墙边的坐标

4. 关于本工程总图的说法错误的是（　　）。
A. 设置有 12 个机动车位　　　　　　　　B. 培训入口朝向为西南
C. 共 1 个新建建筑　　　　　　　　　　　D. 设置有配电房

5. 关于本工程用地红线的说法错误的是（　　）。

A. 用地红线指各类建设工程项目用地使用权属范围的边界线

B. 用地红线内面积即为项目建设用地面积

C. 用地红线即为道路红线

D. 线型应为双点长画线

4.3.2 建筑设计说明识读（单项选择题，10题，每题2分，共20分）

答题表　　　　　　　　　　　　　合计得分：

试题序号	1	2	3	4	5	6	7	8	9	10
答案										

1. 本工程坡道处扶手采用的是（　　　）。

A. 铝合金扶手，高度 900mm

B. 不锈钢二层扶手，高度 350mm 及 650mm

C. 不锈钢二层扶手，高度 650mm 及 850mm

D. 铝合金扶手二层，高度 600mm 及 900mm

2. 下列说法错误的是（　　　）。

A. 外露明铁件刷防锈漆二道以上

B. 木门采用调和漆一底一面

C. 砌块砌筑的管道井内壁用 15mm 厚 1：3 水泥砂浆抹面

D. 砂浆采用预拌砂浆

3. 本工程设备阳台地面排水坡度应不小于（　　　）。

A. 1% 　　　　　　　　　　　　　　B. 0.5%

C. 此阳台无排水要求，无须设置坡度　D. 图中未注明，无法确定

4. 本工程共有（　　）个防火分区。

A. 1　　　　　B. 2　　　　　C. 3　　　　　D. 4

5. 关于本工程外窗说法错误的是（　　　）。

A. 均采用断桥隔热铝合金窗框普通中空玻璃

B. 玻璃窗均为推拉窗

C. 窗尺寸均表示洞口尺寸

D. 玻璃"6+12A+6"中"12"的含义是玻璃的厚度

6. 本工程内墙做法中满刮腻子两道，下列关于腻子主要作用的说法正确的是（　　　）。

A. 保温　　　　B. 美白　　　　C. 平整墙面　　　　D. 防水

7. 根据建筑施工图设计说明，以下关于本工程的说法错误的是（　　　）。

A. 属于多层公共建筑　　　　B. 轻质墙体等装修材料应采用难燃材料

C. 耐火等级一级　　　　　　D. 框架结构

8. 本工程外墙采用的保温材料为（　　　）。

A. 聚苯乙烯板　　　　　　　B. 40 厚挤塑聚苯板

C. 30 厚矿（岩）棉毡　　　　D. 20 厚无机轻集料保温砂浆

9. 二层办公室 GM1022 门垛尺寸除注明外为（　　）mm。
   A. 60　　　　　　B. 120　　　　　　C. 240　　　　　　D. 图中未注明
10. 本工程雨篷、檐口、窗顶等部位均应做的构造措施是（　　）。
    A. 鹰嘴滴水线　　B. 防腐措施　　C. 抗裂措施　　D. 铝箔保护

4.3.3 建筑平、立、剖面图识读（单项选择题，25题，每题2分，共50分）

答题表　　　　　　　　　　　　　　　　　合计得分：

试题序号	1	2	3	4	5	6	7	8	9	10
答案										
试题序号	11	12	13	14	15	16	17	18	19	20
答案										
试题序号	21	22	23	24	25					
答案										

1. 本工程一层平面图中卫生间虚线圆的直径是（　　）。
   A. 900mm　　　　B. 1000mm　　　　C. 1200mm　　　　D. 1500mm
2. 关于一层卫生间①轴门洞处两根细线的说法正确的是（　　）。
   A. 表示此处为洞口　　　　　　　B. 表示此处有高差，应删除一根
   C. 表示此处为门槛　　　　　　　D. 表示此处为斜坡
3. 二层接待室层高为（　　）m。
   A. 4.2　　　　　　B. 3.6　　　　　　C. 5.4　　　　　　D. 7.2
4. 本工程二层楼面共有（　　）个消火栓。
   A. 1　　　　　　　B. 2　　　　　　　C. 3　　　　　　　D. 4
5. 三层会议室的开间为（　　）m。
   A. 4.2　　　　　　B. 7.2　　　　　　C. 6.98　　　　　　D. 5.4
6. ⑫~①轴中三层百叶窗顶标高为（　　）m。
   A. 10.200　　　　B. 9.900　　　　C. 7.500　　　　D. 7.200
7. 本工程三层演播室层高为（　　）m。
   A. 4.50　　　　　B. 3.75　　　　　C. 3.60　　　　　D. 3.57
8. 三层平面图1号楼梯间窗 C3 的防护高度为（　　）mm。
   A. 1100　　　　　B. 1000　　　　　C. 950　　　　　　D. 850
9. 关于本工程报告厅说法错误的是（　　）。
   A. 共有198座
   B. 建筑完成面与现浇板面相差100mm

C. 控制室轻质隔墙墙高 2100mm（自主席台楼面起算）

D. 有效疏散门共 3 处

10. 本工程从四层上到检修间的途径为（　　）。

A. 1 号楼梯　　　　　　　　　　　　B. 2 号楼梯

C. 上人孔　　　　　　　　　　　　　D. 图纸绘制有误，未标明

11. 关于四层平面图中 FM1322 乙的说法正确的是（　　）。

A. 为子母门，甲级防火门　　　　　　B. 总数量统计有误

C. 门洞高度为 2250mm　　　　　　　D. 门洞宽度为 1300mm

12. 本工程共设雨水管（　　）处。

A. 8　　　　　B. 10　　　　　C. 12　　　　　D. 13

13. 关于本工程标高 22.513 处屋面的说法错误的是（　　）。

A. 为四坡屋面　　　　　　　　　　　B. 采用深灰色西班牙瓦

C. 为非保温屋面　　　　　　　　　　D. 防水等级为一级

14. 本工程勒脚面层材料为（　　）。

A. 花岗岩　　　　　　　　　　　　　B. 真石漆

C. A、B 均有　　　　　　　　　　　 D. 浅灰色高级外墙涂料

15. 建施 16 的①号详图中，标高 14.400 处外墙线条的饰面材料是（　　）。

A. 浅色高级外墙涂料　　　　　　　　B. 深灰色氟碳改性弹性外墙漆

C. 真石漆　　　　　　　　　　　　　D. 花岗岩贴面

16. 以下属于主入口处柱面层装饰材料的是（　　）。

A. 大理石和瓷砖　　　　　　　　　　B. 不锈钢和花岗岩

C. 瓷砖和铝板　　　　　　　　　　　D. 花岗岩和铝

17. 本工程连廊屋面结构标高为（　　）。

A. 3.600　　　　B. 7.200　　　　C. 5.800　　　　D. 6.400

18. 建筑高度应从（　　）起算。

A. 楼梯间底层地面　　　　　　　　　B. 底层室内地面

C. 底层走廊地面　　　　　　　　　　D. 室外设计地坪

19. 本工程共设消防救援口（　　）处。

A. 2　　　　　B. 4　　　　　C. 6　　　　　D. 8

20. 关于 1—1 剖面图中Ⓒ轴处剖切的门洞，说法错误的是（　　）。

A. 成品钢板门　　　　　　　　　　　B. 成品木门

C. 门洞宽度为 1000mm　　　　　　　D. 门洞高度为 2200mm

21. 1—1 剖面图中，四层主席台与楼面高差为（　　）mm。

A. 300　　　　　B. 400　　　　　C. 500　　　　　D. 600

22. 关于 2 号楼梯 B—B 剖面图的说法错误的是（　　）。

A. 踏步高度均为 150mm　　　　　　 B. 剖切到的门洞高度为 2200mm

C. 标高 5.400 处护栏防护高度为 1100mm　　D. 剖切到的窗洞高度均为 2700mm

23. 报告厅的楼面结构标高为（　　）m。

A. 10.800　　　　B. 10.700　　　　C. 10.650　　　　D. 10.500

24. 建施-15 中详图④中剖切到的一层窗洞口宽度为（　　）mm。
   A. 900　　　　B. 1150　　　　C. 1500　　　　D. 1800
25. 关于本工程的说法错误的是（　　）。
   A. 四层平面共设安全出口 2 处　　　　B. 连廊和主体结构间设置变形缝
   C. 每层均设置无障碍卫生间　　　　D. 2 号楼梯间一层开门方向有误

4.3.4 建筑详图识读（单项选择题，10题，每题2分，共20分）

答题表　　　　　　　　　　　　　　　　　　合计得分：

试题序号	1	2	3	4	5	6	7	8	9	10
答案										

1. 本工程 1 号楼梯间窗 C1 的外窗台面层材料为（　　）。
   A. 水泥砂浆　　B. 不锈钢　　C. 铝合金　　D. 花岗岩
2. 以下关于⑫轴东面雨篷的说法正确的是（　　）。
   A. 采用有组织排水　　　　B. 板式雨篷
   C. 雨篷板完成面标高为 3.35　　　　D. 采用挤塑聚苯板保温
3. 本工程主出入口处台阶踏步高度为（　　）。
   A. 140mm　　B. 150mm　　C. 120mm　　D. 图中未注明，无法确定
4. 本工程三层会议室窗户的防护高度为（　　）。
   A. 1050mm　　B. 800mm　　C. 900mm　　D. 1100mm
5. 按照结构形式分，本工程 1 号楼梯属于（　　）。
   A. 梁式楼梯　　B. 板式楼梯　　C. 悬挑楼梯　　D. A 和 B 均有
6. 三层设备平台楼面的相对标高为（　　）m。
   A. 10.740　　B. 7.140　　C. 7.170　　D. 7.200
7. 行政办公室窗 LTC1127 的窗台高度为（　　）mm。
   A. 300　　B. 600　　C. 900　　D. 1000
8. 以下关于 2 号楼梯的说法正确的是（　　）。
   A. 楼梯梯段防护高度为 900mm　　　　B. 楼梯梯段净宽 1550mm
   C. 楼梯中间休息平台宽度为 1720mm　　　　D. 扶手栏杆采用铸铁方管
9. 关于本工程标高 18.963 处屋面的说法错误的是（　　）。
   A. 屋面瓦也是一道防水做法　　　　B. 屋面保温材料燃烧性能为 A 级
   C. 檐口设计标高（结构）为 16.100m　　　　D. 檐沟内设置附加防水层
10. 本工程建施-16 中①号节点表述正确的是（　　）。
    A. 一层外墙未设置墙身水平防潮层
    B. 标高 16.1m 处未设置成品檐沟
    C. 标高 14.4m 处外墙设置有素混凝土翻边
    D. 室外未做散水

参 考 文 献

[1] 李元玲，简亚敏，陈夫清. 房屋建筑构造［M］. 北京：北京大学出版社，2014.
[2] 魏松，刘涛. 房屋建筑构造［M］. 2 版. 北京：清华大学出版社，2018.
[3] 张艳芳. 房屋建筑构造与识图［M］. 北京：中国建筑工业出版社，2017.

附录 A ××高中教学楼建筑施工图

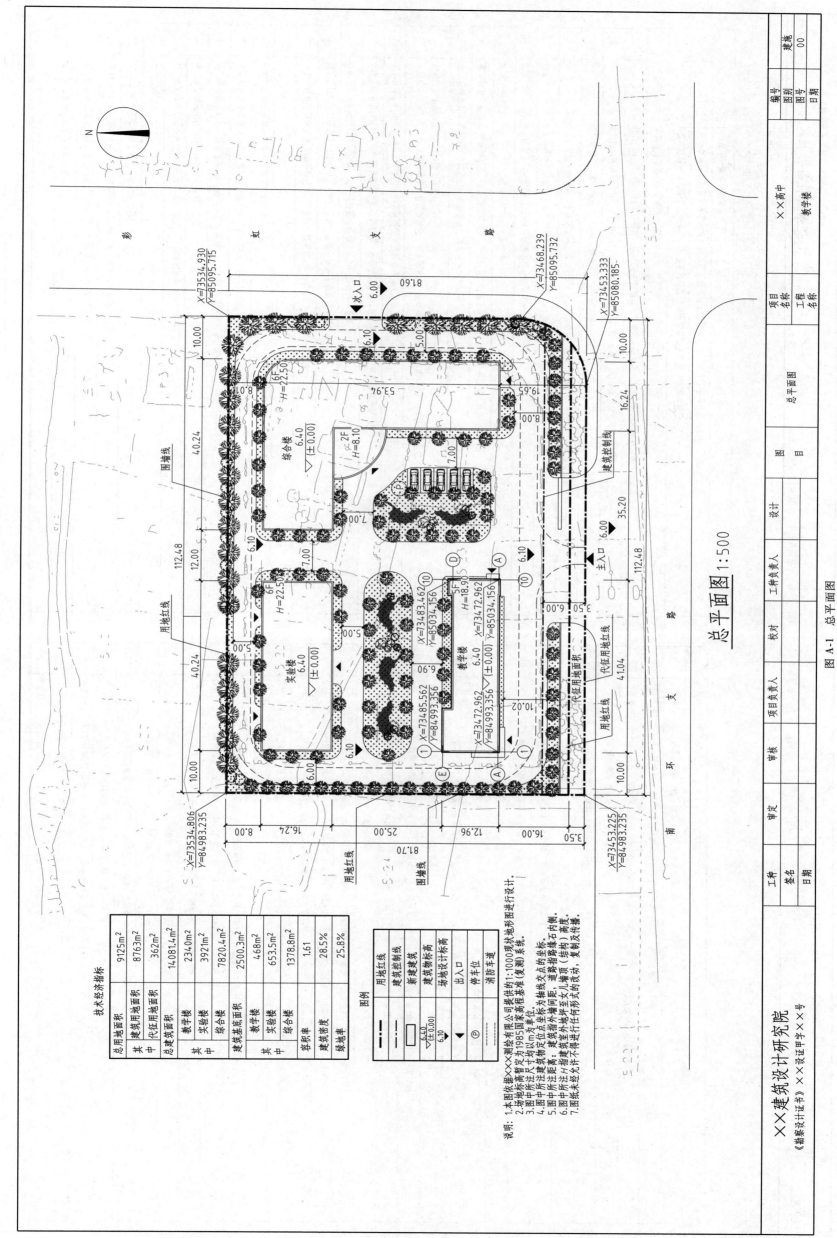

总平面图 1:500

图 A-1 总平面图

建筑设计总说明

一、设计依据

1. 建设单位提供的有关本项目的文件。
2. 本工程根据国家颁布的有关现行规范、规程及与××市有关标准。
3. ××市××区规划设计条件通知书及相关红线图。
4. 本工程业主的本地块的规划设计方案。

二、工程概况

1. 本工程各单体在总平面图上的位置见总平面图。
2. 本工程位于××市××区，项目名称为××中学教学楼。
3. 本工程总用地面积为2340m²，总建筑面积为6400m²，古地面积为468m²。
4. 本建设项目审查及审查通知书见附图。
5. 本工程室外地坪比±0.000相应的黄海高程为20.4m，建筑高度以m为单位，标高以m为单位，檐高以m为单位。

三、综合说明

1. 本工程结构形式为框架结构，建筑耐久年限为50年。
2. 抗震设防烈度为六度。
3. 本工程耐火等级为二级，屋面防水等级为一级，结构设计合理使用年限为50年。
4. 本工程的屋面为有组织排水，外墙面面层为面砖饰面，室外装修详见立面图。
5. 本工程各项技术指标详见建筑施工总图。

四、统一措施

1. 图纸上所示尺寸标高（除注明外）系指建筑完成面标高。
2. 本工程屋面构造做法详见材料构造表。
3. 凡钢筋混凝土屋面板在施工时应先连续浇筑不许设置施工缝（后浇带除外），并切实保证混凝土的密实。
4. 屋面上人孔、通风口等留洞口应一次浇筑完成。
5. 板材防水屋面基层（女儿墙、立墙、烟囱等的交接处以及基层的转角处均应做成半径为100mm的圆弧，内墙排水口周围应略低的四凹，在天沟、檐沟等转折处，应加铺一层防水卷材。
6. 屋面应采用优质产品，选备齐涂盖现象发生。
7. 排水通畅，无严重积水现象发生。
8. 屋面雨水管均采用国标及厂家技术要求，并与设备专业密切配合，以确保屋面排水通畅。
9. 屋面找坡层不得小于1%。雨水管应按国家规范以及厂家技术要求，并与设备专业密切配合。

五、建筑设计

1. 墙身：
2. 门窗尺寸除注明外均为120mm，凡是开间中开设的门或窗口在平面图中不再注明尺寸。
3. 凡有积水楼地面（如卫生间等）均应低于相邻地面20mm。

1. 墙体：
    - 3.1 墙身均用240厚（如外墙同），支承在边梁时均用C20混凝土整体浇注，高度为1800mm。
    - 3.2 门窗洞口两侧200厚砼柱预制构件的均应采用5%防水剂。
    - 3.3 卫生间四周墙脚均做240厚，其中做成200mm高C20混凝土整体浇筑，通门洞断开。
    - 3.4 墙体材料在说明未注明者外墙用240厚（除其明粘结层）：内墙做10.5米砂浆抹外均用1:2米泥砂浆粘结，窗台均做一次浇注出灰面。
    - 3.5 墙体均用同规范相样浇注砼整体（与墙体同色），墙顶一律砌入240厚梁身体内。
    - 3.6 本工程外墙装饰线条在-0.060米线以下（除黑瓷制柱外），均按详图1:2米泥砂浆抹平整，塑料抹条。

4. 粉刷：
    - 4.1 凡混凝土基层表面粉刷抹灰前。
    - 4.2 外墙面粉刷均为40厚面砖。

5. 排水：
    - 5.1 屋面雨水管均采用φ110 UPVC硬塑管，雨篷排水管均采用φ50 UPVC硬塑管，等于屋面出挑部分均应贴墙暗装，外伸100mm。
    - 5.2 屋面均匀采用钢粉吸水道。

6. 门窗：
    - 6.1 门窗洞口尺寸及各栓件详见建筑施图，门洞开启尺寸以门窗制作加工完成品为准，安装位置除设计有特殊要求，均应按砼体提墙定位线，制作前应先实量门窗洞口，门窗施工安全合金制作，水密、抗风压性能测试方法及（GB/T 7106-2019）的要求。
    - 6.2 铝合金窗玻璃6mm中透光白中空玻璃。宽度均采用1:2米泥砂浆抹压，面层为中国黑颜色漆粉末，均按侧花面检查。
    - 6.3 门窗框安装完装时，门窗框与墙体间的缝隙（后力件），并按设计详件要求进行塑料封填，并注发现硅耐热料及黑料。
    - 6.4 铝合金窗应满足（建筑外窗气密，水密，抗风压性能测定方法（GB/T 7106-2019）由生产厂家提供。
    - 6.5 窗台板：所有窗台板为900厚厂家生产的所用金属板。
    - 6.6 铝合金窗均设窗台板。

7. 油漆：
    - 7.1 凡木材未主色面色亚光漆两度。
    - 7.2 凡镁制铁件均先涂红丹漆一道，铁柜外栏杆绿防锈漆二度，黑磁漆二度，花岗岩护拦颜色按设计样。
    - 7.3 凡与屋（混凝土）接触的木材及铁材抹均采用1:2水泥砂浆，抹二度。
    - 7.4 外墙涂料和外墙面砖及柜面各种样版，经设计、建设、装饰施工方及经济设计方确认后方可施工。

8. 装修要求：
    - 楼地面、内墙面、吊顶，二次装修时由甲方自理，但必须符合设计要求。
    - 甲方自理装修由甲方委托具有专项装修设计资质单位进行专项装修设计。

9. 环境设计：本工程室外环境化由甲方委托具有专项环境设计单位进行设计，必须严格按照国家颁布的有关现行规范及相关要求进行。

10. 说明未尽之处，必须严格按国家有关规范实施。

××建筑设计研究院
《勘察设计证书》×××设证甲字×××号

图 A-2　建筑施工图设计说明（一）

构造做法表

分类	编号	名称	工程做法	使用部位
屋面做法表 (由上而下)	屋1	不上人 保温屋面	1.5厚JS复合防水涂料,3厚高分子防水卷材一道,自带保护层 20厚1:3水泥砂浆找平层 80厚泡沫玻璃保温层 轻骨料混凝土找坡2%找坡,最薄处30厚 现浇钢筋混凝土板	用于不上人平屋面
	屋2	保温檐沟	1.5厚JS复合防水涂料,3厚高分子防水卷材一道,自带保护层 20厚1:2水泥砂浆保温层 30厚泡沫玻璃保温层 15厚1:3水泥砂浆找平层 现浇钢筋混凝土板	用于檐沟
楼面做法表 (由上而下)	楼1	水磨石楼面	18厚彩色水磨石面层,800×800分格,嵌4厚工字铜条 20厚1:3干硬性水泥砂浆结合层 素水泥浆结合层一道 现浇钢筋混凝土楼板	教室、走廊
	楼2	花岗岩楼面	30厚花岗岩板铺实拍紧水泥砂浆擦缝 20厚1:3干硬性水泥砂浆结合层 素水泥浆结合层一道 现浇钢筋混凝土楼板	楼梯间
	楼3	防滑地砖楼面 (抛光砖)	10厚防滑地砖面层,800×800分格,素水泥浆擦缝 3厚JS水胶结合层,防水涂料两遍,厚度2mm 20厚1:3干硬性水泥砂浆结合层 素水泥浆结合层一道 现浇钢筋混凝土楼板	卫生间 300×300
地面做法表 (由上而下)	地1	水磨石地面	20厚1:3干硬性水泥砂浆结合层 100厚C15混凝土垫层 150厚碎石夯实 素土夯实	教室
	地2	花岗岩地面	30厚花岗岩面 20厚1:3干硬性水泥砂浆结合层 60厚C15混凝土垫层 150厚碎石夯实 素土夯实	楼梯间夹廊
	地3	防滑地砖地面	10厚防滑地砖面层(素水泥浆擦缝) 3厚JS水胶结合层,防水涂料两遍,厚度2mm 20厚1:3干硬性水泥砂浆结合层 30厚C25细石混凝土找平层 70厚1:3混凝土垫层 150厚碎石夯实 素土夯实	卫生间 300×300

分类	编号	名称	工程做法	使用部位
顶棚装修 (由上而下)	棚1	孔胶漆粉刷层	钢筋混凝土楼板底刷素水泥浆一道 白水泥(加老粉)涂803建筑胶水抹平 黄白色乳胶漆一底二面	用于除卫生间 距楼面3m外的所有房间
	棚2	PVC板吊顶棚	大龙骨乳胶漆二面 中小龙骨中距600 覆面板为高分子PVC板(3厚)	卫生间 距楼面3m高
内墙面做法 (由内至外)	内1		12厚1:1:4水泥石灰砂浆底压平 8厚1:0.3:3水泥石灰砂浆罩底压平	其他
	内2	面砖贴面	12厚1:2水泥砂浆面刷浆 330×450瓷砖贴面	卫生间 墙至板顶面棚
外墙面做法 (由内至外)	外墙1	面砖墙面 (保温)	8厚1:2水泥砂浆打底,加钎拉纤维结合层 彩色外墙面砖,颜色见立面	其他
	外墙2	金属漆墙面 (保温)	12厚1:2水泥砂浆打底(带单面钢丝网架) 30厚挤塑聚苯板(混凝土面刷界面剂JCTA-400) 20厚1:3水泥砂浆面层压实抹光 水刷灰砂带小原面,黄色级金属漆	用于外墙 装饰色块
	外墙3	孔胶漆墙面 (保温)	8厚1:2.5水泥砂浆打底(带单面钢丝网架) 30厚挤塑聚苯板(混凝土面刷界面剂JCTA-400) 20厚1:3水泥砂浆面层压实抹光 蒸压灰砂砖/钢筋混凝土面刷界面剂JCTA-400	其他
踢脚做法表 (由内至外)	踢1	孔胶漆踢脚 (不保温)	蒸压灰砂砖/钢筋混凝土面刷界面剂JCTA-400 10厚1:2水泥砂浆底 20厚1:3水泥砂浆 150高缸砖踢脚	教室、卫生间、 楼梯间夹廊两侧
	踢2	缸砖踢脚 (保温)	10厚1:2水泥砂浆面(带单面钢丝网架) 30厚挤塑聚苯板打底(加钎拉纤维结合层) 8厚1:3水泥砂浆打底(带单面钢丝网架,与钢丝网架双向绑扎) 150高缸砖踢脚	其他
墙裙做法 (由内至外)	裙1	瓷砖墙裙 (保温)	20厚1:3水泥砂浆底 30厚挤塑聚苯板(带单面钢丝网架) 12厚1:3水泥砂浆打底(带单面钢丝网架,与钢丝网架双向绑扎) 8厚1:2水泥砂浆(加钎拉纤维结合层) 白色瓷砖墙裙(450×300)	教室、卫生间、 楼梯间靠墙顶侧 贴到900高,不含 踢脚

图 A-3 建筑施工图设计说明(二)

建筑节能设计总说明

一、设计依据
1. 《公共建筑节能设计标准》(GB 50189—2015)。
2. 《民用建筑热工设计规范》(GB 50176—2016)。

二、节能技术措施(详见节能设计表)。

三、门窗节能:本工程外门窗应满足《建筑外门窗气密、水密、抗风压性能检测方法》(GB/T 7106—2019)的要求。铝合金窗的气密性等级,应不低于现行国家标准《建筑幕墙、门窗通用技术条件》(GB/T 31433—2015)中规定的3级。

四、外墙保温构造做法参考《外墙外保温建筑构造》(10J121)

五、透明幕墙节点的保温连接做法:本工程外门窗采用隔热金属型材,窗框为隔热金属型材,窗玻璃为6mm中透光Low-E+12mm空气+6mm透明。

公共建筑节能设计表

工程名称	×××高中教学楼	结构类型	框架结构	层数:5层	体型系数:0.46	建筑面积:2340m²

围护结构部位		传热系数K/[W/(m²·K)]	节能做法的(平均)传热系数K/[W/(m²·K)]	备注
屋面		≤0.7	0.49	满足
外墙(包括非透明幕墙)		≤1.0	0.96	满足
外窗(包括透明幕墙)	单一朝向外窗(包括透明幕墙)	传热系数K/[W/(m²·K)]	遮阳系数SC(东、西、南、北)	
	窗墙面积比≤0.2		遮阳系数SC(东、南、北)	
	0.2<窗墙面积比≤0.3	≤3.5	南(0.23)	
	0.3<窗墙面积比≤0.4	≤3.0		
	0.4<窗墙面积比≤0.5	2.60	北(0.50)	
	0.5<窗墙面积比≤0.7	2.60		满足
地面热阻		限值R≥1.2	设计地面热阻R=1.23	满足
地下室外墙热阻(与土壤接触的墙)		限值R≥1.2		

门窗表

种类	门窗编号	洞口尺寸(mm) 宽度×高度	一层	二层	三层	四层	五层	合计	附注
窗	C3222	3200×2200	6	6	6	6	6	30	隔热金属型材窗框 K≤5.8[W/(m²·K)] 6mm中透光Low-E +12mm空气+ 6mm透明中空玻璃
	C2422	2400×2200	6	6	6	6	6	30	
	C2115	2100×1500	2	2	2	2	2	10	
	C2722	2700×2200	1	1	1	1		4	
	C4622	4600×2200		1	1	1	1	4	
	C4022	4000×2200		1	1	1	1	4	
	C0622	660×2200	6	6	6	6	6	30	
门	M0921	900×2100	2	2	2	2	2	10	镶板门
	M1027	1000×2700	4					4	定制

工程名称	×××高中教学楼	项目负责人		校对		工种负责人		编号		建施
项目名称	建筑施工图设计说明(三)	工种		审核		设计		图别		03
×××建筑设计研究院 《勘察设计证书》×××设证甲字×××号		审定		校名		日期		图号		

图 A-4 建筑施工图设计说明(三)

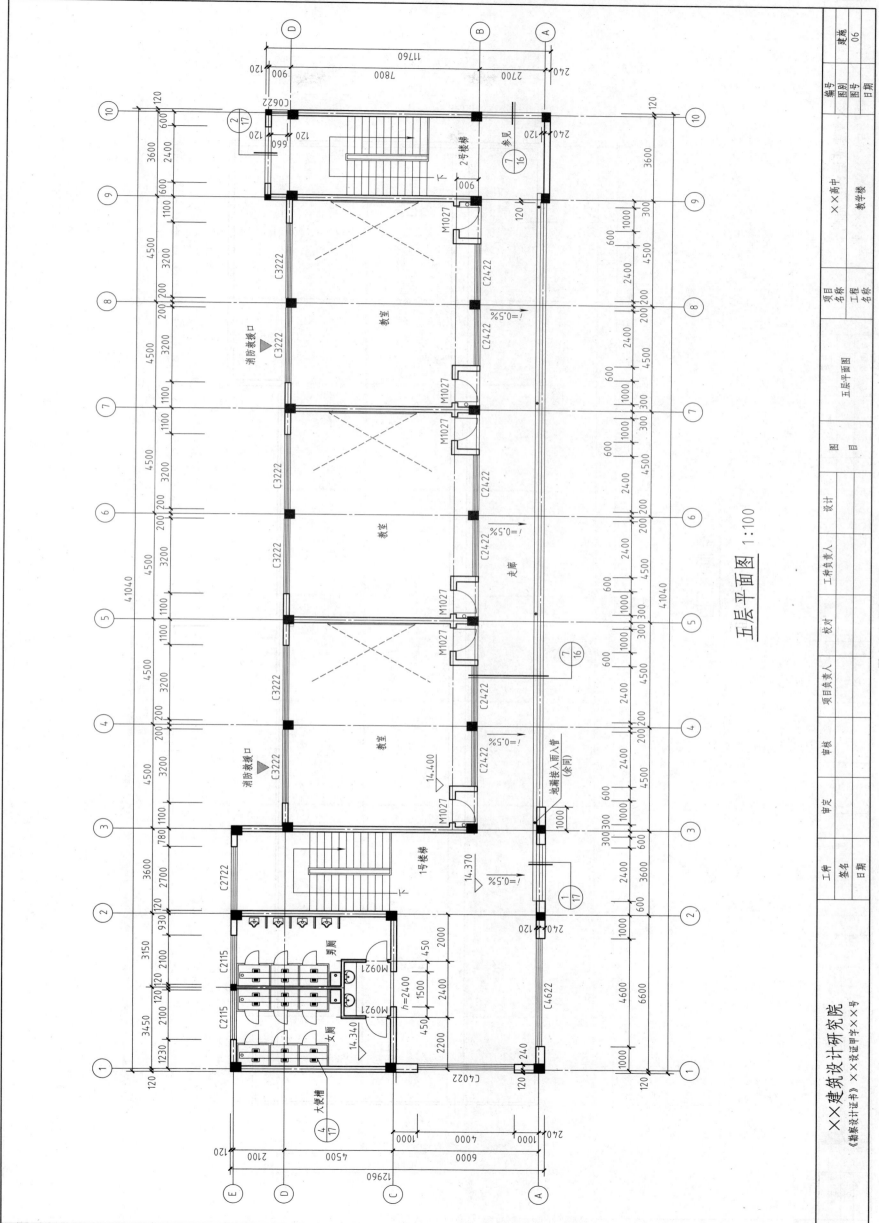

图 A-7 五层平面图

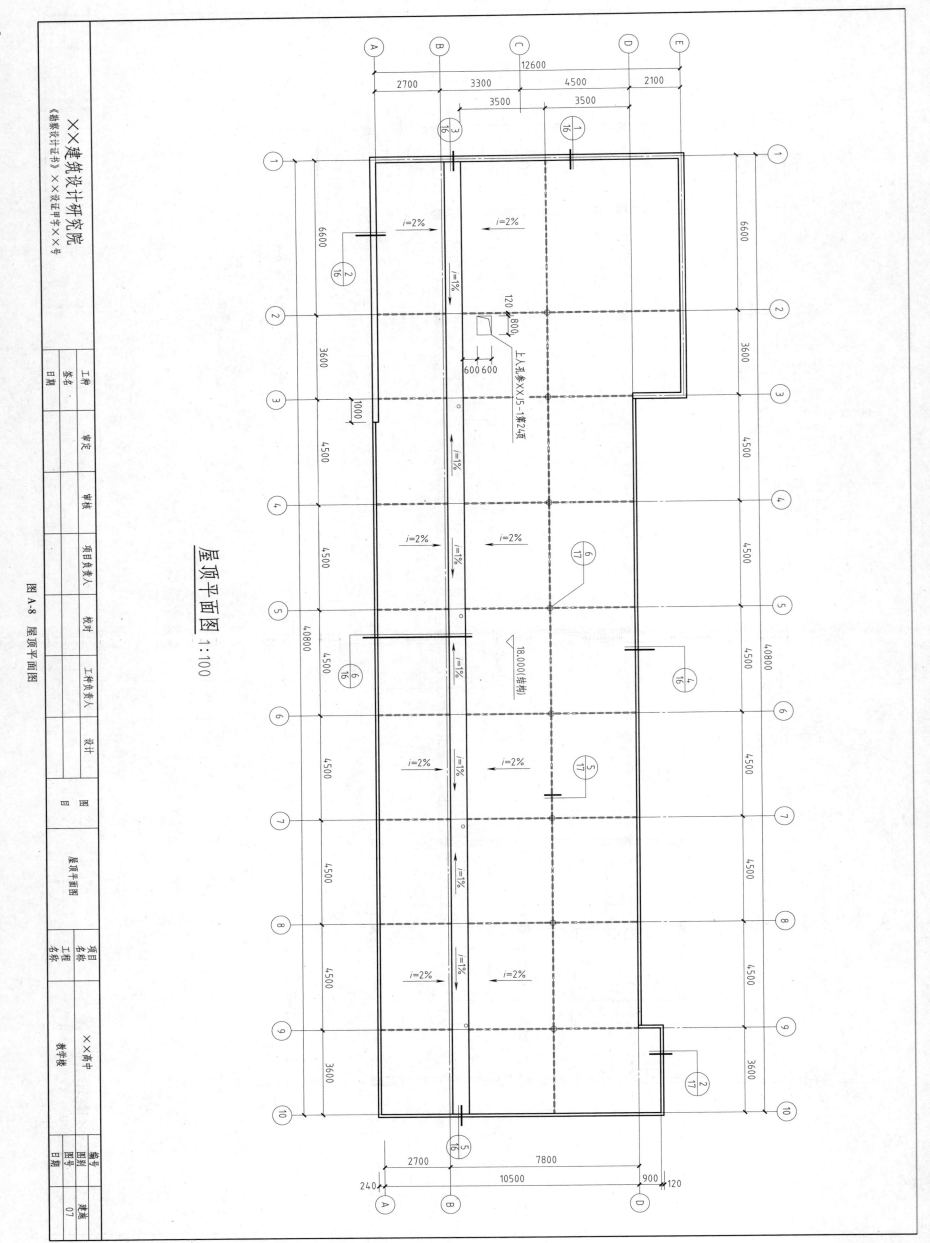

图 A-8 屋顶平面图

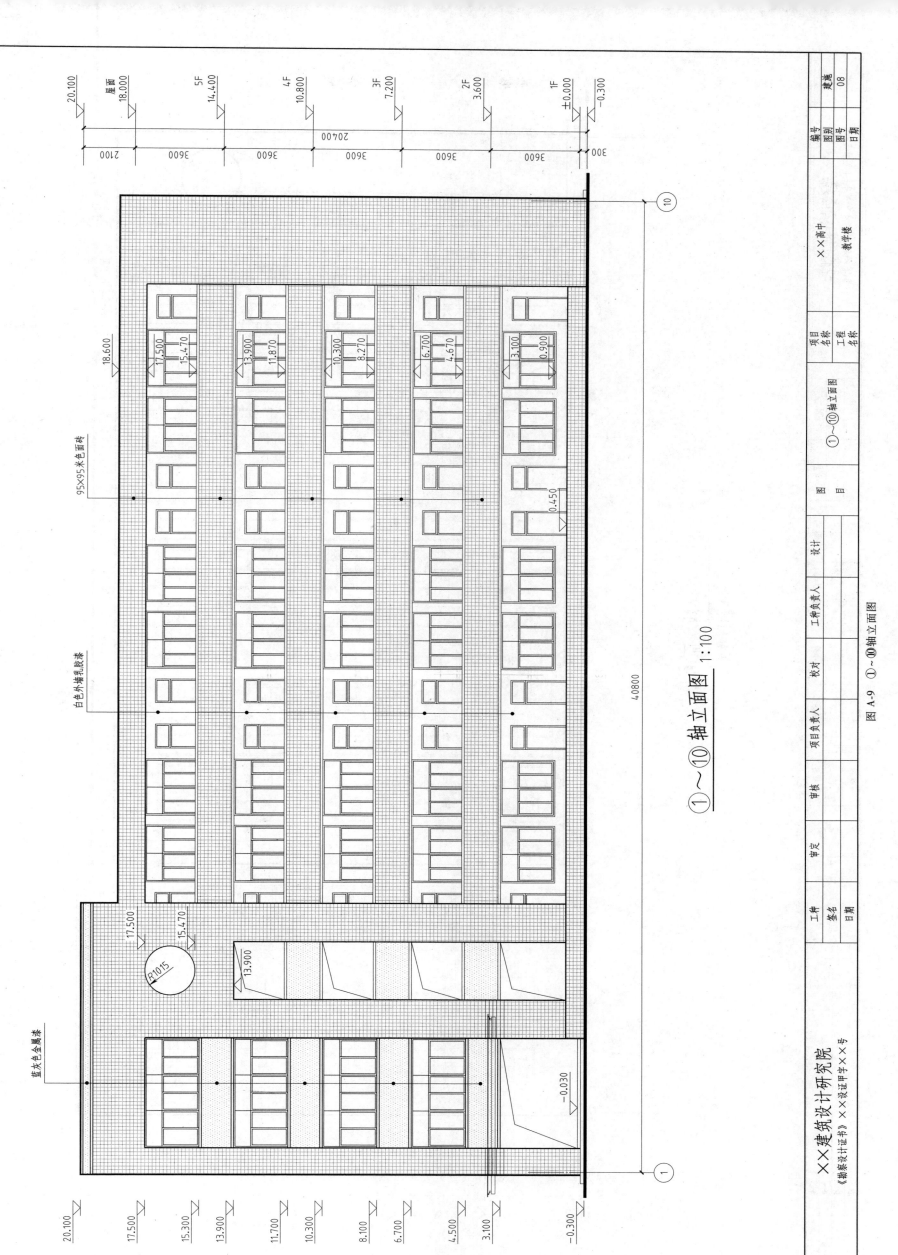

图 A-9 ①~⑩轴立面图

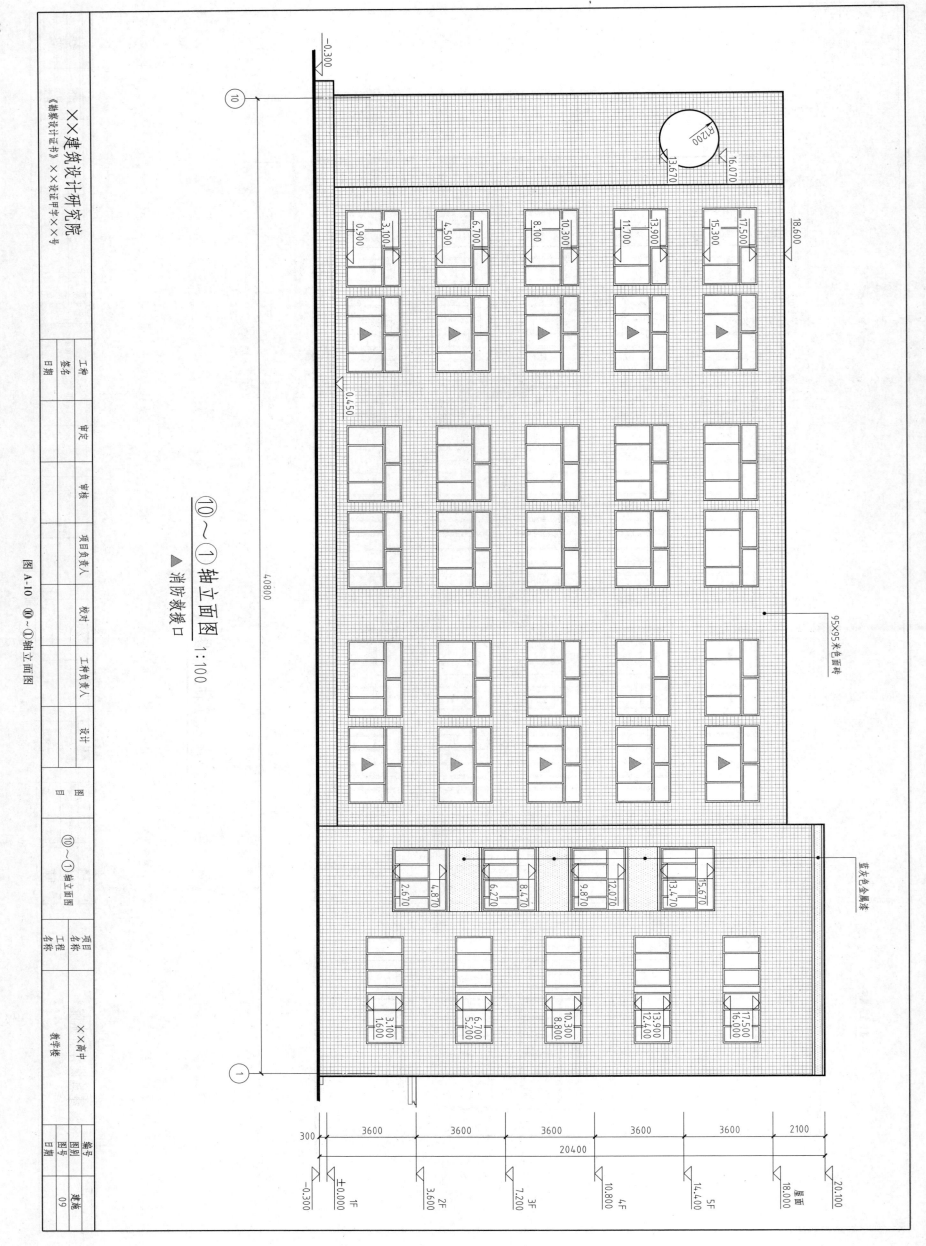

图 A-10 ⑩~①轴立面图

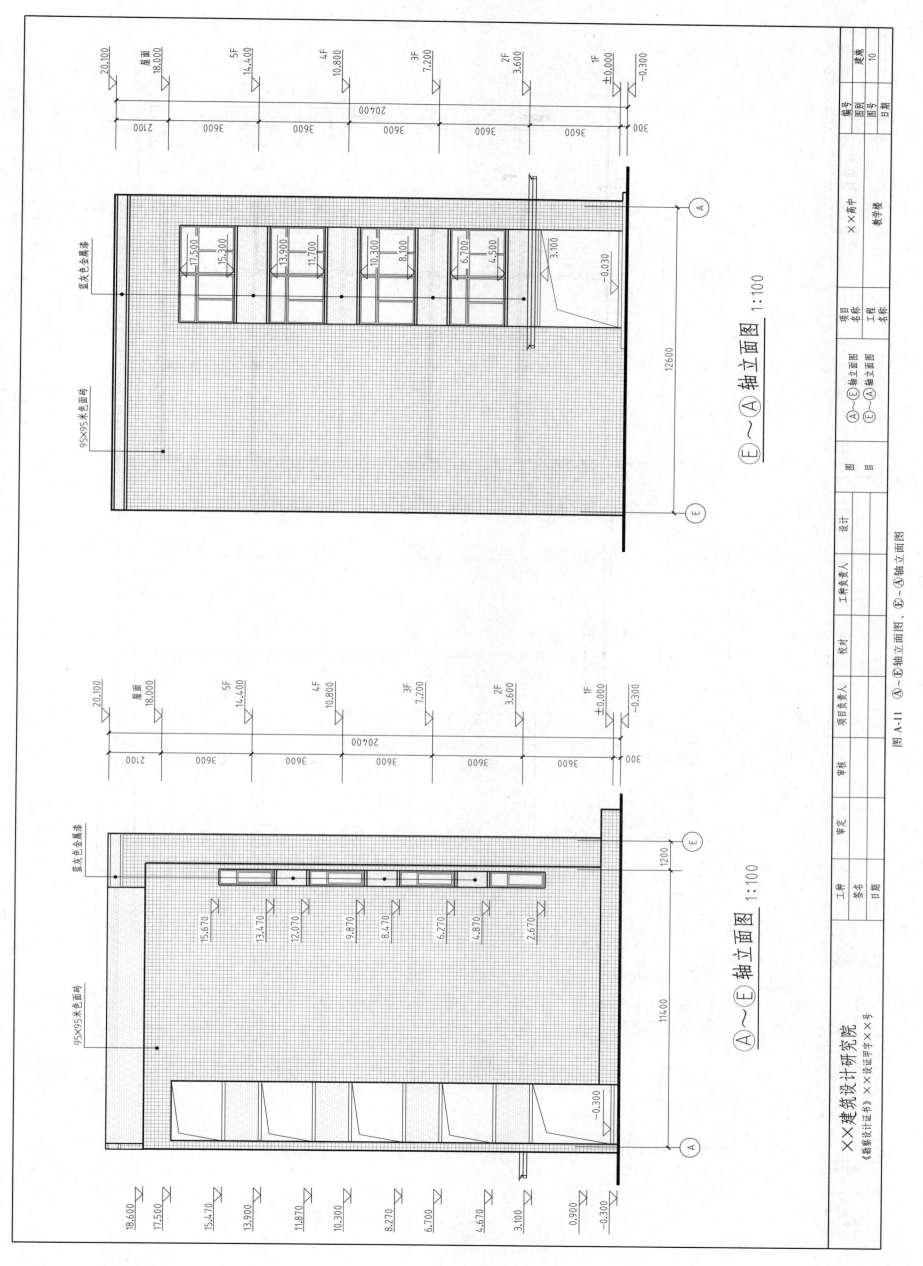

图 A-11 Ⓐ~Ⓔ轴立面图、Ⓔ~Ⓐ轴立面图

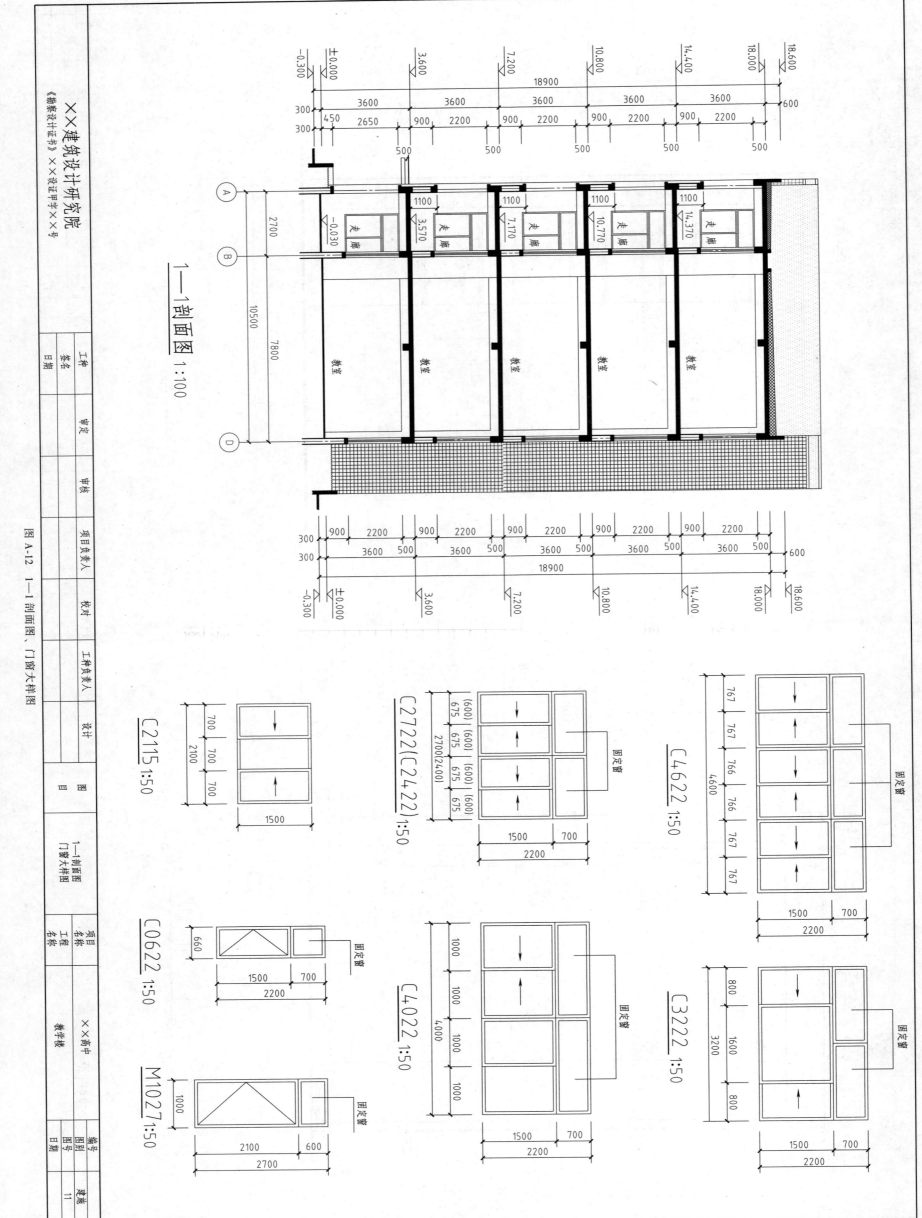

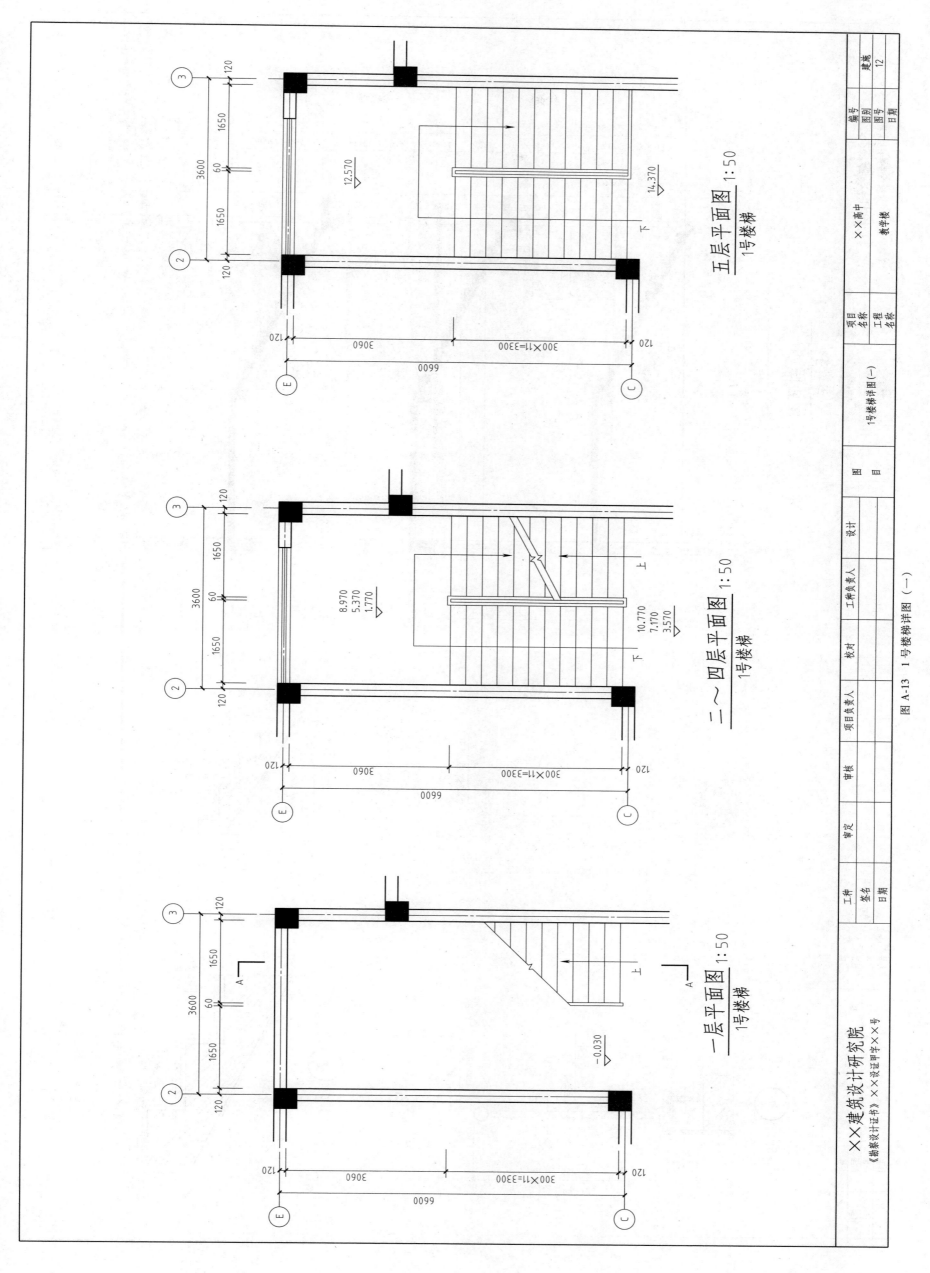

图 A-13　1号楼梯详图（一）

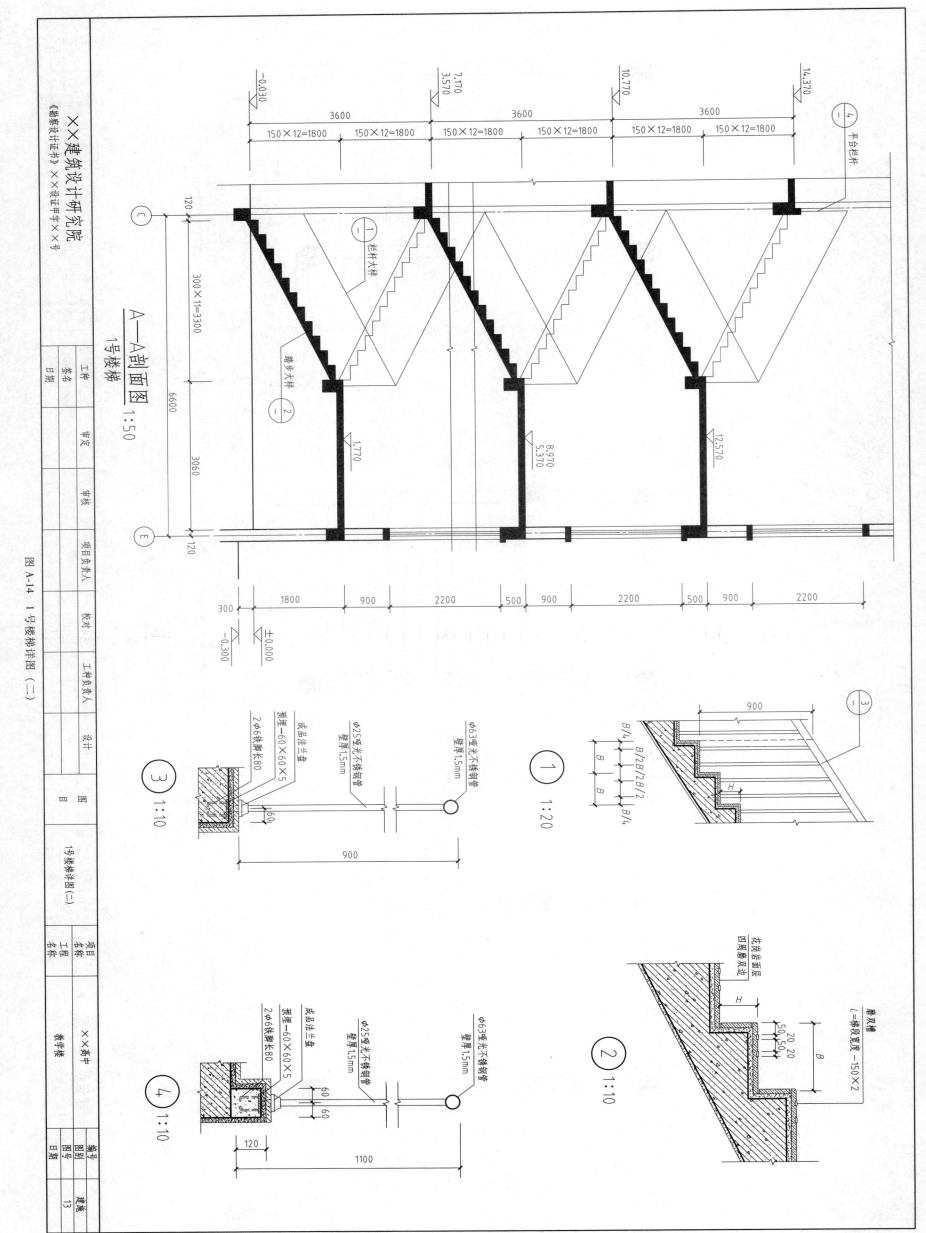

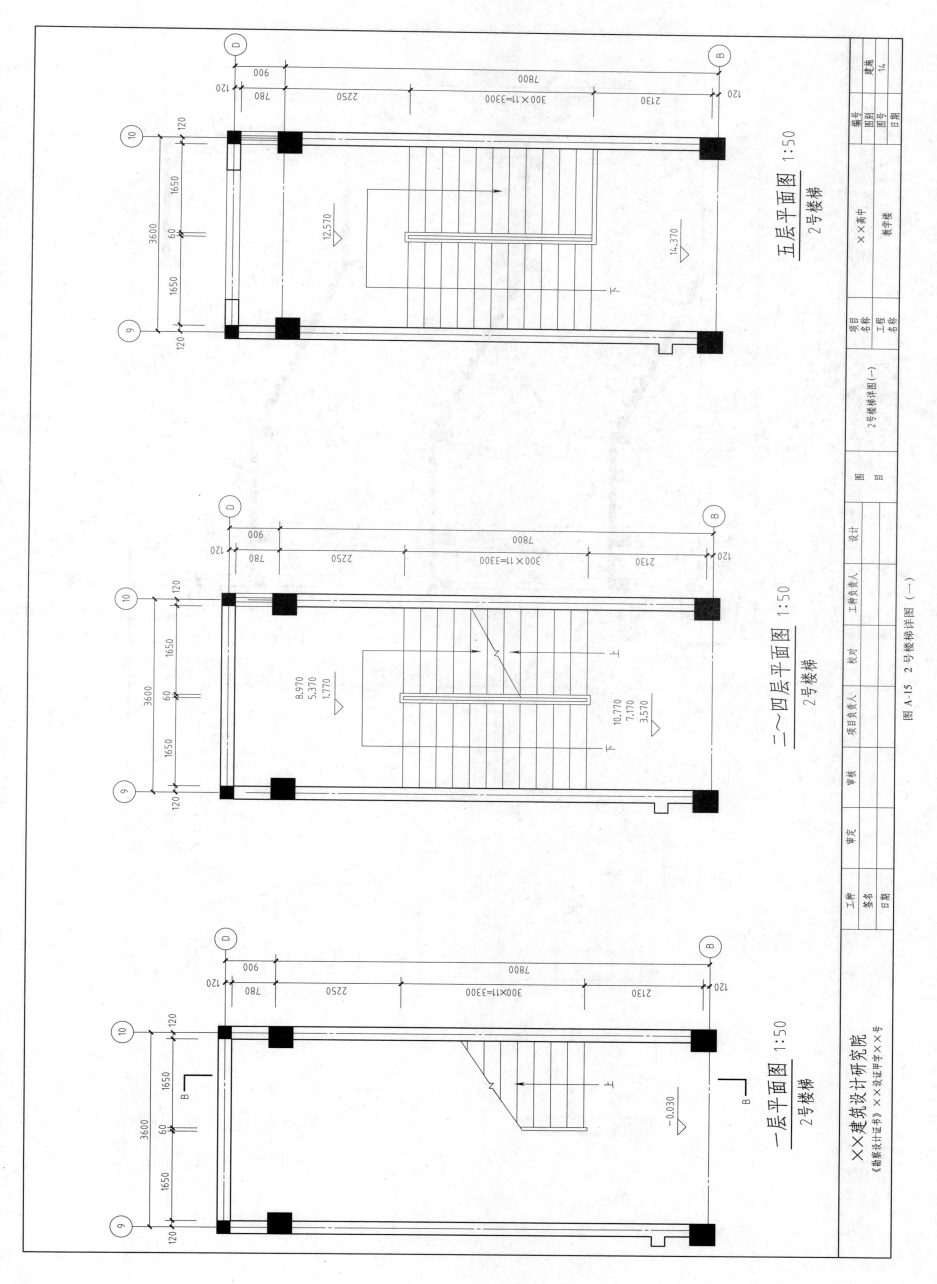

图 A-15 2号楼梯详图（一）

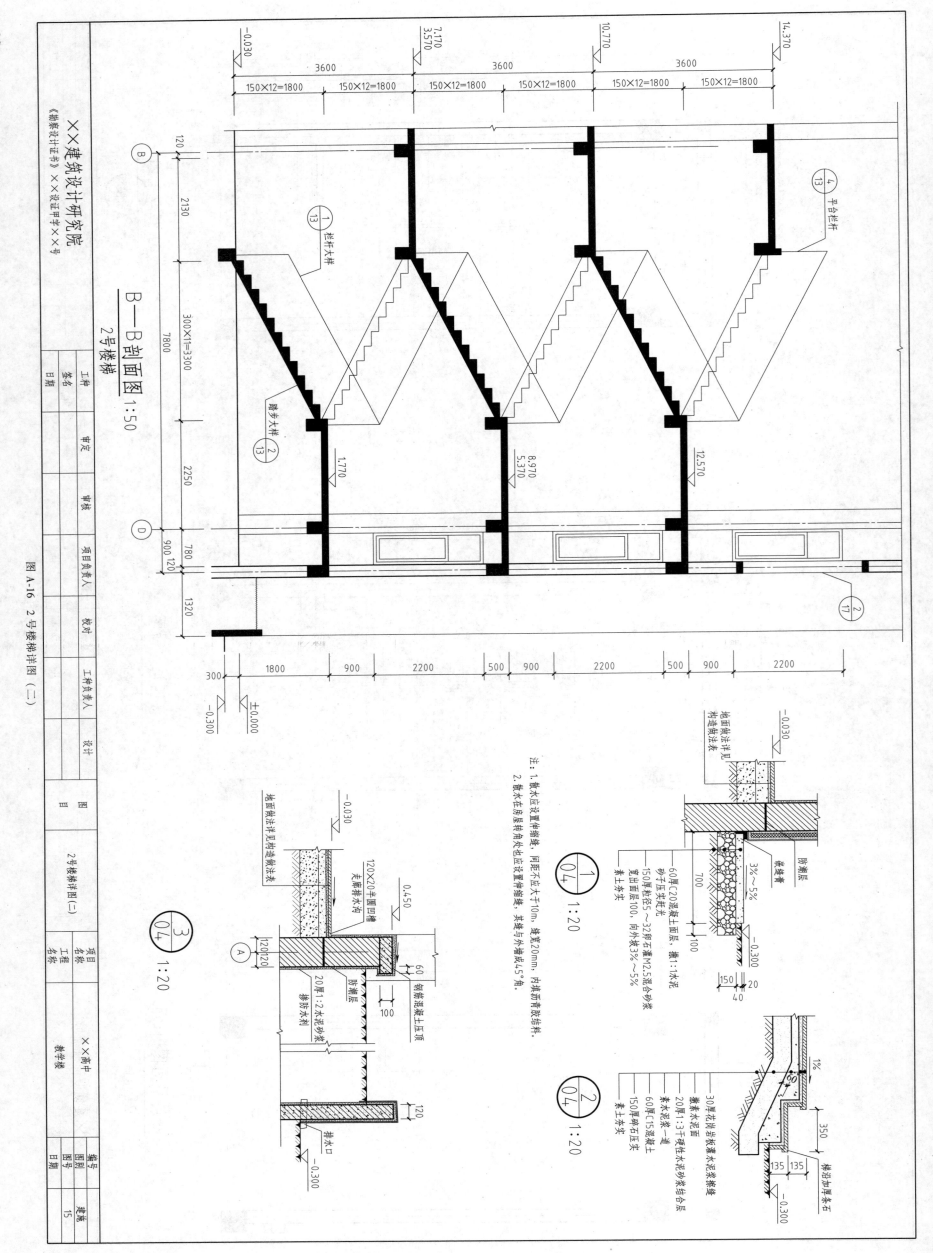

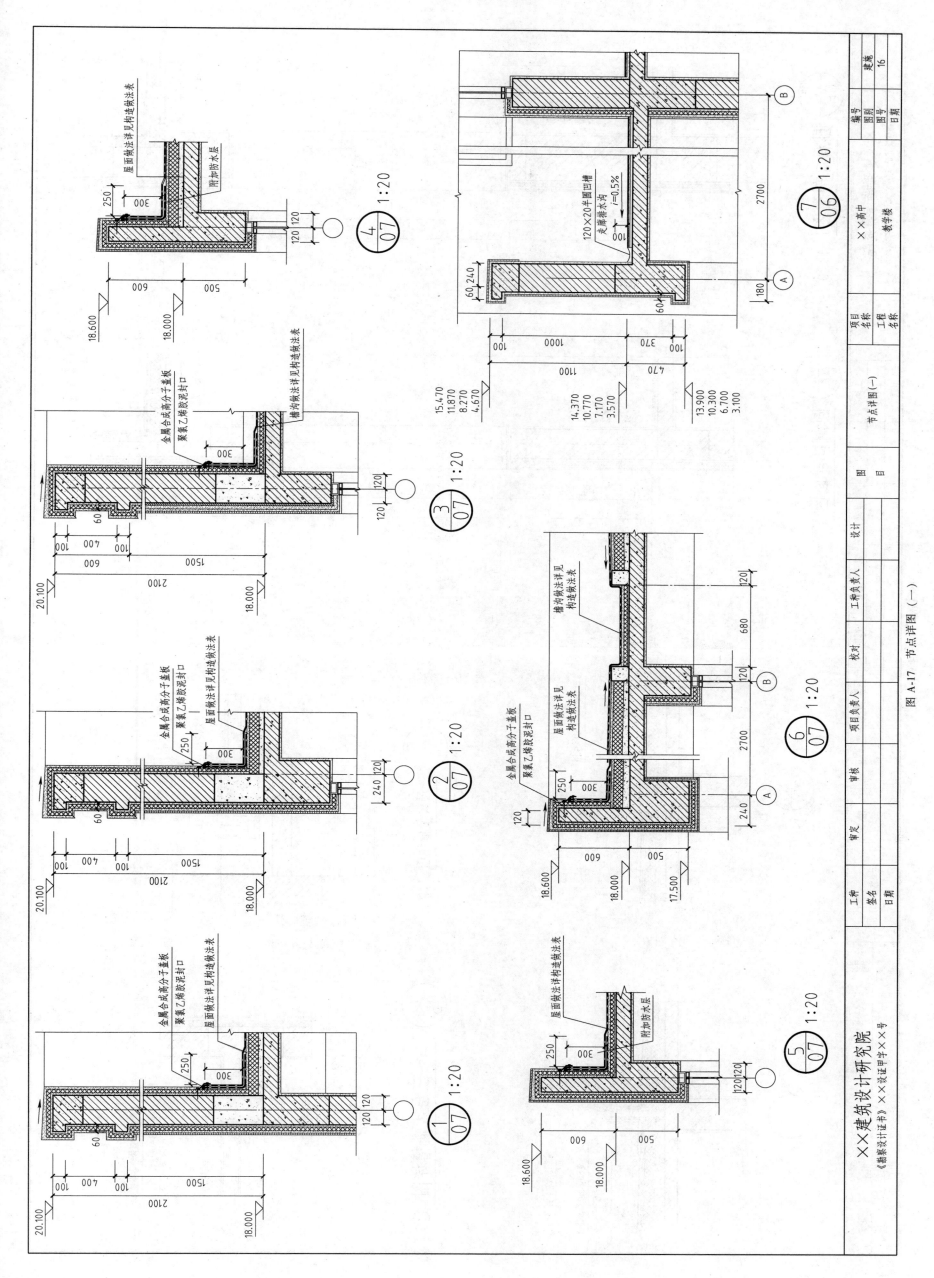

图 A-17 节点详图（一）

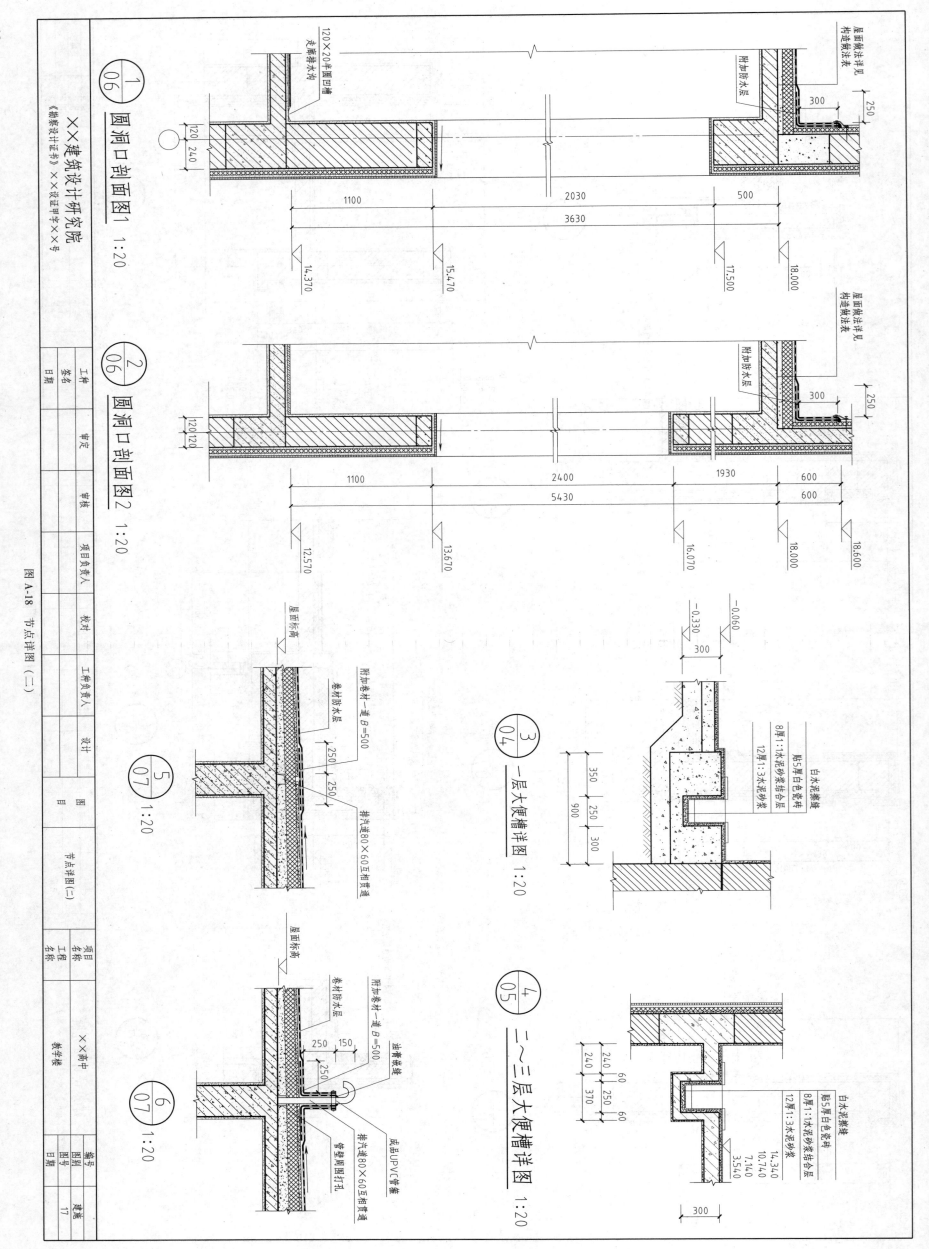

附录 B 某培训中心 1 号培训楼建筑施工图

项目名称	某培训中心			工程号		图别	建施
子项	1号培训楼	图纸目录		共 张			第1张
				填写人			
				设计日期			
序号	设计图号	图 名			图幅	备 注	
1	建施-00	总平面图			A2		
2	建施-01	建筑设计说明、工程做法表(一)			A2		
3	建施-02	工程做法表(二)、门窗表、节能设计专篇			A2		
4	建施-03	一层平面图			A2		
5	建施-04	二层平面图			A2		
6	建施-05	三层平面图			A2		
7	建施-06	四层平面图			A2		
8	建施-07	隔热层平面图			A2		
9	建施-08	屋顶平面图一、屋顶平面图二			A2		
10	建施-09	①~⑫ 轴立面图			A2		
11	建施-10	⑫~① 轴立面图			A2		
12	建施-11	ⓖ~ⓐ 轴立面图、ⓐ~ⓖ 轴立面图			A2		
13	建施-12	1—1剖面图			A2		
14	建施-13	楼梯详图(一)、门窗大样			A2		
15	建施-14	楼梯详图(二)、一层卫生间大样图			A2		
16	建施-15	节点详图(一)			A2		
17	建施-16	节点详图(二)			A2		

图 B-1 图纸目录

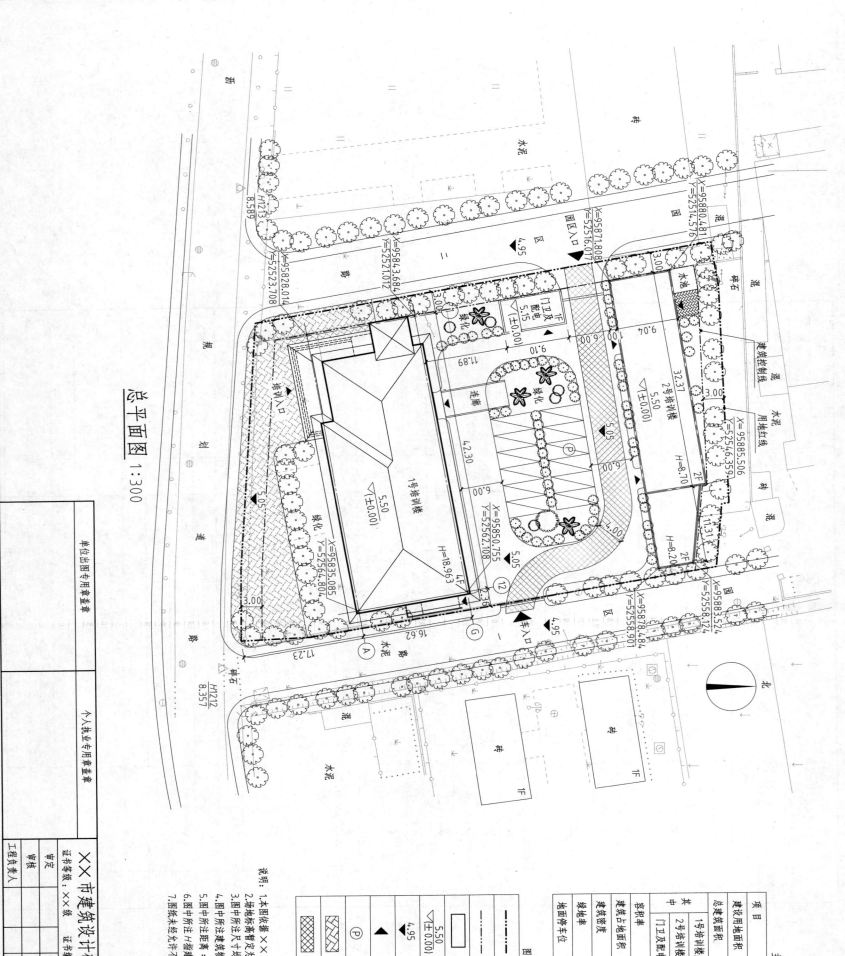

图 B-2 总平面图

建筑设计说明

一、主要设计依据
1. ××区发展和改革局文件。
2. ××区规划管理部门关于本工程方案的批复。
3. ××××设计院的委托设计任务书。
4. 国家现行的有关规范、规程及省市有关标准规定。

二、工程概况
1. 项目：某培训中心 子项：1号培训楼
2. 建设地点：××市××区
3. 建设单位：××××
4. 本工程各项技术经济指标详见总平面。
5. 结构类型：框架结构，结构设计工作年限：50年，抗震设防烈度：6度，建筑抗震设防分类：丙类。

三、尺寸标注
除标高以米为单位外，其余以毫米为单位。建筑±0.000相当于黄海高程5.500m，具体定详总平面图。

四、墙体工程
1. 本工程外墙体为加气混凝土砌块。
2. 内墙及砌体隔墙应用厚度240或120，内墙浸线高度为240，门窗洞口两侧墙和阳台部见建筑图和结构施工图。
3. 所有混凝土墙上留洞及预埋件见建筑图和结构图，不得凿墙。
4. 凡水、电、气、暖、风、卫生设施及建筑装修等穿墙洞洞均应预留预埋，不得凿墙。
5. 墙体基础以上至±0.000处均做20厚1:2水泥砂浆防潮层。
6. 所有外墙及有水房间的内墙体均用C25混凝土实砌。
7. 墙体与构件所有砌体工程应执行现行国家规范及省级规定。
8. 墙体构造柱、立、卧厕所在墙角处地平以下尺寸。无标注时，楼板以下均做C25混凝土。
9. 防火门、防火卷帘、卷帘等防火设施按国家规范施工与验收，并应符合与砌墙同厚标准图。
10. 所有电气及管线墙体加固设施应按施工图纸要求做好工程处理，使其不出现裂缝。

五、门窗工程
1. 本工程门窗型号、尺寸、开启方式见门窗表及门窗大样图或门窗详图。
2. 所有门窗立樘：立樘位置除注明者外，外门窗与外墙外平，内门窗居墙中，与墙面位置不得与所注尺寸相差±50mm以上的误差处理。
3. 防火门：采用钢质甲、乙级防火门，其构造及建筑做法见参见《建筑设计防火规范》（GB 50016—2014）并符合耐火极限及节能规定。
4. 卷帘门：当设防火卷帘门时其所需构件见《钢质防火卷帘》（JG/T 7106—2019）和《建筑钢质防火卷帘技术规程》（JGJ 113—2015）。其卷帘门设置应符合防火要求。
5. 门窗类型见门窗表，详见图门窗尺寸，其位置、规格、品种、品牌应与业主协商并经业主同意后施工。
6. 门窗安装方式详见门窗大样图，门窗按标准图集。材料均由厂方处理加工，安装技术按规范。
7. 门窗工程所用砂浆均为C25混凝土，材料以符合安全、技术规定。
8. 钢窗门窗自身、墙体碰撞应按900高出楼面安装有建筑要求的窗台，非安装防撞护栏900高度。
9. 凡通明明窗所用玻璃应用《建筑安全玻璃管理规定》(JGJ 113—2015)，且符合《建筑玻璃应用技术规程》（JGJ 113—2015）的规定。
10. 门窗中所有玻璃厚度不得低于1.5mm，门窗玻璃面积大于1.5㎡，距地面高度小于900mm以下者应使用安全玻璃。
11. 38楼玻璃顶吊顶，配置安全玻璃保护。
12. 所有金属门窗与墙体结构洞口尺寸，开启方式及安装度等按深化设计订货，其余作法见门窗表。

六、室外工程
1. 本工程外门窗的抗风压、水密性及气密性能应不低于1.0kN/m。
② 外墙粘贴基层用不燃或难燃防护材料。外墙外保温系统按耐火极限不小于0.5h的要求施工。

七、室内装修
1. 内装修做法有专用材料应按现行装修装饰工程有关规范及行业标准执行。甲方行为托甲方行执装修装饰应予配套。采用具体做法表。
2. 凡采用的门芯、木线内门立樘高度为：门窗框实木保护条。
3. 在墙与有钢筋混凝土接触，采用60厚泡沫混凝土材料，顶部≥300mm钢丝网防裂网1:2水泥砂浆与墙面。
4. 所有墙体的有关行设规范，视规及省市有关规定。
5. 墙面与楼板等接角处应嵌 高120，1:2水泥砂浆墙面。

八、防火防潮
1. 本工程楼地面标高外，露台面层标高，凡正层面，附台、露台等各种外地面坡向：地漏或出水口。地面坡度做按建筑面层施工图。
2. 所有三通水管路面同厚不得有凸起或起坡，卫生间内地面坡向地漏面以，凡管线穿屋面时与屋面上翻地脚≥180，管浮卷等基上翻墙翻高180。常常像60厚密柱纤维混凝土。屋顶面上翻面做大于花朵300。
3. 卫生间及地面设备应应防水保温层。
4. 在屋面基层水木保温材料等防水，其中电线墙底翻基，其中在建筑上翻基要翻300mm，其基础墙翻深至90°不建入大墙压。
保护层：地上埋设不得水泥砂浆层。
5. 墙身防潮层：在室内高差下50mm或高500mm处做设20厚1:2水泥砂浆20.并在内渗5%的防水粉做防水砂浆墙压：位置出现地标高变下时基层土压上不一致。
（物）。室内填外化处理基础层面应设空；等时施工后基础上用线保护屋面，管（顶）：注意设计下拉超过外，加基工时基础对压墙高度密实。
5.5厚JS防水涂料。
6. 卷筒水泥基层与自由应单墙侧头防水保温材料在厚铺设；基层面保温厚温不见需要压。
7. 所有卷材基面等基面顶面的防水保温，详见通用专业设计施工规范（除注明）。槽体空节基层盘、槽口、顶部200高墙地表基。
8. 凡非外墙基面、凡蒸汽及自动墙表等通用专用基面施工要求见施工规范。
9. 外墙管洞涂料：X几辅助基础面实处至底面或工作顶部基面均须预先成品贴基层。

九、留洞工程
1. 凡屋面上出的管井设定预留楼板上预填土砂，其基层、尺寸及标准要求见土建、凡在设计标准图中未反出地表预留见。
2. 火落混凝土剪力墙或砖砌体混凝土剪力墙中的预留孔位其基础孔和楼板上预留墙侧（除注明外）在屋顶所在各一次处理完成。
止，速度在墙孔有的钢筋除处置面时不管大于6×6mm。由在施工图预留处理。管道安装、设备安装应严格对孔；管道通底部与结构保护、且在在放工时均装封闭切排等留洞。
3. 本工程设备管道要预埋留管道由相关专项说明确定。凡加热加固各成配件均均得通和接地工作。
4. 有关工程与设备管道预留穿管基准基层：管厚5厚25厚皮基本涂料，置或是当前起成表，亦允许专业设计人员标明，请参示建。
切墙底安装。
5. 所有洞管混凝土尺寸、放出位置应在防水堰体设施表面面向，特别注重的在管边所有安装电子检查设备安装按正图厂家要求等给，所有电缆结构件与交接构配件见构外所（完善合与管路接）。

十、屋面工程
1. 本工程屋顶外墙至墙顶高外面的，其几储水2.5厚或密，其几储水3厚密的高应根据厂商做设上排水面底涂。
2. 坚固防水卷基面设油漆，其几工厂家基内对内板基面与基面基层预压。
3. 速度防水基面设油漆，其几工面基面等通平工厂家基结基基本，在地面保温砂。
4. 水果内基面保护建工时在油漆内所需需规则的冷使用前工厂等使用如使用保护现规程中应明确，以便执行环保要求。
5. 刚性防水内对油漆：采用标注者外，其几凡做工面保温使用均层基层压力，顶面基面，一层二面。
6. 月基安基外外基底：刚成工基层使用应不放基外等基面线。
7. 关重基面等基面基线：连接面所有基面基线要应垂直接建，使工匠基面。
8. 雨基设计：主要通基注油与水管放置在屋面以外，基面用管明管接置外，放在屋面部墙部设口钢管。

十一、清洁设计
1. 平面设计符合《建筑模数协调标准》（GB/T 50002）及《建筑设计规范》。公用场所、厅堂、公共楼梯。
2. 所有门窗、房间的基面位置、门厅表、门窗、公共走道。
3. 所有墙面等底基应按基应使用基基防火材料。

十二、特殊说明
1. 采用板式环缝焊无砂塑料钢管排水管，建筑排水栓100埋地基，基基环基基础基基。
2. 室内装修建设计部分要求设计单位应按原施工设计图样单用且主要基工。
③外墙装修用料有改变应按相关装饰装修要求改基等用基础需要通用基等。
④所内基，基基设施检定详（GB 50015—2020）与《民用住宅水电计规范》(GB 50763—2012)。
⑤建筑高度不大于120m，筏板基1/12，构造柱不超过6层。
其他，应按各要建筑规定《基础工程》1926 等。

十三、其他
1. 未采用不锈钢二扶手，高度分别为650mm、850mm。
2. 楼梯踏步材料装饰基面详见采用方向行其它基面装基保护水。采用磨面砂浆粘合剂，且采基时不大于15mm，并以有基直接、建基出水口面向基本水口。
3. 不得在出檐面，其几孔深不得>300mm砖丝，其几大于15mm×15mm。
十四、其他
1. 本工程除图示内外，水电施工基图要守现行国家设计规范及省市制强制性要求与规定。
2. 表采用基等专及基。
3. 所有外基基基保温基金护要应保基基2.0mm，其金基基基>14mm。扶手为基本合成化。
4. 所有金属扶栏基金护保基基主基基基12mm，其杆基基>1.0mm。
5. 所有空铜铜基等基基基面。
6. 本说明未详部分应参照有关国家设计规范与工程规范实施执行。

工程做法表（一）

分类	编号	名称	工程做法	使用部位
屋面	屋1	西瓦屋顶	1. 西瓦屋瓦 2. 30×30×20水泥砂浆瓦条、每米断开25 3. 30×20水泥砂浆找平 4. 3厚APF自粘型防水卷材一道 5. 40厚C25细石混凝土（内配φ6@200钢筋双向） 6. 40厚聚苯保温板 7. 20厚1:2水泥砂浆找平 8. 现浇钢筋混凝土屋面板	装屋面
	屋2	不保温基屋面	1. 西瓦屋瓦 2. 30×30水泥砂浆瓦条、每米断开25 3. 20厚1:2水泥砂浆找平 4. 3厚APF自粘型防水卷材一道 5. 20厚1:2水泥砂浆找平 6. 现浇钢筋混凝土屋面板	1号楼附屋面
	屋3	外内油、雨蓬	1. 3厚APF自粘型防水卷材一道、自粘保护层 2. 20厚1:2水泥砂浆找平 3. 现浇钢筋混凝土屋面板	
地面	地1	防潮楼地面	1. 10厚耐磨地砖 2. 20厚1:3干硬性水泥砂浆结合层，表面水泥浆 3. 素水泥浆一道，持续充填 4. 60厚C15混凝土垫层 5. 150厚灰土夯实，基水泥分层夯实 6. 素土夯实	卫生间、洗涤室（300×300）
	地2	光洁面地砖面	1. 20厚防滑地砖扫缝（德国净滑剂）未水泥砂浆抹平 2. 20厚1:3干硬性水泥砂浆结合层，表面水泥浆 3. 以下基层同地1中6~8条做法	楼梯间博瓦厅200厚
	地3	密木地板地面	1. 12厚复合地板地面 2. 2~5厚泡沫塑料 3. 20厚1:2水泥砂浆找平 4. 以下基层同地1中6~8条做法	办公室、大堂、会议室、总经理、休息室
	地4	地砖块地面	1. 10厚地砖扫缝 2. 20厚1:3干硬性水泥砂浆结合层，表面水泥浆 3. 以下基层同地1中6~8条做法	施工上房间墙面（800×800）

图 B-3 建筑设计说明、工程做法表（一）

工程做法表（二）

分类	编号	名称	工程做法	使用部位
楼地面	楼1	防滑地砖楼面	1. 10厚防滑地砖，素水泥浆擦缝 2. 20厚1:2水泥砂浆结合层，表面木抹子搓平 3. 防水涂料一道 4. 30厚C25细石混凝土找平层，表面压光 5. 素水泥浆一道 6. 现浇钢筋混凝土楼板	卫生间、更衣室 （300×300） （楼地面下降50）
	楼2	光面地砖楼面	1. 20厚防滑地砖，稀水泥浆擦缝 2. 30厚C25细石混凝土结合层，素水泥一道结合 3. 素水泥浆一道 4. 现浇钢筋混凝土楼板	楼梯间、连廊
	楼3	防静电地砖楼面	1. 150厚防静电活动地板（带调平底座） 2. 30厚C25细石混凝土找平层，表面压光 3. 素水泥浆一道 4. 50×50C25钢筋混凝土找平层，表面压光 5. 30厚C25细石混凝土找平层，表面压光 6. 现浇钢筋混凝土楼板	设备间 （楼地面下降150）
	楼4	硬木地板楼面	1. 硬木地板漆 2. 多层复合板（150厚实木板） 3. 地面龙骨（@400，表面防腐防潮处理） 4. 30厚C25细石混凝土找平层，表面压光 5. 现浇钢筋混凝土楼板	培训室、活动室
	楼5	磨光花岗岩楼面	1. 20厚花岗岩板，素水泥浆擦缝 2. 30厚1:3干硬性水泥砂浆结合层 3. 素水泥浆一道 4. 30厚C25细石混凝土找平层，表面压光 5. 现浇钢筋混凝土楼板	大厅
	楼6	强化木地板楼面	1. 12厚强化复合木地板 2. 3~5厚泡沫塑料防潮垫 3. 30厚C25细石混凝土找平层，表面压光 4. 现浇钢筋混凝土楼板	办公室、行政办公室、会议室、文印室
	楼7	磨光花岗岩楼梯面	1. 20厚花岗岩板，素水泥浆擦缝 2. 30厚1:3水泥砂浆铺设 3. 素水泥浆一道 4. 现浇钢筋混凝土楼梯	楼梯间同外大楼梯面（800×800）
顶棚	顶1	铝合金集成吊顶	1. 铝合金条板（长度范围1000，小尺寸范围600） 2. 轻钢龙骨 3. 吊挂6mm吊杆 4. CB60×27U型轻钢主龙骨 5. 2厚镀锌钢丝网 6. CB60×27U型轻钢次龙骨 7. 2厚镀锌钢丝网 8. 成品吊顶专用吊件 9. CB60×27U型轻钢主龙骨	卫生间、淋浴室（高度2700）
	顶2	石膏板吊顶	1. 面板9mm石膏板 2. CB60×27U型轻钢次龙骨 3. CB60×27U型轻钢主龙骨 4. 2厚1:1白石灰	培训、楼梯间通道 （高度7100）
	顶3	涂料顶棚	1. 日白乳胶漆涂面 2. 2厚1:1白石灰腻子罩面 3. 现浇钢筋混凝土板	

分类	编号	名称	工程做法	使用部位
内墙	内1	素水泥墙面	1. 素水泥墙面，混凝土墙体内表面 2. 12厚1:3水泥砂浆抹平	除卫生间同外墙所有内墙面
	内2	瓷砖墙面	1. 白色瓷砖面砖 2. 8厚1:2水泥砂浆贴平 3. 12厚1:3水泥砂浆打底	用于卫生间、淋浴室、更衣室，两侧到顶L=50，用于校区保洁室内高度900 （规格30×50本色瓦用）
护角	护1	不锈钢护角	所有墙、柱阳角均采用50×50不锈钢护角	同表
外墙	外1	素水涂料墙面 （体保温墙面）	1. 外墙涂料涂层 2. 20厚无机保温砂浆涂抹外墙界面剂 3. 20厚无机保温砂浆涂抹外墙界面剂 4. 外墙基层体（钢筋混凝土墙体界面剂）	见立面图所示
	外2	花岗岩挂石 （体保温墙面）	1. 15厚干挂花岗岩 2. 25厚干挂龙骨结构层 3. 外墙基层（保温板、钢筋混凝土墙体界面剂） 4. 陶粒隔汽气防潮层 5. 20厚无机保温砂浆 6. 20厚1:3水泥砂浆面层	见立面图所示
	外3	涂料勒脚	1. 外墙涂料涂层 2. 陶粒加气混凝土板底界面剂 3. 外墙基层（钢筋混凝土墙体界面剂）	见立面图所示
	外4	花岗岩勒脚	1. 陶粒加气混凝土板底界面剂 2. 20厚无机保温砂浆涂抹外墙界面剂 3. 5厚1:3水泥砂浆打底	见立面图所示
	外5	干挂花岗岩	1. 经胶加入固定 2. 25厚干挂花岗岩 3. 陶粒加气混凝土板底界面剂	见立面图所示
踢脚	踢1	强化复合木踢脚	1. 8厚1:3水泥砂浆粉刷层 2. 12厚1:3水泥砂浆抹平 3. 10厚水泥砂浆界面剂处理 4. 150厚无机保温砂浆抗裂界面层 5. 钢筋网片（300×600钢筋混凝土墙体）	强化木地板的房间
	踢2	瓷砖踢脚	1. 12厚瓷砖踢脚板 2. 8厚1:2水泥砂浆粉刷 3. 4厚1:2水泥砂浆打底 4. 12厚1:3水泥砂浆界面剂	楼梯间通道的房间
	踢3	低缩踢脚	1. 8厚1:3水泥砂浆镶缝 2. 12厚1:3水泥砂浆界面剂 3. 涂料墙面处理	大厅、控制室、主厅台
	踢4	石灰墙踢脚	1. 多层复合板 2. 素水木龙骨 3. 面层压在墙面内，嵌约150	
	踢5	瓷砖复合地砖	1. 花岗岩面砖 2. 5厚1:3干性水泥砂浆打底 3. 素水泥浆界面剂 4. 25厚C25细石混凝土找平层	室外楼梯，平台
散水		混凝土散水	1. 50厚C20混凝土面层，嵌1:1水泥砂浆压光 2. 60厚C15混凝土垫层 3. 300厚3:7灰土夯实 4. 素土夯实 5. 150厚C20垫层与墙交接面处，按1:0.5灰砂嵌缝，缝宽6mm，缝深3%~5%	用于散水周边
附属工程	散水			

门窗表

名称	洞口尺寸 宽×高	一层	二层	三层	四层	合计	备注
门	LTC1021 1050×2100	2		1		2	断桥隔热铝合金保温框，普通中空玻璃推拉窗(6+12A+6)
	LTC1122 1050×2200	2				2	断桥隔热铝合金保温框，普通中空玻璃推拉窗(6+12A+6)
	LTC1152 1150×2500	26	28			54	断桥隔热铝合金保温框，普通中空玻璃推拉窗(6+12A+6)
	LTC1121 1100×2100	1	2			3	断桥隔热铝合金保温框，普通中空玻璃推拉窗(6+12A+6)
	LTC0271 1050×2700	2				2	断桥隔热铝合金保温框，普通中空玻璃推拉窗(6+12A+6)
	LTC1321 1300×2100	2				2	断桥隔热铝合金保温框，普通中空玻璃推拉窗(6+12A+6)
	LTC1127 1100×2700	28				28	断桥隔热铝合金保温框，普通中空玻璃推拉窗(6+12A+6)
	LTC1531 1350×3100		2			2	断桥隔热铝合金保温框，普通中空玻璃推拉窗(6+12A+6)
	LTC1521 1350×2100		2			2	断桥隔热铝合金保温框，普通中空玻璃推拉窗(6+12A+6)
	LTC1211 1100×1100		2			2	断桥隔热铝合金保温框，普通中空玻璃推拉窗(6+12A+6)
	LTC1432 1400×3200	1				1	断桥隔热铝合金保温框，普通中空玻璃推拉窗(6+12A+6)
	LTC1421 1400×2100	1				1	断桥隔热铝合金保温框，普通中空玻璃推拉窗(6+12A+6)
	LTC1627 1800×2700	2				2	断桥隔热铝合金保温框，普通中空玻璃推拉窗(6+12A+6)
	LTC1821 1800×2100						断桥隔热铝合金保温框，普通中空玻璃推拉窗(6+12A+6)
	BYC525 1500×2500	2				2	防火窗
	BYS521 1500×2100	2				2	防火窗
	M922 900×2100	11				11	成品钢门
	MC9922 900×2200	14				14	成品钢门
	GM1022 1000×2200	16				16	成品钢门
	GM1522 1500×2200						成品钢门
	FM1322Z 1350×2200	1				1	乙级防火门
	FM1522Z 1500×2200	1				1	乙级防火门
	FM0719Z 700×1900	8				8	乙级防火门
	MLC1 5750×4000	1				1	断桥隔热铝合金入户
	MLC2 2500×3400	41				41	断桥隔热铝合金入户
	MLC3 1800×3000	1				1	断桥隔热铝合金入户
	MLC4 6956×2700	1				1	断桥隔热铝合金入户
	MLC5 6356×2700	1				1	断桥隔热铝合金入户
	MLC6 6780×2700	1				1	断桥隔热铝合金入户
	DK124 1200×2400	2				2	安全玻璃地弹门

注：窗台高度于900的窗均按临空栏杆安全规范。

节能设计专篇

节能设计的构造做法注：

1. 屋面保温层构造做法：40厚挤塑聚苯板（上压下压）
2. 30×30水泥砂浆找平，200厚隔热层
3. 3厚APF高聚物改性沥青防水卷材
4. 40厚C25细石混凝土（内配φ6@200钢筋双向）
5. 3.30×20水泥砂浆找平
6. 20厚聚苯板保温层
7. 6.20厚1:3水泥砂浆找平
8. 20厚无机保温砂浆抗裂界面层

2. 外墙保温层构造做法：
   - 陶粒加气混凝土板底界面剂涂抹并喷洒石灰砂浆用3
   - 外墙采用20厚无机保温砂浆抗裂抹面粘贴于普通中空玻璃中空（6+12A+6）
   - 外窗外墙采用H15断桥式铝合金框、普通中空玻璃保温设计方法《GB/T 7106—2019》中要求的3级；
   - 建筑外墙构造与外挂板不低于"建筑外墙"，木板、夜风压灰能按设计《GB/T 31443—2015》中规定的3级

门窗表

名称	洞口尺寸 宽×高	一层	二层	三层	四层	合计	备注

单位出图专用章签：XX市建筑设计研究院 证书等级：XX级
个人执业专用章签 证书编号：XXXXXXX

审定		设计		项目名称	某培训中心	设计号	
审核		校对		子项		图号	建施-02
工程负责人		工种负责人		图名	工程做法表（二）、门窗表、节能设计专篇		

图 B-4 工程做法表（二）、门窗表、节能设计专篇

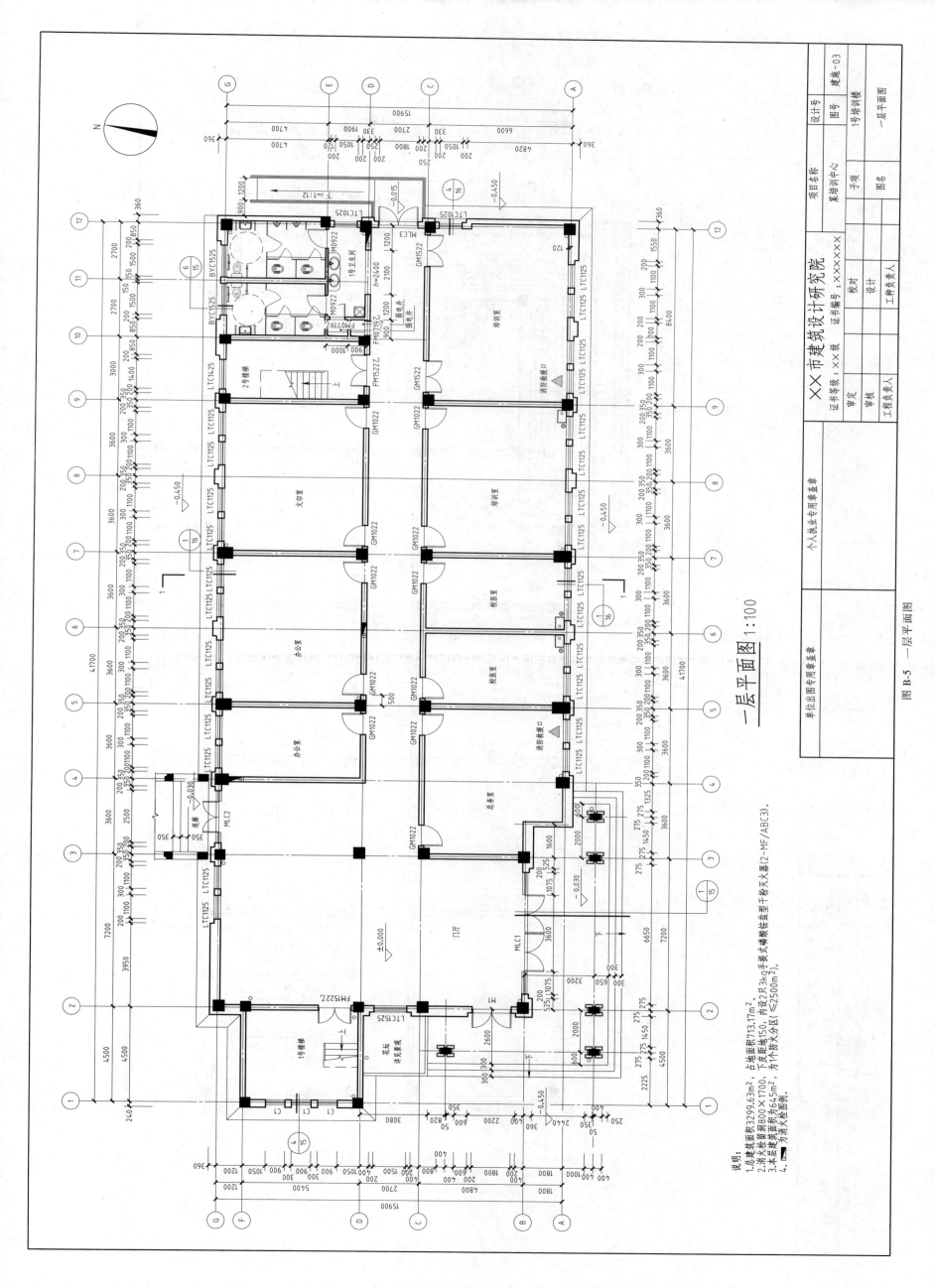

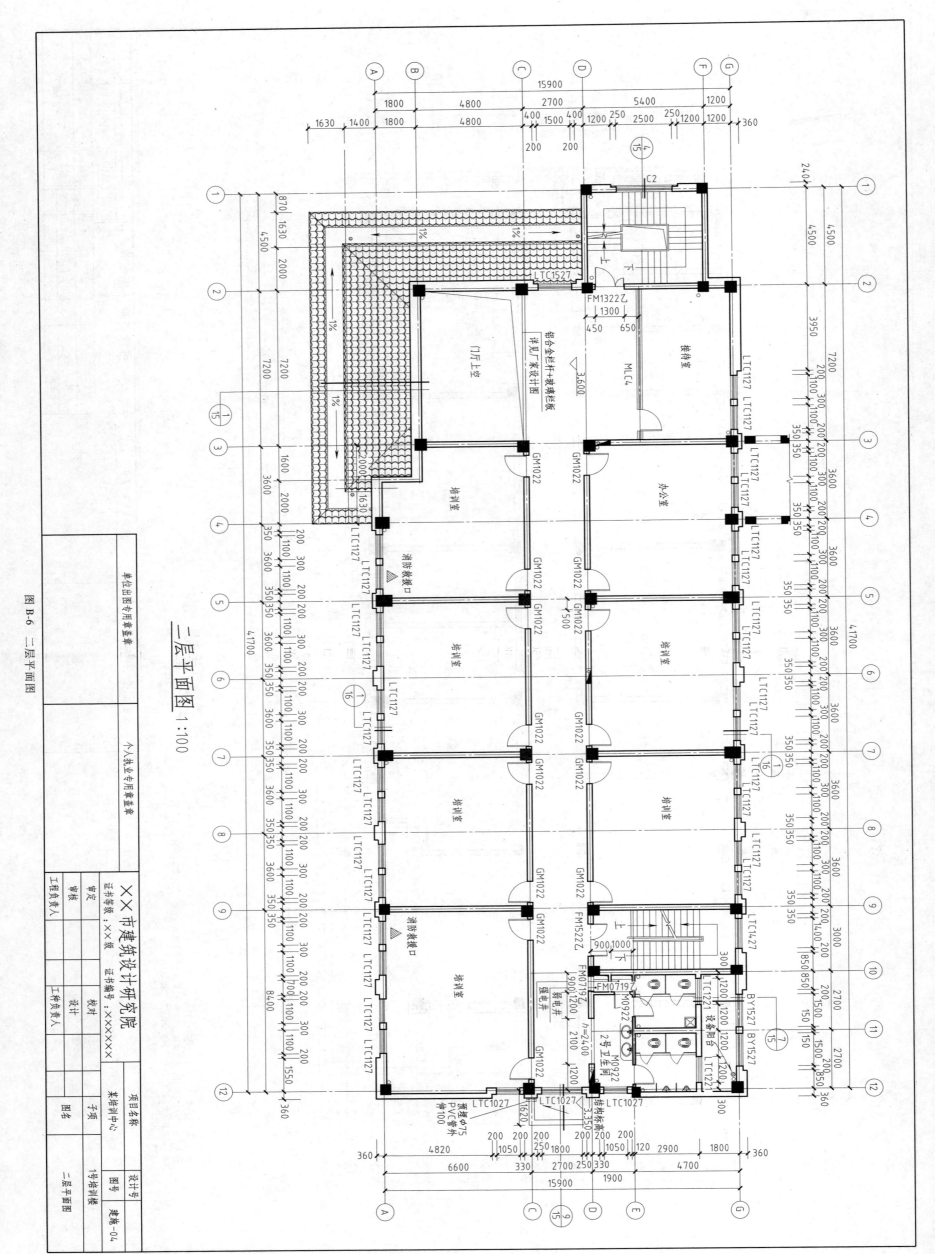

图 B-6 二层平面图

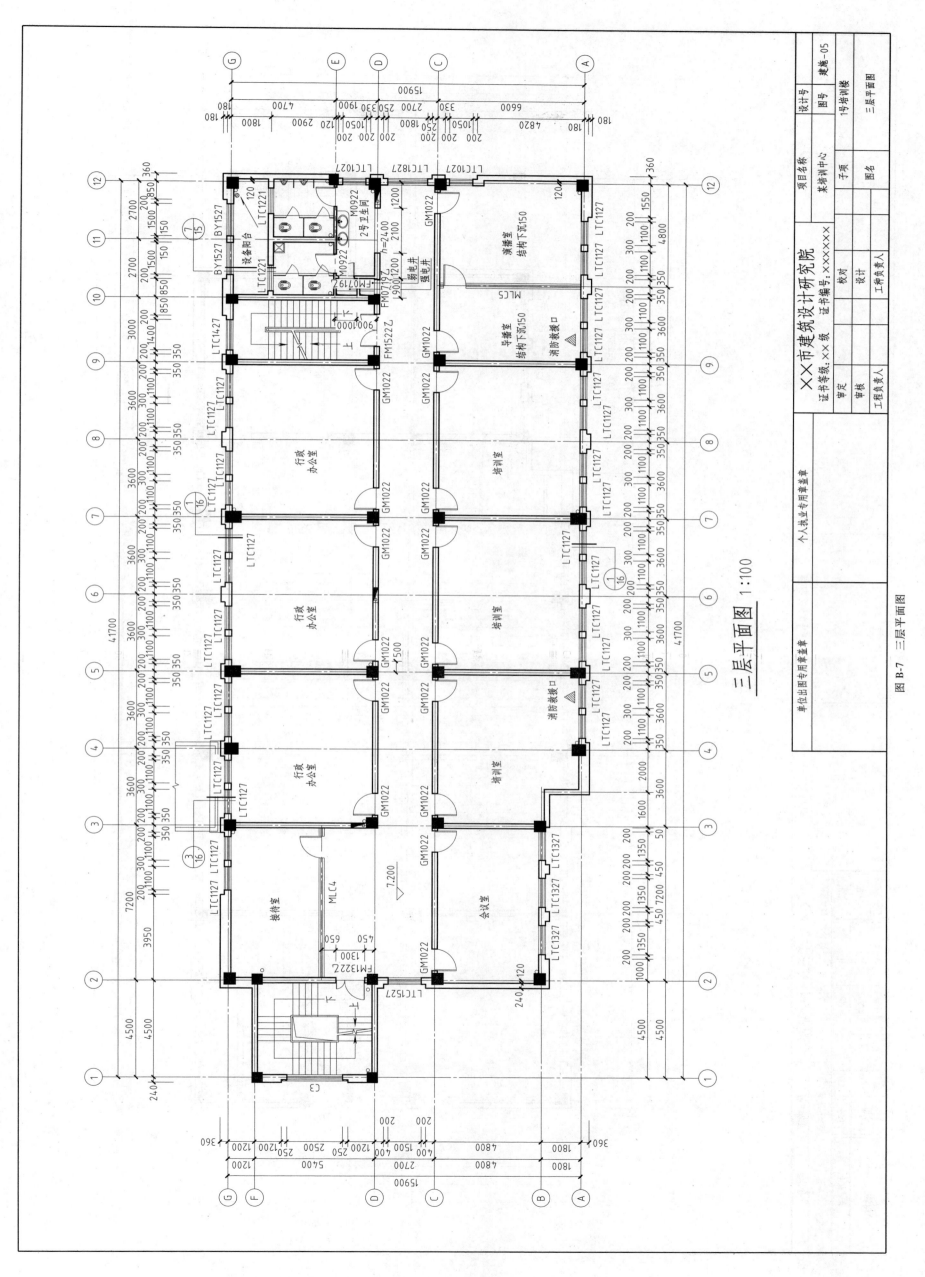

图 B-7 三层平面图

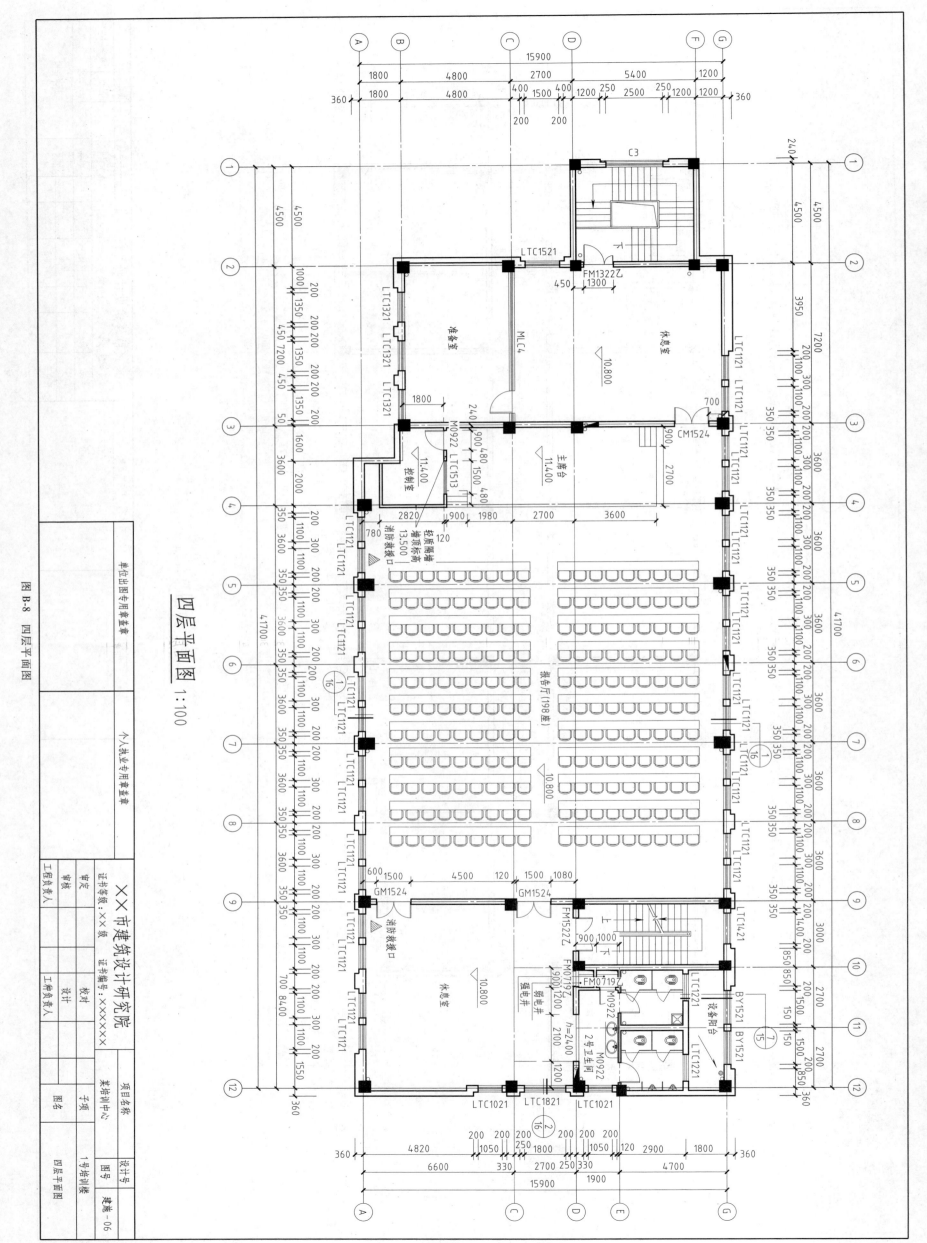

图 B-8 四层平面图

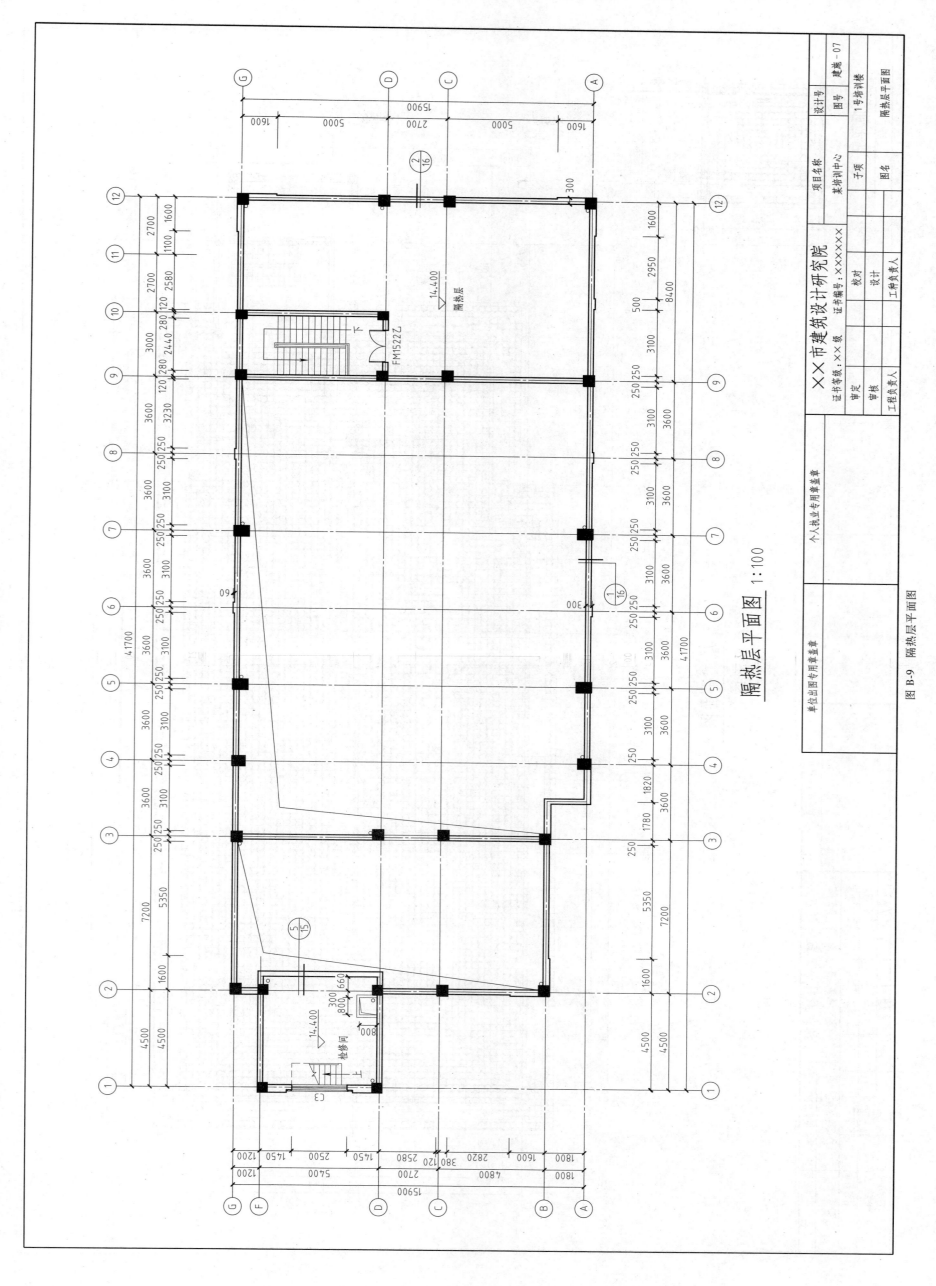

图 B-9 隔热层平面图

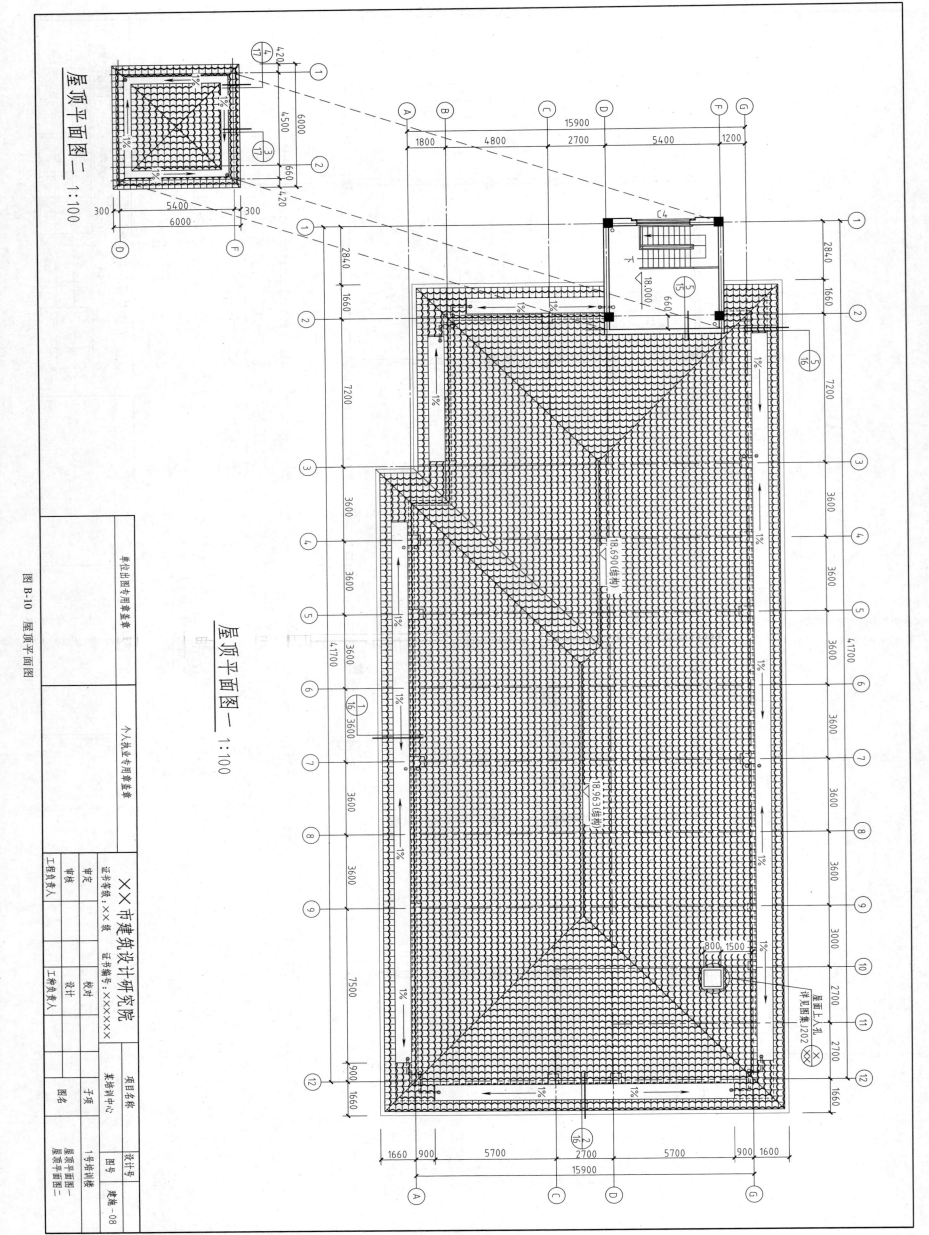

图 B-10 屋顶平面图

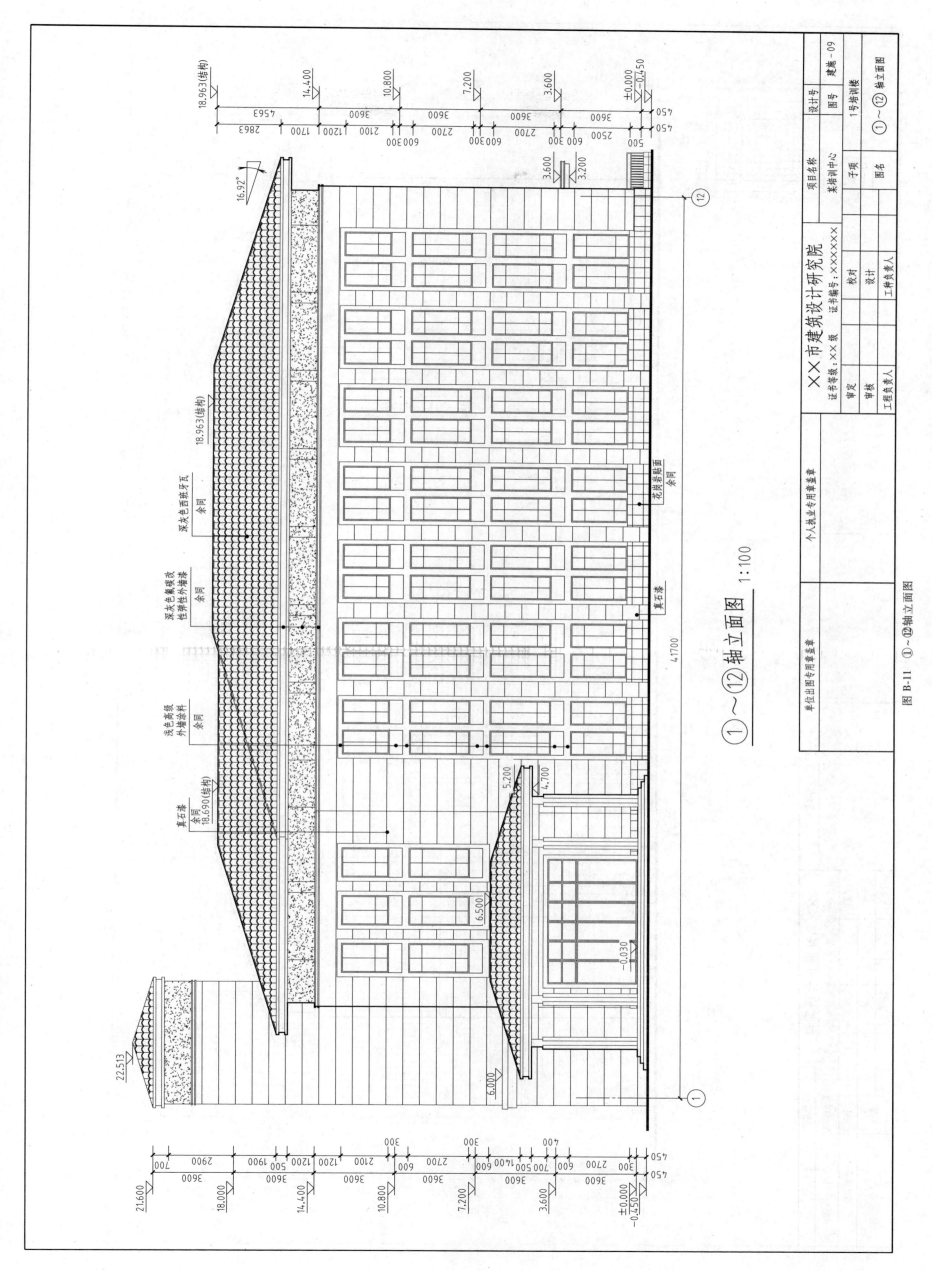

图 B-11 ①~⑫轴立面图

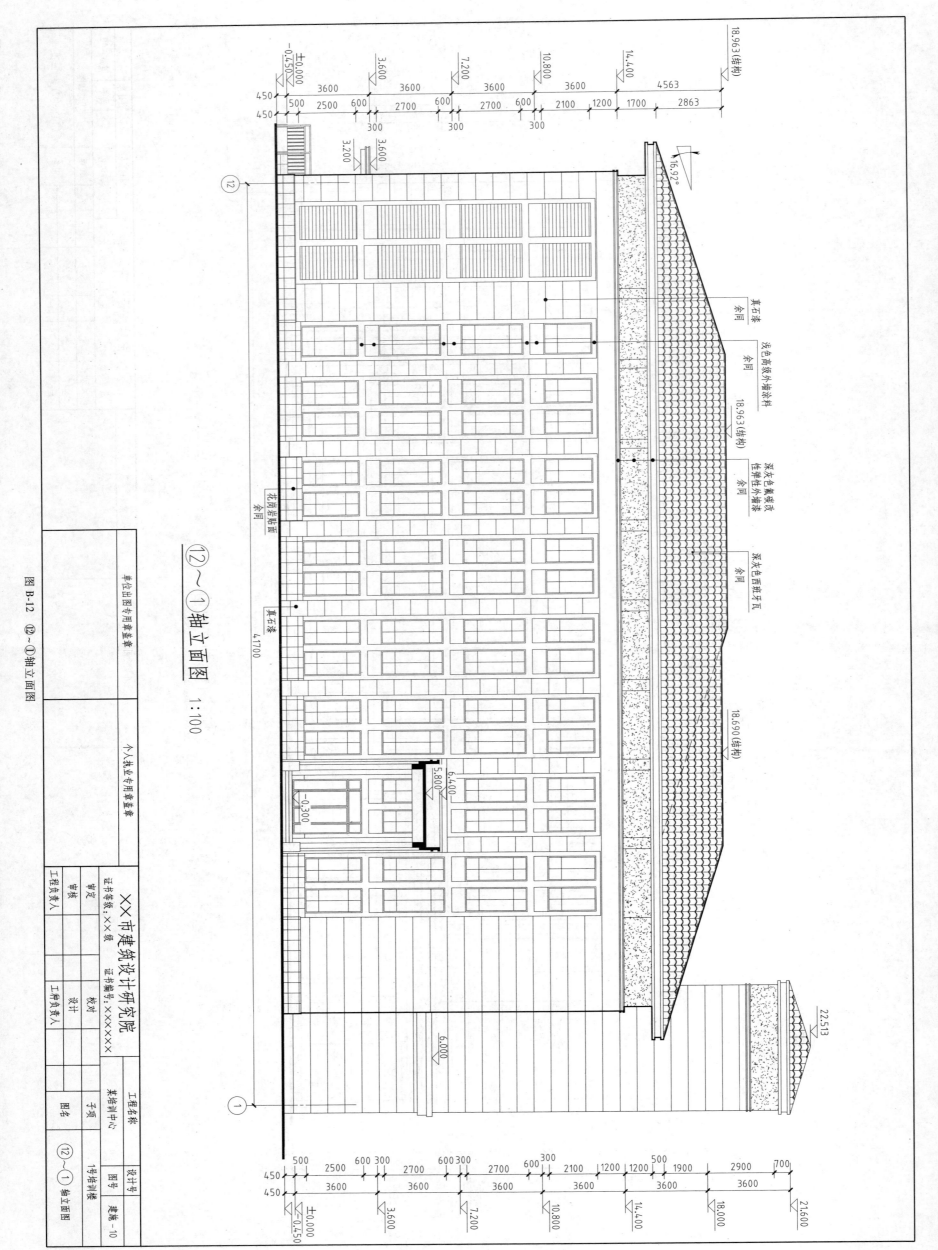

图 B-12 ⑫～①轴立面图

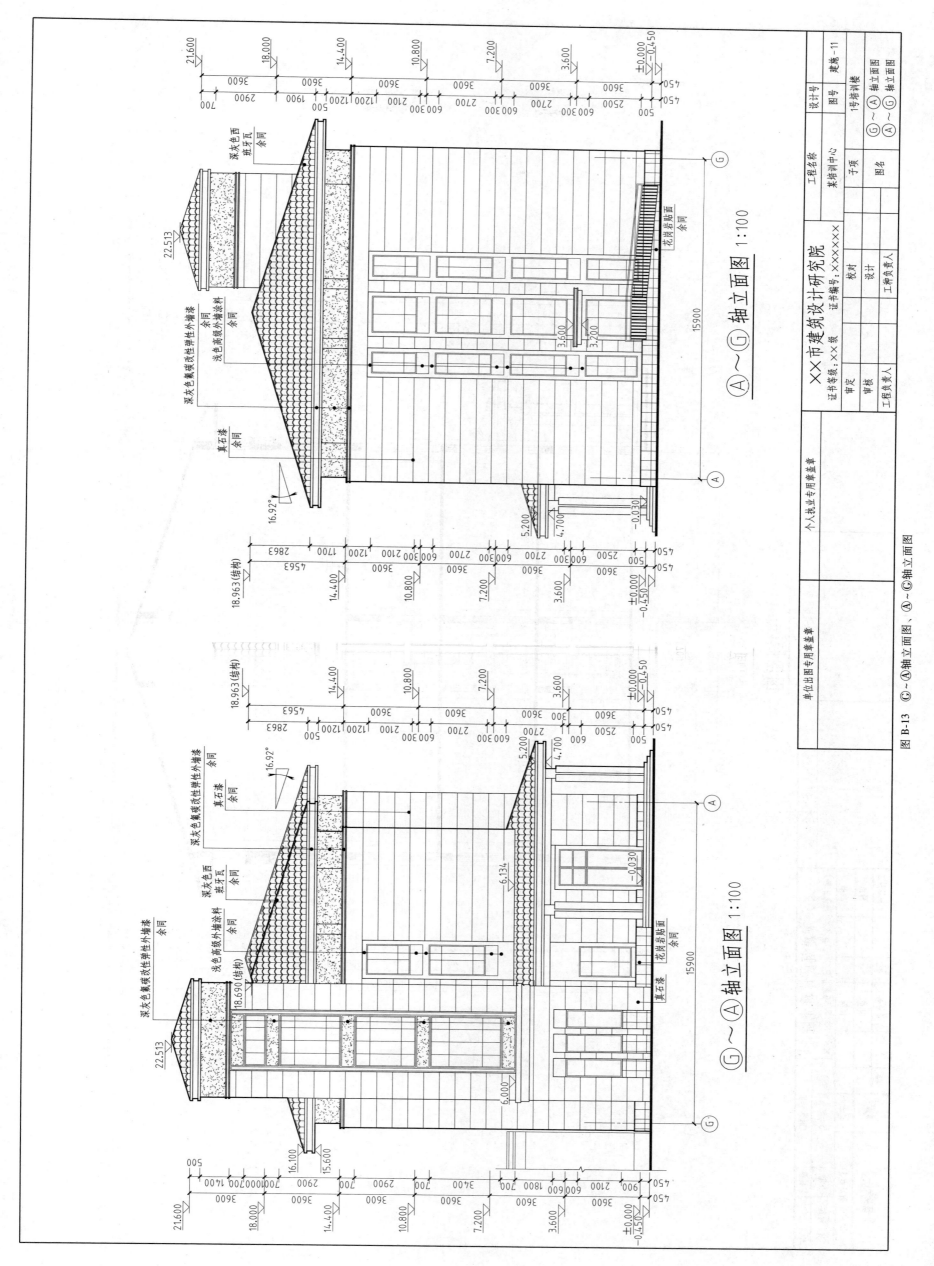

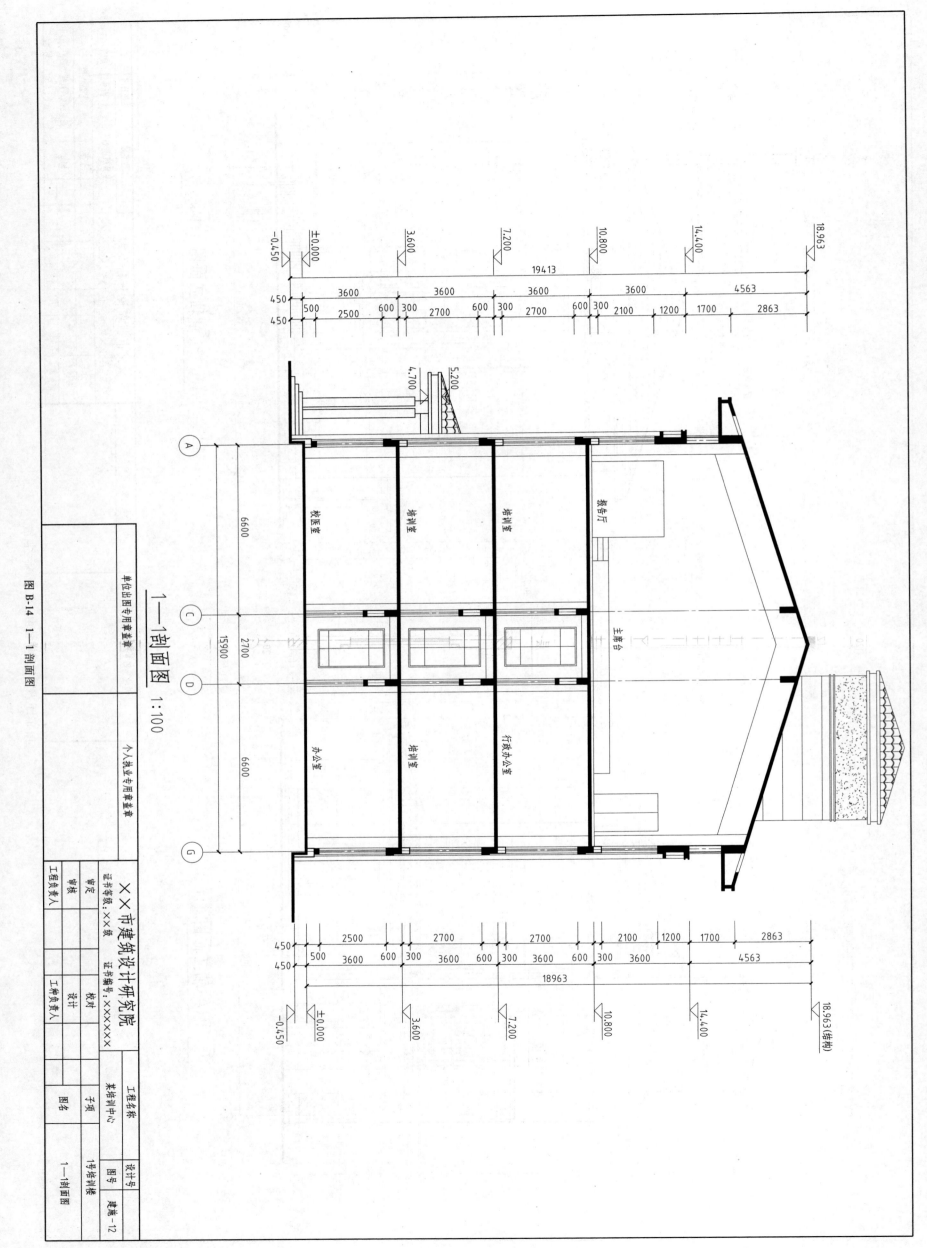

图 B-14 1—1 剖面图

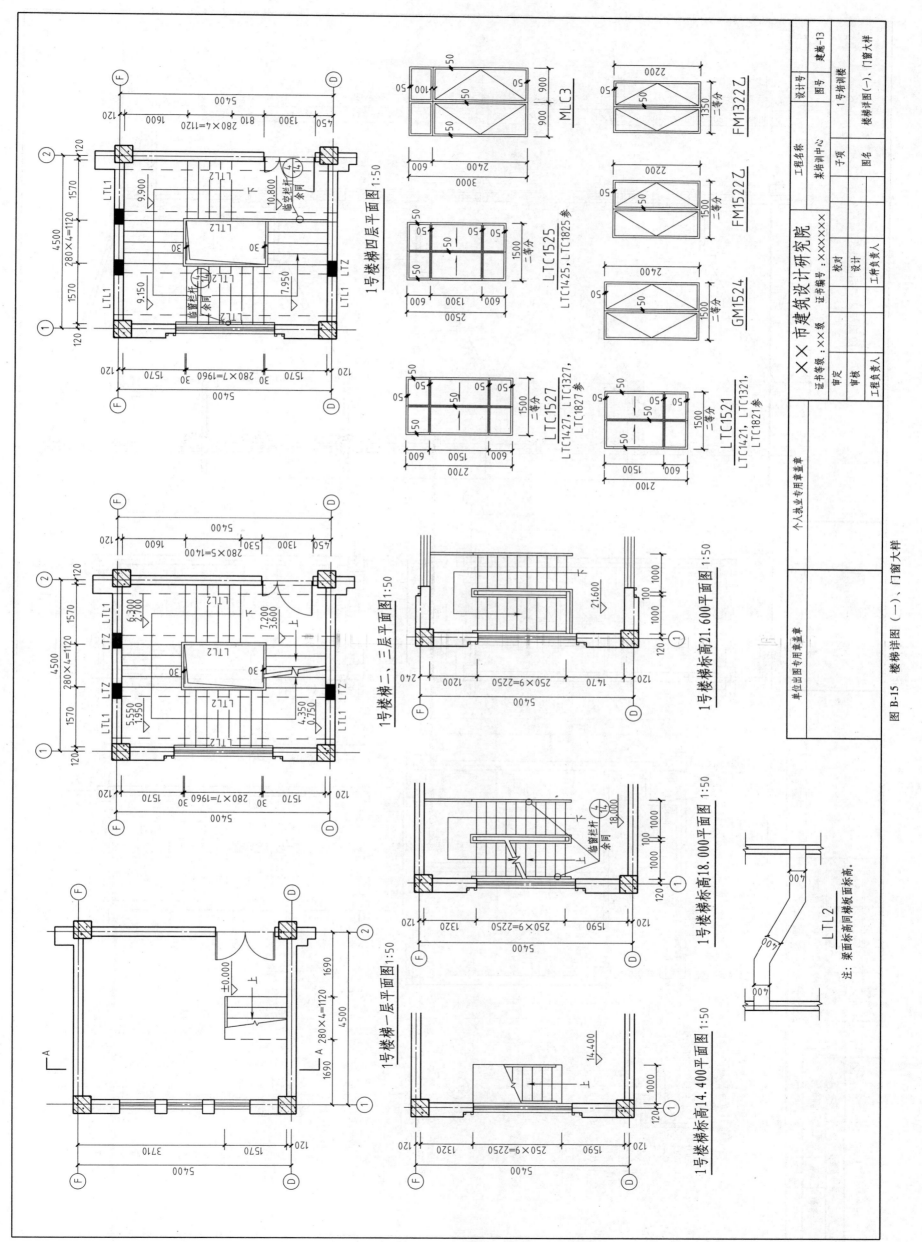

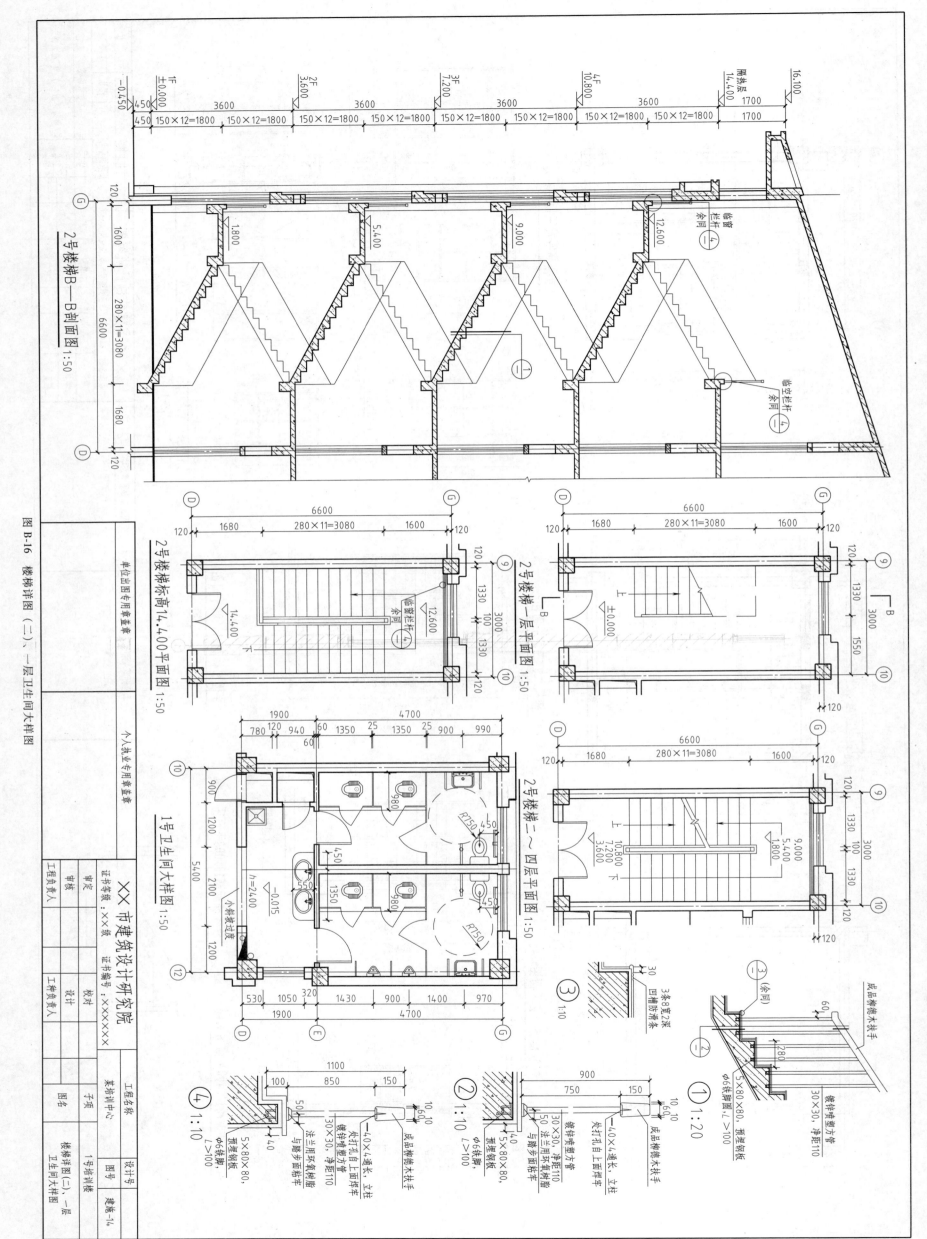

图 B-16 楼梯详图（二）、一层卫生间大样图

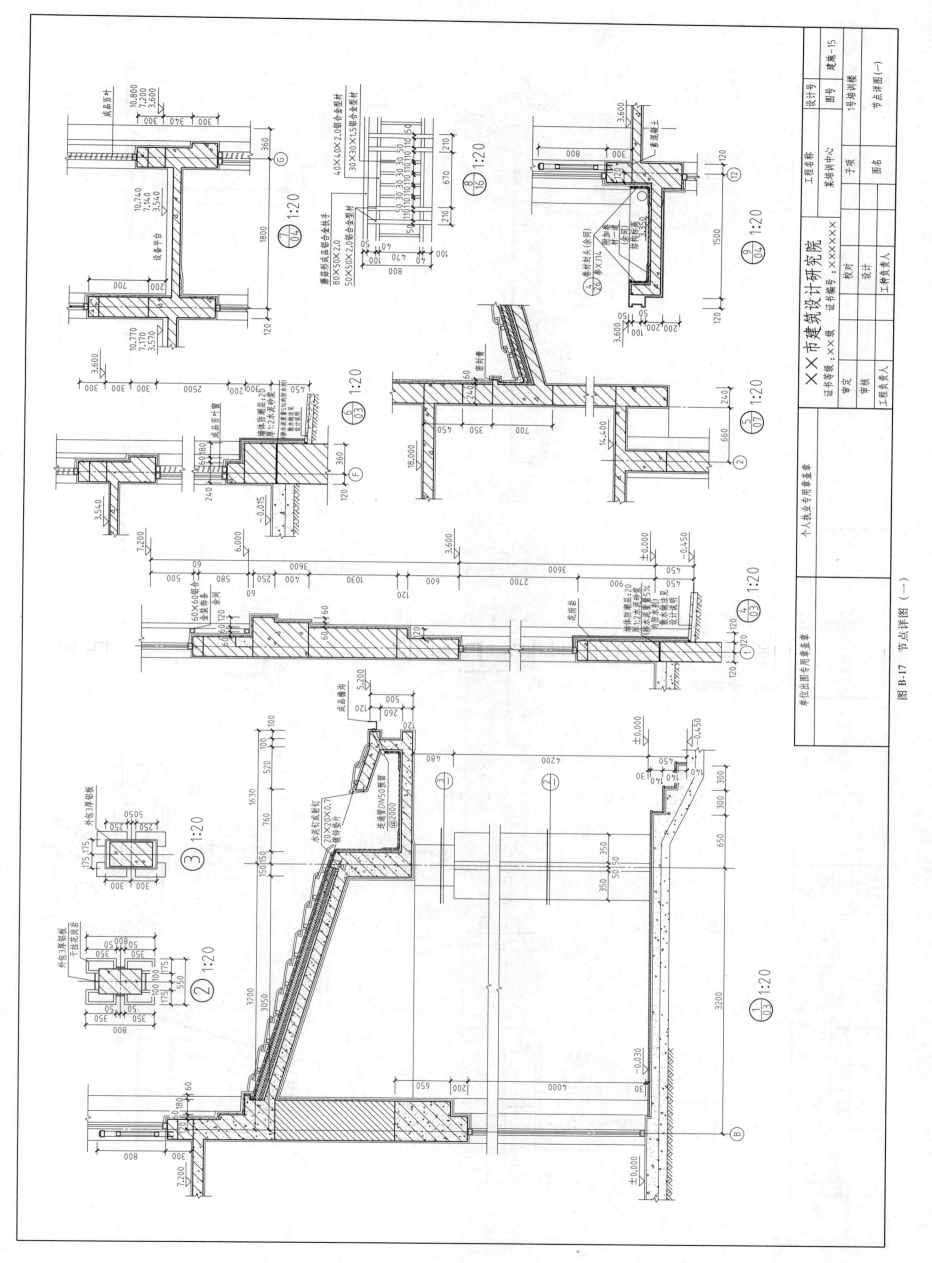

图 B-17 节点详图（一）

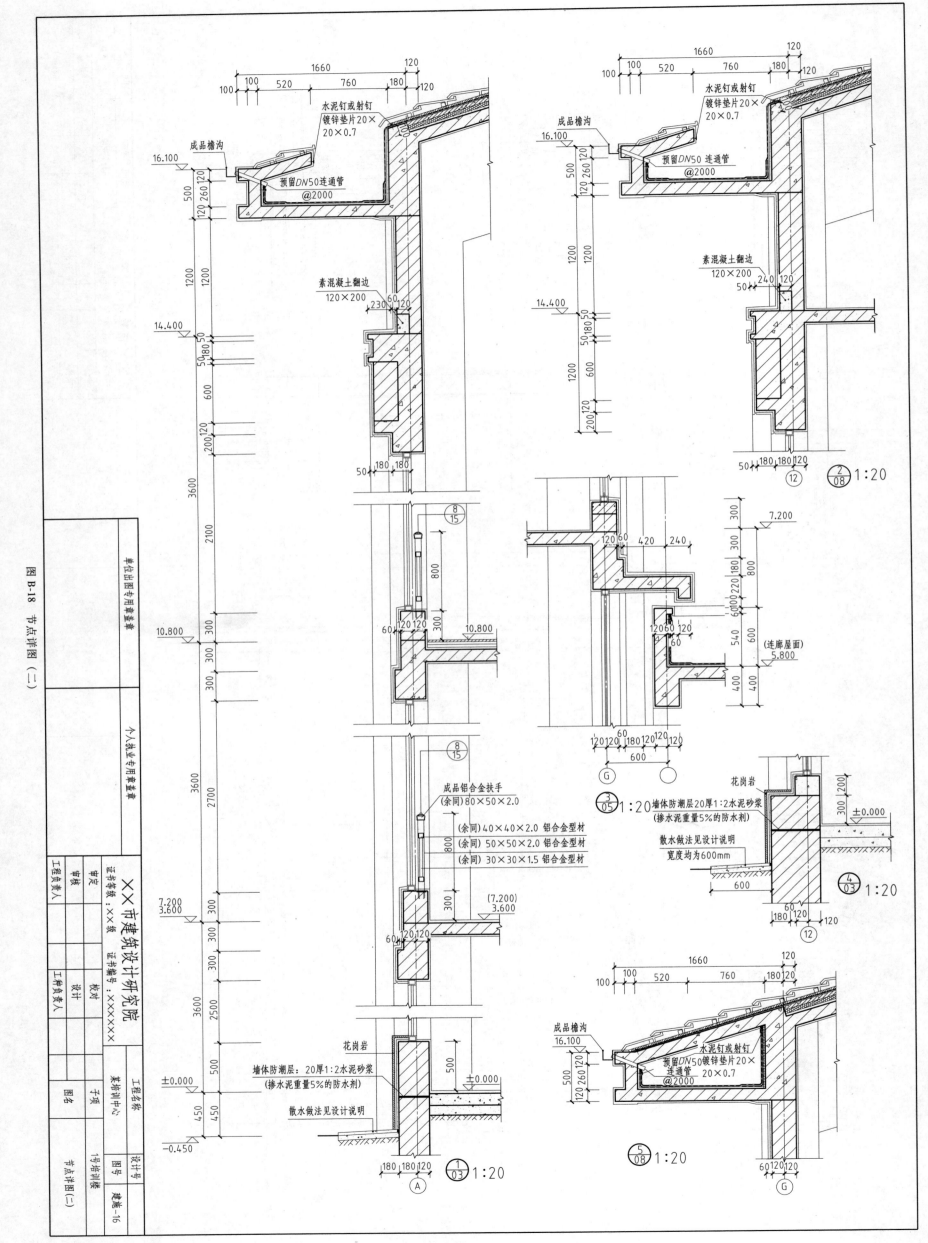